国家出版基金项目
绿色制造丛书
组织单位 | 中国机械工程学会

基于能量流的耗能机电产品绿色设计方法

向 东 牟 鹏 沈银华 王 翔 著

本书以耗能机电产品为研究对象，介绍了基于能量-物质作用的耗能机电产品的绿色设计方法和应用。全书围绕资源环境需求与产品功能和性能这一主要矛盾，从产品功能、性能和设计流程两个维度探讨了绿色设计框架，并系统全面地介绍了基于能量流的耗能机电产品绿色设计方法及其关键技术。书中总结了作者多年的研究成果，给出了多种耗能机电产品的绿色设计案例。

本书理论与工程实践相结合，可作为机械工程等相关专业本科生的教材，也可供研究生、教师、科研技术人员等相关人员参考。

图书在版编目（CIP）数据

基于能量流的耗能机电产品绿色设计方法／向东等著．—北京：机械工业出版社，2022.6

（绿色制造丛书）

国家出版基金项目

ISBN 978-7-111-70665-6

Ⅰ．①基…　Ⅱ．①向…　Ⅲ．①机电设备-产品设计-节能设计　Ⅳ．①TH122

中国版本图书馆 CIP 数据核字（2022）第 075813 号

机械工业出版社（北京市百万庄大街 22 号　邮政编码 100037）
策划编辑：郑小光　　　　责任编辑：郑小光　王　良　章承林
责任校对：樊钟英　李　婷　责任印制：李　娜
北京宝昌彩色印刷有限公司印刷
2022 年 6 月第 1 版第 1 次印刷
169mm×239mm · 16 印张 · 281 千字
标准书号：ISBN 978-7-111-70665-6
定价：80.00 元

电话服务　　　　　　　　　网络服务
客服电话：010-88361066　　机　工　官　网：www.cmpbook.com
　　　　　010-88379833　　机　工　官　博：weibo.com/cmp1952
　　　　　010-68326294　　金　　书　　网：www.golden-book.com
封底无防伪标均为盗版　　机工教育服务网：www.cmpedu.com

“绿色制造丛书”编撰委员会

丛书序一

制造是改善人类生活质量的重要途径，制造也创造了人类灿烂的物质文明。

也许在远古时代，人类从工具的制作中体会到生存的不易，生命和生活似乎注定就是要和劳作联系在一起的。工具的制作大概真正开启了人类的文明。但即便在农业时代，古代先贤也认识到在某些情况下要慎用工具，如孟子言："数罟不入洿池，鱼鳖不可胜食也；斧斤以时入山林，材木不可胜用也。"可是，我们没能记住古训，直到20世纪后期我国乱砍滥伐的现象比较突出。

到工业时代，制造所产生的丰富物质使人们感受到的更多是愉悦，似乎自然界的一切都可以为人的目的服务。恩格斯告诫过：我们统治自然界，决不像征服者统治异民族一样，决不像站在自然以外的人一样，相反地，我们同我们的肉、血和头脑一起都是属于自然界，存在于自然界的；我们对自然界的整个统治，仅是我们胜于其他一切生物，能够认识和正确运用自然规律而已（《劳动在从猿到人转变过程中的作用》）。遗憾的是，很长时期内我们并没有听从恩格斯的告诫，却陶醉在"人定胜天"的臆想中。

信息时代乃至即将进入的数字智能时代，人们惊叹欣喜，日益增长的自动化、数字化以及智能化将人从本是其生命动力的劳作中逐步解放出来。可是蓦然回首，倏地发现环境退化、气候变化又大大降低了我们不得不依存的自然生态系统的承载力。

不得不承认，人类显然是对地球生态破坏力最大的物种。好在人类毕竟是理性的物种，诚如海德格尔所言：我们就是除了其他可能的存在方式以外还能够对存在发问的存在者。人类存在的本性是要考虑"去存在"，要面向未来的存在。人类必须对自己未来的存在方式、自己依赖的存在环境发问！

1987年，以挪威首相布伦特兰夫人为主席的联合国世界环境与发展委员会发表报告《我们共同的未来》，将可持续发展定义为：既满足当代人的需要，又不对后代人满足其需要的能力构成危害的发展。1991年，由世界自然保护联盟、联合国环境规划署和世界自然基金会出版的《保护地球——可持续生存战略》一书，将可持续发展定义为：在不超出支持它的生态系统承载能力的情况下改善人类的生活质量。很容易看出，可持续发展的理念之要在于环境保护、人的生存和发展。

世界各国正逐步形成应对气候变化的国际共识，绿色低碳转型成为各国实现可持续发展的必由之路。

中国面临的可持续发展的压力尤甚。经过数十年来的发展，2020 年我国制造业增加值突破 26 万亿元，约占国民生产总值的 26%，已连续多年成为世界第一制造大国。但我国制造业资源消耗大、污染排放量高的局面并未发生根本性改变。2020 年我国碳排放总量惊人，约占全球总碳排放量 30%，已经接近排名第 2~5 位的美国、印度、俄罗斯、日本 4 个国家的总和。

工业中最重要的部分是制造，而制造施加于自然之上的压力似乎在接近临界点。那么，为了可持续发展，难道舍弃先进的制造？非也！想想庄子笔下的圃畦丈人，宁愿抱瓮舀水，也不愿意使用桔槔那种杠杆装置来灌溉。他曾教训子贡："有机械者必有机事，有机事者必有机心。机心存于胸中，则纯白不备；纯白不备，则神生不定；神生不定者，道之所不载也。"（《庄子·外篇·天地》）单纯守纯朴而弃先进技术，显然不是当代人应守之道。怀旧在现代世界中没有存在价值，只能被当作追逐幻境。

既要保护环境，又要先进的制造，从而维系人类的可持续发展。这才是制造之道！绿色制造之理念如是。

在应对国际金融危机和气候变化的背景下，世界各国无论是发达国家还是新型经济体，都把发展绿色制造作为赢得未来产业竞争的关键领域，纷纷出台国家战略和计划，强化实施手段。欧盟的"未来十年能源绿色战略"、美国的"先进制造伙伴计划 2.0"、日本的"绿色发展战略总体规划"、韩国的"低碳绿色增长基本法"、印度的"气候变化国家行动计划"等，都将绿色制造列为国家的发展战略，计划实施绿色发展，打造绿色制造竞争力。我国也高度重视绿色制造，《中国制造 2025》中将绿色制造列为五大工程之一。中国承诺在 2030 年前实现碳达峰，2060 年前实现碳中和，国家战略将进一步推动绿色制造科技创新和产业绿色转型发展。

为了助力我国制造业绿色低碳转型升级，推动我国新一代绿色制造技术发展，解决我国长久以来对绿色制造科技创新成果及产业应用总结、凝练和推广不足的问题，中国机械工程学会和机械工业出版社组织国内知名院士和专家编写了"绿色制造丛书"。我很荣幸为本丛书作序，更乐意向广大读者推荐这套丛书。

编委会遴选了国内从事绿色制造研究的权威科研单位、学术带头人及其团队参与编著工作。丛书包含了作者们对绿色制造前沿探索的思考与体会，以及对绿色制造技术创新实践与应用的经验总结，非常具有前沿性、前瞻性和实用性，值得一读。

丛书的作者们不仅是中国制造领域中对人类未来存在方式、人类可持续发展的发问者，更是先行者。希望中国制造业的管理者和技术人员跟随他们的足迹，通过阅读丛书，深入推进绿色制造！

华中科技大学　李培根

2021 年 9 月 9 日于武汉

丛书序二

在全球碳排放量激增、气候加速变暖的背景下，资源与环境问题成为人类面临的共同挑战，可持续发展日益成为全球共识。发展绿色经济、抢占未来全球竞争的制高点，通过技术创新、制度创新促进产业结构调整，降低能耗物耗、减少环境压力、促进经济绿色发展，已成为国家重要战略。我国明确将绿色制造列为《中国制造 2025》五大工程之一，制造业的“绿色特性”对整个国民经济的可持续发展具有重大意义。

随着科技的发展和人们对绿色制造研究的深入，绿色制造的内涵不断丰富，绿色制造是一种综合考虑环境影响和资源消耗的现代制造业可持续发展模式，涉及整个制造业，涵盖产品整个生命周期，是制造、环境、资源三大领域的交叉与集成，正成为全球新一轮工业革命和科技竞争的重要新兴领域。

在绿色制造技术研究与应用方面，围绕量大面广的汽车、工程机械、机床、家电产品、石化装备、大型矿山机械、大型流体机械、船用柴油机等领域，重点开展绿色设计、绿色生产工艺、高耗能产品节能技术、工业废弃物回收拆解与资源化等共性关键技术研究，开发出成套工艺装备以及相关试验平台，制定了一批绿色制造国家和行业技术标准，开展了行业与区域示范应用。

在绿色产业推进方面，开发绿色产品，推行生态设计，提升产品节能环保低碳水平，引导绿色生产和绿色消费。建设绿色工厂，实现厂房集约化、原料无害化、生产洁净化、废物资源化、能源低碳化。打造绿色供应链，建立以资源节约、环境友好为导向的采购、生产、营销、回收及物流体系，落实生产者责任延伸制度。壮大绿色企业，引导企业实施绿色战略、绿色标准、绿色管理和绿色生产。强化绿色监管，健全节能环保法规、标准体系，加强节能环保监察，推行企业社会责任报告制度。制定绿色产品、绿色工厂、绿色园区标准，构建企业绿色发展标准体系，开展绿色评价。一批重要企业实施了绿色制造系统集成项目，以绿色产品、绿色工厂、绿色园区、绿色供应链为代表的绿色制造工业体系基本建立。我国在绿色制造基础与共性技术研究、离散制造业传统工艺绿色生产技术、流程工业新型绿色制造工艺技术与设备、典型机电产品节能减排技术、退役机电产品拆解与再制造技术等方面取得了较好的成果。

但是作为制造大国，我国仍未摆脱高投入、高消耗、高排放的发展方式，资源能源消耗和污染排放与国际先进水平仍存在差距，制造业绿色发展的目标尚未完成，社会技术创新仍以政府投入主导为主；人们虽然就绿色制造理念形成共识，但绿色制造技术创新与我国制造业绿色发展战略需求还有很大差距，一些亟待解决的主要问题依然突出。绿色制造基础理论研究仍主要以跟踪为主，原创性的基础研究仍较少；在先进绿色新工艺、新材料研究方面部分研究领域有一定进展，但颠覆性和引领性绿色制造技术创新不足；绿色制造的相关产业还处于孕育和初期发展阶段。制造业绿色发展仍然任重道远。

本丛书面向构建未来经济竞争优势，进一步阐述了深化绿色制造前沿技术研究，全面推动绿色制造基础理论、共性关键技术与智能制造、大数据等技术深度融合，构建我国绿色制造先发优势，培育持续创新能力。加强基础原材料的绿色制备和加工技术研究，推动实现功能材料特性的调控与设计和绿色制造工艺，大幅度地提高资源生产率水平，提高关键基础件的寿命、高分子材料回收利用率以及可再生材料利用率。加强基础制造工艺和过程绿色化技术研究，形成一批高效、节能、环保和可循环的新型制造工艺，降低生产过程的资源能源消耗强度，加速主要污染排放总量与经济增长脱钩。加强机械制造系统能量效率研究，攻克离散制造系统的能量效率建模、产品能耗预测、能量效率精细评价、产品能耗定额的科学制定以及高能效多目标优化等关键技术问题，在机械制造系统能量效率研究方面率先取得突破，实现国际领先。开展以提高装备运行能效为目标的大数据支撑设计平台，基于环境的材料数据库、工业装备与过程匹配自适应设计技术、工业性试验技术与验证技术研究，夯实绿色制造技术发展基础。

在服务当前产业动力转换方面，持续深入细致地开展基础制造工艺和过程的绿色优化技术、绿色产品技术、再制造关键技术和资源化技术核心研究，研究开发一批经济性好的绿色制造技术，服务经济建设主战场，为绿色发展做出应有的贡献。开展铸造、锻压、焊接、表面处理、切削等基础制造工艺和生产过程绿色优化技术研究，大幅降低能耗、物耗和污染物排放水平，为实现绿色生产方式提供技术支撑。开展在役再设计再制造技术关键技术研究，掌握重大装备与生产过程匹配的核心技术，提高其健康、能效和智能化水平，降低生产过程的资源能源消耗强度，助推传统制造业转型升级。积极发展绿色产品技术，研究开发轻量化、低功耗、易回收等技术工艺，研究开发高效能电机、锅炉、内燃机及电器等终端用能产品，研究开发绿色电子信息产品，引导绿色消费。开展新型过程绿色化技术研究，全面推进钢铁、化工、建材、轻工、印染等行业绿色制造流程技术创新，新型化工过程强化技术节能环保集成优化技术创新。开展再制造与资源化技术研究，研究开发新一代再制造技术与装备，深入推进废旧汽车（含新能源汽车）零部件和退役机电产品回收逆向物流系统、拆解/破碎/分离、高附加值资源化等关键技术与装备研究并应用示范，实现机电、汽车等产品的可拆卸和易回收。研究开发钢铁、冶金、石化、轻工等制造流程副产品绿色协同处理与循环利用技术，提高流程制造资源高效利用绿色产业链技术创新能力。

在培育绿色新兴产业过程中，加强绿色制造基础共性技术研究，提升绿色制造科技创新与保障能力，培育形成新的经济增长点。持续开展绿色设计、产品全生命周期评价方法与工具的研究开发，加强绿色制造标准法规和合格评判程序与范式研究，针对不同行业形成方法体系。建设绿色数据中心、绿色基站、绿色制造技术服务平台，建立健全绿色制造技术创新服务体系。探索绿色材料制备技术，培育形成新的经济增长点。开展战略新兴产业市场需求的绿色评价研究，积极引领新兴产业高起点绿色发展，大力促进新材料、新能源、高端装备、生物产业绿色低碳发展。推动绿色制造技术与信息的深度融合，积极发展绿色车间、绿色工厂系统、绿色制造技术服务业。

非常高兴为本丛书作序。我们既面临赶超跨越的难得历史机遇，也面临差距拉大的严峻挑战，唯有勇立世界技术创新潮头，才能赢得发展主动权，为人类文明进步做出更大贡献。相信这套丛书的出版能够推动我国绿色科技创新，实现绿色产业引领式发展。绿色制造从概念提出至今，取得了长足进步，希望未来有更多青年人才积极参与到国家制造业绿色发展与转型中，推动国家绿色制造产业发展，实现制造强国战略。

中国机械工业集团有限公司　陈学东

2021 年 7 月 5 日于北京

丛书序三

绿色制造是绿色科技创新与制造业转型发展深度融合而形成的新技术、新产业、新业态、新模式，是绿色发展理念在制造业的具体体现，是全球新一轮工业革命和科技竞争的重要新兴领域。

我国自20世纪90年代正式提出绿色制造以来，科学技术部、工业和信息化部、国家自然科学基金委员会等在“十一五”“十二五”“十三五”期间先后对绿色制造给予了大力支持，绿色制造已经成为我国制造业科技创新的一面重要旗帜。多年来我国在绿色制造模式、绿色制造共性基础理论与技术、绿色设计、绿色制造工艺与装备、绿色工厂和绿色再制造等关键技术方面形成了大量优秀的科技创新成果，建立了一批绿色制造科技创新研发机构，培育了一批绿色制造创新企业，推动了全国绿色产品、绿色工厂、绿色示范园区的蓬勃发展。

为促进我国绿色制造科技创新发展，加快我国制造企业绿色转型及绿色产业进步，中国机械工程学会和机械工业出版社联合中国机械工程学会环境保护与绿色制造技术分会、中国机械工业联合会绿色制造分会，组织高校、科研院所及企业共同策划了“绿色制造丛书”。

丛书成立了包括李培根院士、徐滨士院士、卢秉恒院士、王玉明院士、黄庆学院士等50多位顶级专家在内的编委会团队，他们确定选题方向，规划丛书内容，审核学术质量，为丛书的高水平出版发挥了重要作用。作者团队由国内绿色制造重要创导者与开拓者刘飞教授牵头，陈学东院士、单忠德院士等100余位专家学者参与编写，涉及20多家科研单位。

丛书共计32册，分三大部分：① 总论，1册；② 绿色制造专题技术系列，25册，包括绿色制造基础共性技术、绿色设计理论与方法、绿色制造工艺与装备、绿色供应链管理、绿色再制造工程5大专题技术；③ 绿色制造典型行业系列，6册，涉及压力容器行业、电子电器行业、汽车行业、机床行业、工程机械行业、冶金设备行业等6大典型行业应用案例。

丛书获得了2020年度国家出版基金项目资助。

丛书系统总结了“十一五”“十二五”“十三五”期间，绿色制造关键技术与装备、国家绿色制造科技重点专项等重大项目取得的基础理论、关键技术和装备成果，凝结了广大绿色制造科技创新研究人员的心血，也包含了作者对绿色制造前沿探索的思考与体会，为我国绿色制造发展提供了一套具有前瞻性、系统性、实用性、引领性的高品质专著。丛书可为广大高等院校师生、科研院所研发人员以及企业工程技术人员提供参考，对加快绿色制造创新科技在制造业中的推广、应用，促进制造业绿色、高质量发展具有重要意义。

当前我国提出了 2030 年前碳排放达峰目标以及 2060 年前实现碳中和的目标，绿色制造是实现碳达峰和碳中和的重要抓手，可以驱动我国制造产业升级、工艺装备升级、重大技术革新等。因此，丛书的出版非常及时。

绿色制造是一个需要持续实现的目标。相信未来在绿色制造领域我国会形成更多具有颠覆性、突破性、全球引领性的科技创新成果，丛书也将持续更新，不断完善，及时为产业绿色发展建言献策，为实现我国制造强国目标贡献力量。

中国机械工程学会　宋天虎

2021 年 6 月 23 日于北京

前 言

随着人们环保意识的不断增强，绿色设计逐渐成了社会各界关注的焦点。作为绿色设计关注重点的机电产品，其资源环境需求往往与功能和性能产生矛盾。而能量是耗能机电产品消耗能源实现功能和性能的关键因素，因此本书将关注点集中在与能量相关的产品功能和性能实现上。

耗能机电产品的主要功能和性能的实现都是能量作用于产品零部件的结果，这个原理其实就是“发明问题解决理论（TRIZ）”中的物场理论。此外，概念设计阶段的功能分析法、键合图法等也都涉及能量流，这些方法虽然阐释了产品功能和性能实现的基本原理，但是对于能量作用复杂的机电产品，从产品或系统层面将物场理论或者概念设计中的能量流、物质流、信息流建模应用于详细设计，仍缺乏有力的方法支撑。例如，如何定量地判断零部件之间的能量作用为标准作用？如何消除其间的不足作用、过剩作用和有害作用？如何在系统层面对产品及其零部件的可控参数进行匹配与优化？这些问题都是产品绿色设计中有待解决的重要课题，也是本书提出基于能量流的耗能机电产品绿色设计方法的实际需求。

本书主要探讨基于能量-物质作用的耗能机电产品的绿色设计方法和应用。全书共分5章：第1章主要介绍环境资源需求引入与产品功能和性能的矛盾；第2章从产品功能、性能和设计流程两个维度探讨绿色设计的框架与内容，提出基于能量流的耗能机电产品绿色设计方法；第3章讨论概念设计中的能量、物质和信息表征；第4章讨论基于能量流的耗能机电产品绿色设计关键技术；第5章则从工程实践的角度介绍耗能机电产品绿色设计的典型案例。

本书是基于向东教授所带领的“绿色制造”课题组的研究成果编写完成的。编写分工：第1~3章以及第4章的4.1~4.3节由向东编写，第4章4.4节和第5章5.1节由王翔编写，第5章5.2节由牟鹏编写，第5章5.3节由沈银华编写。全书由向东统稿，清华大学段广洪教授主审。

本书是课题组研究成果的总结，在此对做出贡献的王洪磊、高浪、邓瀚晖、王坦、武士祺、沈岗、蒋李、段传凯和游孟醒等研究生表示感谢。本书的研究成果还得到了国家863计划“基于全生命周期的家电产品绿色设计方法、工具及应用”（编号：2013AA041305）、工业和信息化部“家电行业绿色供应链系统集成”（编号：工信部节函〔2016〕562号）、国家自然科学基金“动态特性与统计特征融合的风电装备动力传动系统可靠性及环境影响评估”（编号：51975323）等项目支持，在此也表示衷心感谢。

由于作者水平有限，所提出的绿色设计方法还有待进一步完善，书中错误及不当之处在所难免，欢迎广大读者批评指正。

作　者

2021年11月

目录 CONTENTS

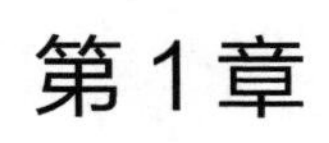

第1章

绪　　言

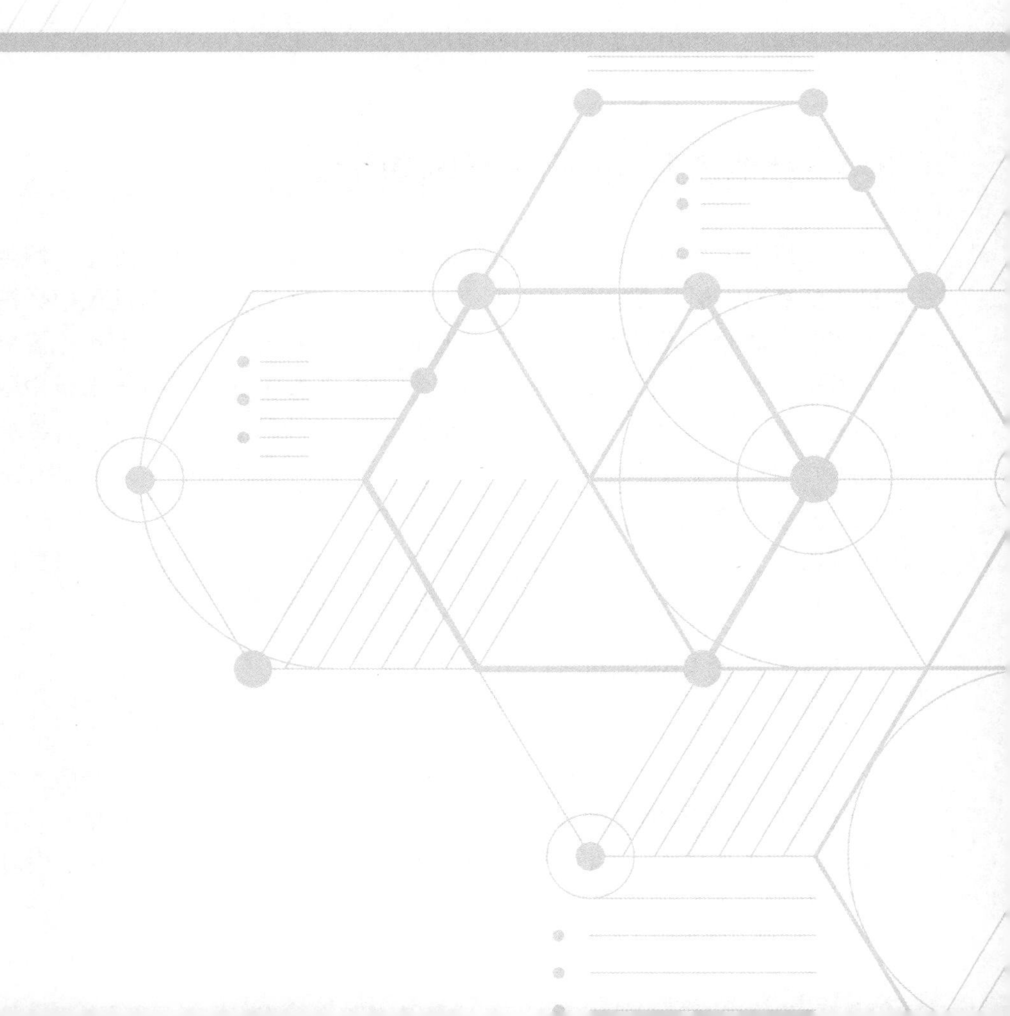

设计是产品生命周期的源头，决定着产品70%~80%的性能。随着全球资源、环境和安全健康问题的日益严重，20世纪60年代，美国的维克多·帕帕奈克在其著作《为真实世界而设计》中提出设计应充分考虑资源与环境。20世纪70年代随着全球能源危机，欧美国家又提出了“以自然为本”的设计理念。之后，诸如环境意识的设计（Environmentally Conscious Design，ECD）、面向环境的设计（Design For Environment，DFE）、生态设计（Eco-Design）、可持续设计（Sustainable Design）、生命周期设计（Life Cycle Design，LCD）等概念和设计方法不断出现。绿色设计的概念在其逐渐形成的过程中，内涵不断丰富。绿色设计是指借助产品生命周期中与产品相关的各类信息（技术信息、环境协调性信息和经济信息），利用并行设计等各种先进的理论，使设计出的产品具有先进的技术性、良好的环境协调性以及合理的经济性的一种系统设计方法。由于设计对于“源头预防”至关重要，绿色设计与创新被认为是绿色制造的核心与关键，备受工业界和学术界的关注。

由于绿色设计的对象和范围都很广，本书将重点关注耗能机电产品的绿色设计。

1.1 耗能机电产品的资源环境问题

耗能机电产品是构建全球工业体系的生产资料，是保证和改善人们生活质量的生活资料，但是其在设计、生产、使用和废弃等生命周期过程中会消耗大量的资源和能源，同时直接或者间接地排放污染物质从而对环境产生影响。由于耗能机电产品突出的资源环境问题，在欧盟《关于在电子电气设备中限制使用某些有害物质指令》（即RoHS指令）、《能源相关产品的生态要求指令（2009/125/EC）》（即ErP指令）、《报废电子电气设备指令》（即WEEE指令）、《关于化学品注册、评估、授权和限制的法规》（即REACH指令）、碳边境调节机制（CBAM）、《欧洲绿色新政》（European Green Deal），以及美国能源之星（Energy Star）等指令、法规中，机电产品都是重点关注的对象。

1.1.1 能源和资源问题

机电产品，无论是作为生产资料，还是作为生活资料，都是能源消耗的主体。我国国家统计局的数据显示：从2000年到2020年，我国能源消耗总量从146964万t标准煤增加至了498000万t标准煤，21年间增加了2.38倍。工业是能源消耗最多的行业，其占比为我国能源消耗总量的65%~72.5%。农林牧渔业、工业、建筑业、交通运输仓储和邮政业、批发和零售业与住宿和餐饮业、居民生活的能源消耗总量从2000年到2018年分别增长了1.07倍、2.02倍、2.94倍、2.81倍、3.00倍和2.62倍。所有行业中，机电产品都是其中主要的耗能产品。以和人们生活密切相关的电器为例，作为典型的耗能产品，市场上类似规格的电器的能源效率参差不齐。如果提高那些能源效率差的产品的能源效率，将更能有效利用能源，并且产生较少的碳足迹。国际能源署（IEA）发布的《能源效率2021》显示，全球逾120个国家已经实施或正在制定强制性的主要电器能效标准或能效标识项目，在那些实施此类项目时间最长的国家，电器能效政策已经推动主要电器能耗减少了一半以上，而一项针对中国、欧盟、美国等9个国家和地区的研究分析显示，2018年，电器设备能效标准帮助这些国家和地区实现年节电量1500太瓦时（TW·h），相当于这些国家和地区当年的风力和太阳能发电总量之和。同时，报告认为，2021年能源效率走出2020年窘境取得了新进展，但要实现2050年净零排放目标，能源效率需要再提高1倍。可见，提高能源效率是实现节约能源和保护环境一举两得的重要手段。

在资源消耗方面，机电产品的生产也消耗大量资源。以钢铁为例，全球的钢铁约50%用于制造运输设备、机械装备、电气设备、家用电器等各类机电产品，钢铁在不同行业的消费占比如图1-1所示。例如，在高速火车中，钢铁的质量占比约为15%，货车车厢几乎都是用钢铁制成的。汽车的用钢量则更多，占全球钢铁消费量的12%。2019年，全球汽车产量约为9180万辆，每辆汽车钢铁

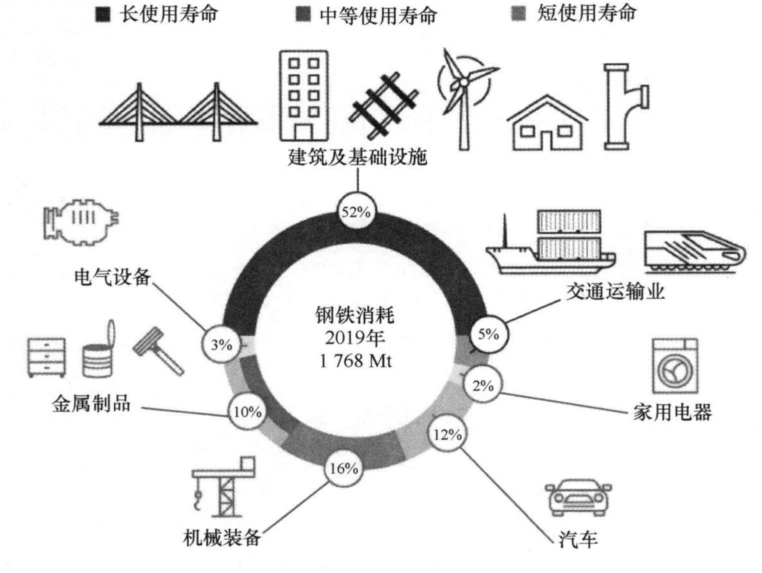

图1-1 钢铁在不同行业的消费占比

用量平均约为900kg，其中的40%用于车身结构、钣金件、车门和行李舱，23%用于包含发动机在内的动力传动系统，12%用于悬挂系统，其余钢材使用在车轮、轮胎、油箱、转向系统和制动系统上。

机电产品不仅资源消耗量大，而且消耗的种类多。以电器电子产品为例，表1-1给出了《废弃电器电子产品处理目录（2014年版）》所规定的十四类废弃电器电子产品的主要材料大致组成，其中包括大量金属和非金属材料。这也是人们把废弃机电产品视为“城市矿山”的原因。

表1-1　十四类废弃电器电子产品的主要材料组成平均情况

产品类型	主要材料组成描述
CRT电视机	单台电视机的各类材料的重量百分比分别为：铁10%，塑料23%，铝2%，铜3%，玻璃57%，其他5%
电冰箱	单台电冰箱的各类材料的重量百分比分别为：铁50%，塑胶40%，铜4%，铝3%，其他3%
空调器	单台空调器的各类材料的重量百分比分别为：铁34.8%，铜10.7%，铝6.5%，塑料6.8%，其他41.2%
洗衣机	单台洗衣机的各类材料的重量百分比分别为：铁53%，铝3%，铜4%，塑料36%，其他4%
微型计算机	单台微型计算机各组成材料的重量百分比分别为：铁35%，铝16%，铜10%，塑料33%，其他6%
吸油烟机	单台吸油烟机的各类材料的重量百分比分别为：铁48%，玻璃18.9%，塑料8.6%，其他24.5%
电热水器	单台电热水器的各类材料的重量百分比分别为：铁80.4%，塑料2.9%，泡沫15%，其他1.7%
燃气热水器	单台燃气热水器的各类材料的重量百分比分别为：铁58.5%，铜26.3%，铝4%，其他11.2%
打印机	单台打印机的各类材料的重量百分比分别为：铁30%，塑料49%，印制电路板5%，电动机8%，其他8%
复印机	单台复印机的各类材料的重量百分比分别为：铁18%，塑料58%，印制电路板5%，电动机5%，玻璃5%，其他9%
传真机	单台传真机的各类材料的重量百分比分别为：铁20%，塑料50%，印制电路板10%，其他20%
监视器	单台液晶监视器的各类材料的重量百分比分别为：金属40%，塑料10%，液晶屏22%，玻璃20%，印制电路板5%，其他3%
移动通信手持机	单台移动通信手持机各组成材料的重量百分比分别为：铁3%，铜15%，其他金属1%，塑料40%，其他（液晶屏、印制电路板等）41%
电话单机	单台电话单机各组成材料的重量百分比分别为：铁11%，铜4%，塑料50%，印制电路板15%，其他20%

如果进一步细化机电产品的材料组分，会发现其中包含更多的资源，表1-2以手机为例给出了其部分物质组成。生产一部智能手机所需要的金属多达21种，非金属材料也多达数十种。在这些物质中，如铝、铁、铜、钴、金、铬、镍、锂、锡、镁、钽、锰、钼、钛、镓、钨、钒、金属硅和稀土元素等19种物质，分列在欧美日和我国的战略金属矿产之中。其中属于我国战略金属矿产的有铁、铬、铜、铝、金、镍、钨、锡、钼、钴、锂和稀土元素等。所谓战略金属矿产是指那些具有重要经济风险和高供应风险的矿产资源或原材料，也有国家称为“关键矿产”或者“关键原材料”。正是由于机电产品对资源的巨大需求，以及受各国资源禀赋差异、国际产业链分工不同等因素影响，世界各国所产的矿产品及其初级加工产品至少有50%通过国际市场和地区市场流通而被重新分配。

表1-2 手机物质组成

物质名称	质量分数（%）	手机中质量/g	物质名称	质量分数（%）	手机中质量/g
合计	99.9953	128.994	钼（Mo）	0.02	0.03
铝（Al）	24.14	31.14	钛（Ti）	0.23	0.30
铁（Fe）	14.44	18.63	镓（Ga）	0.01	0.01
铜（Cu）	6.08	7.84	钨（W）	0.02	0.03
钴（Co）	5.11	6.59	钒（V）	0.03	0.04
金（Au）	0.01	0.013	铋（Bi）	0.02	0.03
铬（Cr）	3.83	4.94	碳（C）	15.39	19.85
镍（Ni）	2.10	2.71	钙（Ca）	0.34	0.44
锂（Li）	0.67	0.86	氯（Cl）	0.01	0.01
锌（Zn）	0.54	0.70	氢（H）	4.28	5.52
锡（Sn）	0.51	0.66	钾（K）	0.25	0.32
银（Ag）	0.0054	0.007	氧（O）	14.5	18.71
镁（Mg）	0.51	0.66	磷（P）	0.03	0.04
钯（Pd）	0.003	0.004	硫（S）	0.34	0.44
钽（Ta）	0.02	0.03	硅（Si）	6.31	8.14
锰（Mn）	0.23	0.30			

国际贸易是解决全球矿产品生产和消费不均衡的重要手段，决定着一个国家矿产资源枯竭的相对性。所谓资源枯竭的相对性是指一个国家或地区能否在给定的时间和地点，以合理的价格和方式，持续、稳定、安全地获得经济建设和人民生活所需要的矿产资源的状态。

有资源枯竭的相对性，就必然有绝对性与之对应。所谓资源枯竭的绝对性是由矿产资源的不可再生性决定的。资源的不可再生性使其具有地质储量的有限性和使用的可耗竭性等自然属性。但如果将矿产资源作为生产资料和生活资料去探究它对经济和社会的影响，那么仅仅考虑其自然属性显然是不够的。矿产资源的供给是由各个国家和地区的经济水平、产业结构、技术水平、社会文化和政策法规等诸多因素共同决定的。2002 年，美国地质局在其《21 世纪资源短缺的内涵：地区、国家和全球矿产供给前景中的动力与限制》（The Meaning of Scarcity in the 21st Century：Drivers and Constraints to the Supply of Minerals Using Regional，National and Global Perspectives）报告中指出：在未来的数十到数百年间，全球范围内矿产资源短缺相对于其他关于矿产资源和储量如何满足社会需求而引起的社会问题而言仍将处于从属地位。也就是说在今后相当长的一段时期内，资源的短缺将主要由各种社会、经济问题所引起，即体现为资源枯竭的相对性。

资源枯竭的相对性意味着资源价格的波动和供给的安全性和稳定性，是未来在机电产品设计和生产时必须要考虑的内容。减少资源的消耗，特别是战略金属矿产资源的消耗，不仅有助于保护自然生态，还有助于减小生产供给的风险。

1.1.2 环境问题

生产机电产品所用物质组成复杂，其中既可能有金、银、铂等高价值的金属，也可能使用镉、铬、铅、多溴联苯（PBB）、多溴二苯醚（PBDE）等有害金属或化学品，因此机电产品自身具有资源性和环境危害性双重属性。即在机电产品生命周期中各种原材料和能源的消耗，也伴随着严重的环境问题。

从机电产品所用资源的原生矿产开发来看，其环境问题就特别突出，由此带来的生态修复代价不仅需要大量的资金投入，还需要较长的修复时间。以稀土为例，稀土因能与其他材料组成性能各异、品种繁多的新型材料，被称为工业维生素，并广泛地应用于高级磁性材料、荧光材料、超高性能电池和电动机等产品之中。然而，低水平的稀土提炼、加工生产对生态环境的破坏却是巨大的。江西、福建、广东等南方地区的离子型稀土矿，每开采 10t 稀土氧化物要剥离土地表面和出池尾沙 1000~1600m^3，造成大量地表植被破坏。年产 1000t 稀土原料的矿山，尾矿超过 20 万~30 万 t，占地 20 多亩（1 亩=667m^2）。此外，稀土提炼、加工过程中，还会排放大量的有害废液、废渣和废气。

机电产品生产过程中，从毛坯制造、零件加工、部件组装到总装，产业链往往较长，污染环节也很多。以机电产品的基础部件——控制板为例，控制板由电路板和包括芯片在内的电子元器件两部分组成，其生产涉及芯片晶体生长、芯片晶体制造、芯片封装、电子元件制造、电路板制造和电子元件组装等过程，其主要生产过程中的废弃物和环境影响见表1-3。机电产品不仅在生产环节对环境影响大，而且其自身往往也含有毒有害物质，表1-4列举了我国液晶显示器（LCD）中主要的有毒有害物质存量。由表1-4可知，截至2016年，我国国内市场消费的3大类典型LCD中所含液晶、重金属、溴系阻燃剂（PBDEs+TBBPA）等有毒有害物质总存量约为8703.5t。随着销量的增长，有毒有害物质的总存量还将进一步增长，预计到2025年将达到32658.5t。在这些主要有毒有害物质中，液晶和As的存量最高，其总存量到2025年将分别约为10914.4t和10535.8t。LCD中的锡（Sn）、铬（Cr）、锌（Zn）、镍（Ni）、铟（In）、铜（Cu）、镉（Cd）等有毒有害金属存量也不少，至2025年总存量分别为2945.3t、2800.2t、2645.4t、1104.3t、693.9t、585.7t、221.9t。PBDEs、TBBPA等溴系阻燃剂主要分布在塑料外壳中，到2025年的总存量为196.4t。此外，由于LED背光灯的普及，2015年后投放市场的LCD背光灯已基本不含汞，故LCD背光灯中汞的存量在2015年达到上限，约为15.2t。可见，机电产品自身及其生产环节也是环境污染的主要来源。

表1-3　不同废弃物的环境影响

环境影响	主要废弃物	危　害	工艺来源
臭氧耗竭	生产中采用的含有氯和氟的溶剂	氯和氟为臭氧耗竭物质。如一个氯原子可破坏其重量100000倍的臭氧	晶体生长、蚀刻、清洗和表面处理
生物多样性	生产中的电镀液，用过的溶剂，废酸、废碱液，废气吸收液等	有毒溶剂进入水体会毒害鱼类和其他哺乳动物，废酸废碱会改变水体的pH酸碱度而减少水体中的生物多样性	晶体生长、印模、蚀刻、清洗、表面处理、化学法镀铜、电镀、掩模制版、腐蚀等
人体健康	酸	灼伤皮肤、刺激眼睛	电镀、蚀刻、晶体磨光
	金属	影响呼吸、灼伤皮肤、头痛、失眠、胃痛、流产	电镀、蚀刻、焊接、镀锡、密封
	气体	头昏、恶心、呕吐、幻觉、昏迷甚至死亡	掺杂、晶体生长、密封测试
	树脂	呼吸困难、皮肤灼伤	切割、磨碎、分装、碾薄、包装
	溶剂	皮肤灼伤、咳嗽、头晕、呼吸困难、喉咙疼痛	清洗、去油、稀释

表 1-4　我国国内典型 LCD 中主要的有毒有害物质存量　（单位：t）

物　质	便携式计算机		台式计算机显示器		液 晶 电 视		合　计	
	2016 年	2025 年	2016 年	2025 年	2016 年	2025 年	2016 年	2025 年
液晶	138.5	338.7	736.6	3692.5	1935.4	6883.2	2810.5	10914.4
Hg	0.3	0.3	2.7	2.7	12.2	12.2	15.2	15.2
Cr	31.2	76.2	186.5	934.8	503.1	1789.2	720.7	2800.2
Ni	11.2	27.3	70.8	354.7	203.1	722.3	285.0	1104.3
As	2.3	5.7	3.9	19.3	2955.3	10510.9	2961.5	10535.8
Zn	90.0	220.1	28.5	142.9	641.7	2282.3	760.3	2645.4
Sn	49.8	121.7	271.4	1360.5	411.4	1463.1	732.5	2945.3
In	14.4	35.2	82.7	414.7	68.6	244.0	165.7	693.9
Cd	1.8	4.5	0.1	0.6	61.0	216.8	62.9	221.9
Cu	4.8	11.6	69.3	347.6	63.7	226.5	137.8	585.7
PBDEs+TBBPA	3.9	9.6	12.4	62.0	35.1	124.8	51.4	196.4
合计	348.2	850.9	1464.9	7332.3	6890.6	24475.3	8703.5	32658.5

机电产品中存在的有毒有害物质同时也使得其退役后的回收处理及再利用面临挑战。废弃的机电产品虽然被称为“城市矿山”，但因其中含有诸如铅、镉、六价铬、汞、PBBs 和 PBDEs 等有毒有害物质，若不妥善处置便会对环境和人体健康造成负面影响。例如，广东省汕头市贵屿镇就曾因长期、大量回收处理废弃电器电子产品，造成严重环境污染而被国际社会所关注。汕头大学医学院的研究者对贵屿镇空气、土壤和河岸沉积物的重金属浓度抽样调查发现，空气粒子中铬（Cr）、铜（Cu）和锌（Zn）三种重金属含量比亚洲城市均值高出 4~33 倍；土壤中也发现有铬（Cr）、镉（Cd）、铜（Cu）、镍（Ni）、铅（Pb）、锌（Zn）等重金属，且含量超过 New Dutch List 的标准。污染最为严重的是废弃电器电子产品露天焚烧场，其中铜、铅、锌三种重金属含量分别高达 1374~4253mg/kg、856~7038mg/kg、546~5298mg/kg。在流经贵屿镇的河流的河底沉积物中重金属的含量也异常高，如在练江中，铜、铅和锌的平均含量分别为 1070mg/kg、230mg/kg 和 324mg/kg。其中，铅的浓度是美国环保署认定土壤污染危险临界值的 200 多倍。此外，电子废弃物露天焚烧场、河流等许多地方，存在着重金属与持久性有机污染物共存的复合污染状况。

重金属和化学品对人体的危害是严重的。以电器电子产品中普遍存在的铅为例，铅及其化合物对人体各组织均有毒性。一般连续两次检测静脉血铅水平等于或高于200μg/L即为铅中毒，按照血铅水平将铅中毒分为四级：血铅水平为100~199μg/L的是高铅血症，血铅水平为200~249μg/L的是轻度铅中毒，血铅水平为250~449μg/L的是中度铅中毒，血铅水平等于或高于450μg/L则为重度铅中毒。研究表明，铅能够造成一系列生理、生化指标的变化，影响中枢和外周神经系统、心血管系统、生殖系统、免疫系统的功能，引起胃肠道、肝肾和脑的疾病。儿童和孕妇更容易受铅的伤害。铅中毒会使儿童的智力、学习能力、感知理解能力下降，并造成注意力不集中、多动、易冲动等问题。高含量的铅对机体的损害甚至是致命的。汕头大学医学院的研究者2008年曾对生活在贵屿镇电子废弃物污染区的3~7岁儿童进行了铅镉负荷监测。研究者将贵屿当地幼儿园153名3~7岁儿童与邻镇陈店幼儿园150名同年龄段儿童进行对比发现：贵屿镇幼儿园儿童血铅值≥100μg/L（即高铅负荷）者有107人，占69.9%，其中血铅值在100~199μg/L的占49.7%，200~249μg/L的占9.9%，250~484μg/L的占4.6%；邻镇陈店幼儿园儿童血铅值≥100μg/L（即高铅负荷）者有55人，占36.6%。

综上所述，机电产品所涉及的资源环境问题不仅在环境影响类型上是方方面面的，而且覆盖着产品的整个生命周期，跨越不同地域和组织。这也是机电产品绿色设计受工业界和学术界关注的重要原因。

1.2 资源环境需求引入与产品功能、性能的矛盾

资源环境问题使得耗能机电产品设计面临新的技术挑战，因为它在原来只关注功能、性能和经济性的基础上增加了资源与环境的约束，这对本来就充满挑战的设计来说，显然是更加困难了。虽然有学者从产品生命周期和综合效益的角度指出绿色设计的优势，但在实际开发中资源与环境需求的引入往往会与原有的产品设计开发产生矛盾。

1.2.1 矛盾冲突的案例

设计的一个重要工作就是管理冲突和消解冲突，但这还只是集中在技术经济维度。资源环境需求的引入，相当于为矛盾冲突增加了一个维度。资源与环境需求与产品开发的矛盾冲突处理不好甚至会造成巨大的损失。英法联合开发的、飞行性能卓越的“协和”式超声速客机的失败，就是一个典型的例子。

20世纪50年代，喷气发动机、后掠翼等技术的应用实现了战斗机超声速飞行，于是英、法、美、苏等国纷纷着手研制超声速客机，以期在民用客机的竞

争中拔得头筹。1956 年 11 月，英国推出了装载 4 台发动机、飞行马赫数为 2（飞行速度为声速的 2 倍）的 100 座超声速飞机方案。同期，法国宇航公司、达索公司、南方航空公司等在法国政府的支持下，也提出了以“快帆”飞机为基础的“超快帆”方案。英法两国的方案相似，尤其是飞机的气动外形几乎一样。因为超声速飞机的研发费用高昂，两国方案又相近，所以 1962 年 11 月 29 日，英法政府签署了共同研制协议。1963 年 1 月 13 日，戴高乐总统将这款超声速客机命名为“协和”。在两国政府和企业的努力下，法国组装的“协和”式飞机于 1969 年 3 月 2 日完成了首次试飞，并在同年 10 月 1 日的第 45 次试飞中突破了声障。英国组装的“协和”式飞机于 1969 年 4 月 9 日首飞。1975 年 12 月，“协和”式飞机取得英、法两国的适航证。英法两国雄心勃勃，计划制造 300 架“协和”式飞机，但最终只造了 20 架。其中缘由主要有两点。一是燃油经济性差。“协和”式飞机油耗高，载客量偏小，飞机的运营成本高，特别是 20 世纪 70 年代的石油危机，使得燃油价格飙升，燃油经济性就更差了。二是声爆高。由于飞机噪声超过了美国联邦航空局的噪声标准，“协和”式飞机首先被美国限制在大陆上空进行超声速飞行，之后欧洲、亚洲的一些国家也都发布了禁令，这使得各航空公司取消了购买“协和”式飞机的计划。此外，各航空公司取消订单还与其 5110km 的航程较短、100 座的载客量偏少有关。飞行性能出众的“协和”式飞机，在当时的技术水平下，因无法调合飞行速度与油耗、噪声等资源环境需求之间的矛盾，最终在 2003 年从民航市场上消失了。

与之类似的还有 20 世纪 70 年代石油危机中的日本马自达汽车。1973 年，日本国内能源价格飞涨，马自达引以为傲的汪克尔转子发动机，因高油耗不再适合汽车生产，而使公司的生存面临挑战。如果没有与之交叉持股的住友集团，派出高层管理小组为马自达带去丰田精益生产系统，以及为马自达新发动机和新车型的研发提供贷款，马自达公司也许也在竞争中消失了。

随着人们资源与环境意识的增强，资源与环境在工业体系中的约束也越来越强。工业界、学术界通过技术体系的创新，以期使产品设计、生产技术能够满足资源与环境的要求。典型的例子就是电器电子产品中有毒有害物质铅的替代。众所周知，2003 年 2 月，欧洲议会发布“关于在电子电气设备中限制使用某些有害物质指令案（RoHS）”，规定从 2006 年 7 月 1 日起，在新投放欧盟市场的电子电气产品中，限制使用铅、汞、镉、六价铬、多溴联苯（PBBs）和多溴二苯醚（PBDEs）6 种有害物质。该指令导致想要在欧盟市场销售的电子电气产品从材料、工艺到装备的整个技术系统的重新设计。铅在 RoHS 指令限定物质名录之中。电子电气产品中的铅主要集中在控制板上。控制板上的钎料、电路板和元器件都含有铅。所谓电子电气产品无铅化就是在产品中用诸如 Sn-Ag 和 Sn-Ag-Cu 等无铅钎料替代传统的 Sn63Pb37 和 Sn60Pb40 等锡铅钎料。由于锡、银、铜都比铅价格高，电子电气产品无铅化首先带来的是成本问题和资源供应风险的问题，同时，Sn-Ag 和 Sn-Ag-Cu 等无铅钎料的熔点较锡铅钎料高出约 30℃，使得焊接工艺窗口变窄，加上无铅钎料变差的润湿性，又使得钎接可靠性成为问题，所以无铅化对工艺设计和装备设计都提出了更高的要求。此外，由于无铅钎料的组分发生了较大的变化，钎料的物理化学性能变化也大，因此无铅化是涉及钎料设计与生产，元器件设计、生产与装备，电路板设计、生产与装备，电子元件组装工艺与装备诸多方面的技术体系变革。无铅化技术体系如图 1-2 所示。对有毒有害物质的限制和替代是绿色设计与制造的趋势，例如 2015 年欧盟 RoHS2.0 修订指令又将邻苯二甲酸二（2-乙基己基）酯（DEHP）、邻苯二甲酸丁苄酯（BBP）、邻苯二甲酸二正丁酯（DBP）、邻苯二甲酸二异丁酯（DIBP）4 种有毒有害物质纳入管控范围，由此电子电气设备中限制的有毒有害物质从 6 种增加至 10 种。

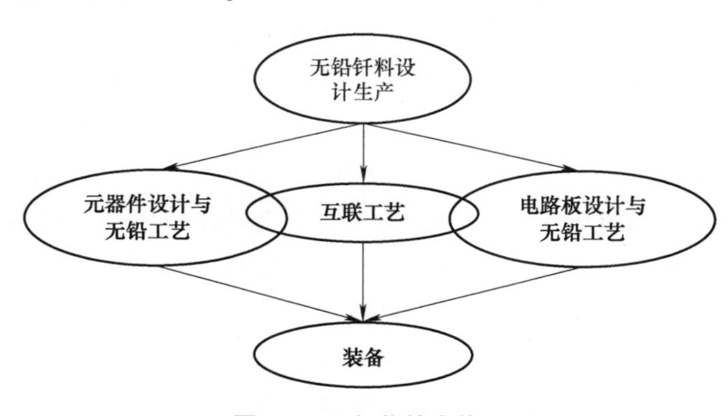

图 1-2　无铅化技术体系

随着资源和环境的问题越来越突出，其与现有技术系统、经济系统的矛盾冲突也越来越严峻。那些原来看起来似乎与设计相去甚远的环境问题，如气候变暖、臭氧层耗竭等，最终都需要落脚到产品，落脚到产品的整个生命周期。资源与环境需求引入后产生的与产品技术经济性之间的矛盾冲突已经成为产品开发中的普遍现象。如何在产品技术经济性与资源环境需求之间达成平衡，减轻甚至消除这种冲突是绿色设计中一个重要内容。

1.2.2　矛盾冲突的归类

矛盾存在于一切事物的发展过程中，贯穿于每一事物的发展过程的始终。

设计也不例外，资源与环境需求的引入，让产品开发中的矛盾冲突在技术经济维度的基础上又增加了资源与环境维度，设计中的矛盾冲突变得更加复杂。因此，有必要了解一下人们对矛盾冲突的认识。

因矛盾具有普遍性和绝对性，存在于各种形式、各个层面、各个领域人类活动的所有主体之中，故有关矛盾、矛盾运动的著述很多。不过，人们研究的领域与层级不一样，则所讨论的矛盾冲突的类型也就有所差别。例如，在工业管理领域，有从供应商、生产商、经销商、客户、服务商等供应链和价值链的参与者角度探讨合作组织之间的矛盾，也有从知识（含技术）资源的组织角度探讨知识提供商、服务商、竞争对手、知识使用者等参与者之间的矛盾。这一领域的矛盾，因参与者都是利益相关方，彼此相互联系、相互制约，故通常被描述为一个过程。在这个过程中的矛盾运动是因一方或各方感到自己的利益受到或即将受到损害而导致的各项活动。由于矛盾各方既相互联系又相互制约，在本质上体现出矛盾的对立统一性，但现实中又体现出千差万别的形式。像社会系统一样，工程系统也充满着矛盾冲突，并通过不断地解决冲突而得到发展。

而本书所关注的产品设计中的矛盾，其颗粒度显然比社会和组织层面的矛盾更小。需要将一些社会、文化、经济、可持续发展的矛盾转化为可实现和可操作的设计目标和参数，并由组成产品的零部件及运行于其中的能量和信息去承载，所以矛盾的内容和形式更是千差万别。例如，当前的热门话题气候变暖，落实到汽车的设计目标之一是燃油经济性。实现燃油经济性又包括提高发动机燃烧性能、减少风阻、能量管理与回收、轻量化等多条技术路径。其中轻量化是汽车节能降耗的重要途径。相关资料显示：轿车质量减小10%，其油耗减少10%。然而轻量化的同时会影响汽车的被动安全性和NVH（N—Noise，噪声；V—Vibration，振动；H—Harshness，声振粗糙度）等性能。又如，前面提到的无铅化问题是从有毒有害的电子电气产品废弃物的环境及健康影响角度谈起的，但落实到电子电气产品的具体设计，比如芯片和电路板设计就会转化为线宽与集成度之间的矛盾。可见，到产品设计层面，矛盾更多地体现在设计参数与目标功能和性能之间，以及产品各组成零部件之间。由于产品设计中的矛盾，直接关系产品的性能好坏，设计领域多用冲突来代表矛盾。

在设计领域中，解决矛盾冲突的一种重要设计方法叫TRIZ。TRIZ是“发明问题解决理论”的俄文缩写，是前苏联学者G. S. Altshuller等人在分析全球高水平专利的基础上提出的。该理论认为产品创新的核心是解决设计中的冲突，并提供了一套基于冲突矩阵（CM）和发明原理的冲突消解方法。G. S. Altshuller将冲突分为管理冲突、技术冲突和物理冲突三类。管理冲突虽然在设计中普遍存在，如资源冲突、决策冲突、过程冲突就属于管理冲突，但在产品自身功能性能的技术实现上管理冲突不是主要的。因此，TRIZ 理论关注的重点是技术冲突和物理冲突。

在 TRIZ 理论中，物理冲突是指为了实现某种功能，一个子系统或元件应具有一种特性，但同时出现了与该特性相反的特性。物理冲突的核心是一个物体或系统中的一个子系统有相反的、矛盾的需求。而技术冲突是指一个作用同时导致有用及有害两种结果，也有可能是有用作用引入或有害作用消除导致一个或几个系统或子系统变坏。技术冲突常表现为一个系统中两个子系统之间的冲突，物理冲突往往隐含在技术冲突中。TRIZ 基于冲突矩阵（CM）和发明原理的冲突消解方法，是构建在专利分析的基础上的，这决定了其目的是以非妥协的方式解决技术冲突并产生解决方案。然而，在设计中，当设计原理确定之后，特别是在详细设计阶段，无论技术冲突还是物理冲突，似乎都常常面临在技术-经济-环境等功能、性能约束下，各功能单元及其设计参数相互妥协的情况。

综上所述，矛盾冲突并无统一的归类标准，不同领域、不同层次、不同系统的矛盾形式是多种多样的。设计作为一种基于多领域专门知识的多目标实现活动，矛盾冲突也不可避免。设计中的冲突是由两个或两个以上不相容或存在差异性的设计目标（或产品的功能、性能要求）引起的，因此即便是将设计对象缩小到耗能机电产品，其矛盾冲突的形式和内容也不少。为此，本书主要把设计的范畴限定在与能量作用相关的产品功能和性能上，以期望通过在机电产品的功能部件中合理分配能量，解决功能单元及其设计参数与产品目标功能、性能之间的矛盾冲突，同时实现节能降耗的设计。

参考文献

[1] 高洋．基于多目标决策的绿色产品设计方案生成方法研究［D］．合肥：合肥工业大学，2008.

[2] 绿色和平，中国电子装备技术开发协会．唤醒沉睡的宝藏——中国废弃电子产品循环经济潜力报告［R］．［S. l.］：［s. n.］，2019.

[3] World Resources Institute. CRITICAL MATERAILS And Circular Economy IN China's Mobile Phone Sector［R］．［S. l.］：［s. n.］，2020.

[4] 庄绪宁，李敏霞，宋小龙，等．中国典型液晶显示设备中有毒有害物质存量及其污染流向分析［J］．环境污染与防治，2021，43（4）：445-452.

[5] 刘俊晓．电子垃圾拆解区儿童重金属暴露及气质评估［D］．汕头：汕头大学，2009.

[6] 刘慧敏. 基于知识的概念设计冲突解决方法研究 [J]. 科技进步与对策, 2013, 30 (17): 123-127.

[7] 曹国忠, 张曙, 解秋蕊. 基于冲突解决理论的产品造型设计方法研究 [J]. 包装工程, 2018, 39 (14): 1-7.

[8] 崔玉莲, 吴纬. 基于 TRIZ 冲突解决原理的产品设计解耦 [J]. 机械设计与研究, 2010, 26 (6): 19-22.

第2章

设计与绿色设计

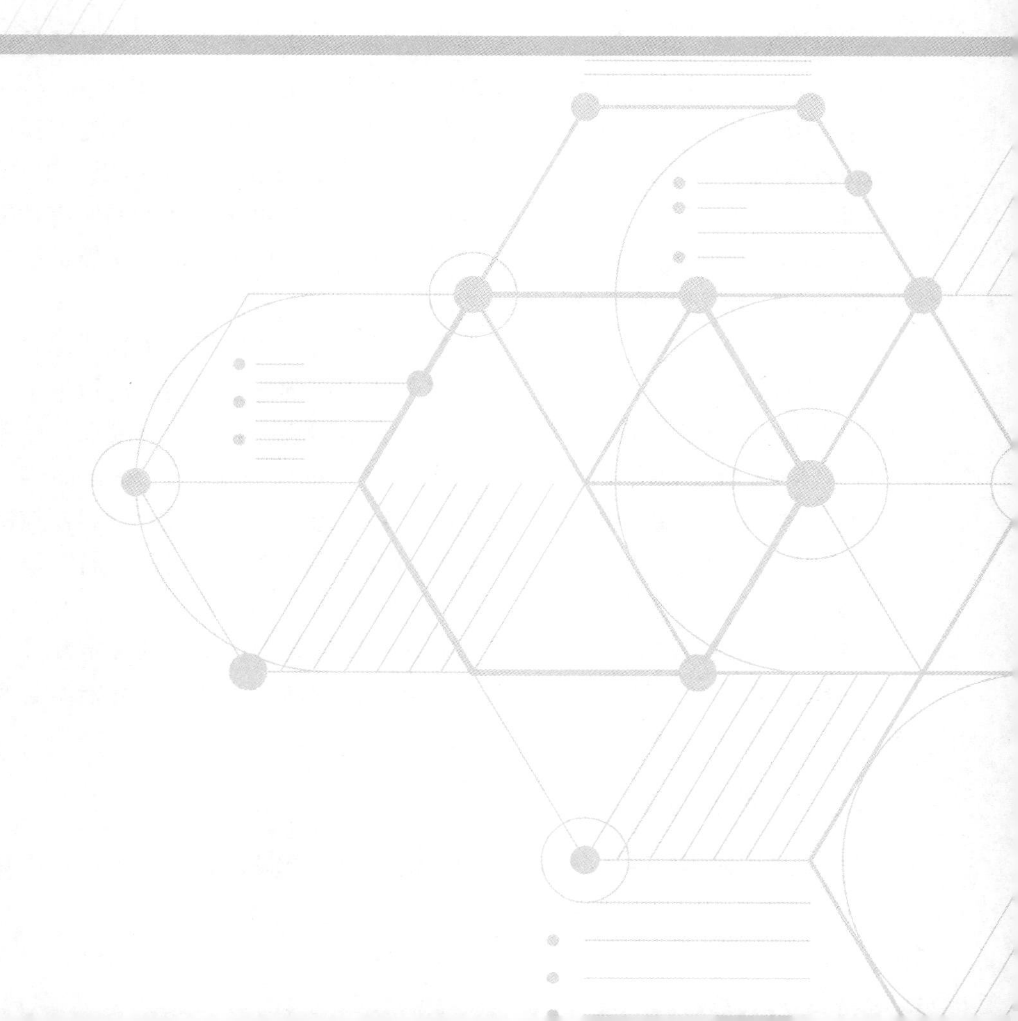

既然设计中的冲突是由两个或两个以上不相容或存在差异性的设计目标（或产品的功能、性能要求）引起的，也就是由产品存在的根本功能及性能引起的，那么本章就从产品的功能与性能出发，讨论设计的过程，以引出绿色设计的概念，因为资源与环境需求引入后最终也会转变为设计目标，转变为产品的功能和性能。

2.1 产品的功能与性能

2.1.1 功能的定义

功能是指事物或方法所发挥的有利的作用或者效能。“功能”一词作为效能、功效之意出现，最早见于《汉书·宣帝纪》：“五日一听事，自丞相以下各奉职奏事，以傅奏其言，考试功能”。

具体到产品，功能简而言之是指产品的实际作用和用途，或对所设计产品的期望。设计时常采用准确、精简的词句来定义功能。例如，Paul G. 等学者将功能视为以完成任务为目的的系统的输入输出之间的关系。为此，其在著作 *Engineering Design* 中用“动词+名词”的动宾词组来定义产品功能，如“增速”“减速”“传递力矩”“存储物品”等；采用黑箱模型来描述产品所有功能与实现这些功能所需的输入流以及完成这些功能后得到的输出流。功能被视为产品之所以成其为自己的本质特征。

机电产品的功能相对较多，其功能的组合关系和层级关系也错综复杂。为了便于功能设计，不同的学者结合各自的需求与理解，将功能进行了不同的分类。例如，Stone 等学者将功能分为分支功能、导向功能、连接功能、控制大小功能、转换功能、供应功能、信号功能、支持功能等八类；而 Szykman 等学者则将功能分为使用功能、组合/分布功能、转换功能、传输功能、信号/控制功能以及装配功能六类。功能的分类与产品对象、设计者对功能的理解、设计方法等因素有关。

产品功能虽然贯穿于整个设计过程之中，但是主体功能的确定却是在概念设计阶段，因为概念设计的主要目的就是将需求转化为产品的功能组合和技术实现方案。

2.1.2 性能的定义

功能是指期望从设计的产品中获得的输出，是设计者或者用户对产品效能的期望。产品实际运行时的功能与期望值之间会存在偏差，这种偏差描述了功能实现的程度，也就是通常所说的性能。产品的结构和行为是功能的具体实现形式。结构和行为所实现功能的好坏则可以选择用某些参数来表征，并可以对其进行直接或间接模拟或测量，这被称为性能的表征、设计和测量。关于性能的定义和描述，虽然不同的学者在描述上略有差异，但意思大致相近，例如：Kalay 认为性能是用来评价当前解决方案的行为是否满足预先期望，是对行为的一种度量。性能的度量是通过建立行为与具体性能指标的用户满意度曲线，根据设计指标的不同权重计算的。为此，Kalay 提出了基于性能的设计方法，并指出结构、功能和环境共同决定了解决方案的行为优劣。Ullman 也认为性能是对功能和行为的度量，即产品所能达到或实现预定工作状况的程度。谢友柏则认为性能包括产品的功能和质量两个方面。这里的功能是指实现客户需求的某种行为的能力，而质量是指产品能实现其功能的程度和在使用期内功能的保持性，是功能在全生命周期中偏离期望值程度的度量，两者相辅相成形成了以性能需求为驱动的设计理念。谢友柏论述中的质量是 Kalay 和 Ullman 等学者所说的性能。

基于性能的定义，学者还进一步对性能的内容、形式进行表征以支持性能设计。例如，赵艾萍等提出利用性能元来描述产品性能，并认为产品性能可以表示为 $X=(N,G,Z,Y)$ 的有序四元组，其中 N 为产品名称；G、Z、Y 分别为某项功能、实现该功能的质量和实现该功能的约束，G 是一维的两元组，Z 和 Y 是多维的两元组：$G=(g,v_g)$，$Z=(z,v_z)$，$Y=(y,v_y)$。g、z、y 分别为构成性能元 X 的功能元、质量元和约束元；v_g、v_z、v_y 分别为对应的量值。这样，产品性能就可以表示为多维性能元的组合。凌卫青等以知识工程中的因素空间理论为支撑，构建了包含功能、质量和约束因素的性能因素族 $\{f_s\}_{(s\in S)}$。根据性能因素族 $\{f_s\}_{(s\in S)}$ 的定义，每一个性能因素 f_s 都包括与之相关的析取因素，即功能因素 f_{sf}、质量因素 f_q 和约束因素 f_{sc}。闻邦椿则将产品性能总结为如图 2-1 所示的结构性能、工作性能和工艺性能，共计 24 项具体内容。在性能内容上，Maier 等提出了设计关系理论，认为设计不能只是功能设计，还应考虑产品与人（设计者、使用者等）之间的情感交互，即强调产品性能能否满足人的需求。Schaefer 则强调技术性和经济性，强调用价值来衡量产品性能。所谓价值 V 就是产品技术性能 P 和成本 C 之比，即 $V=P/C$。魏喆等应用“对象结构公理”定义了产品的广义性能及其形式化表达。在产品广义性能定义中学者指出设计受产品（D_P）及产品所处的环境（E_P）影响，也就是说，由产品（D_P）和环境（E_P）所构建的设计体系决定了产品的性能。为了更清楚地描述设计与性能之间的关系，这里对广义性能做一个较为详细的阐述。

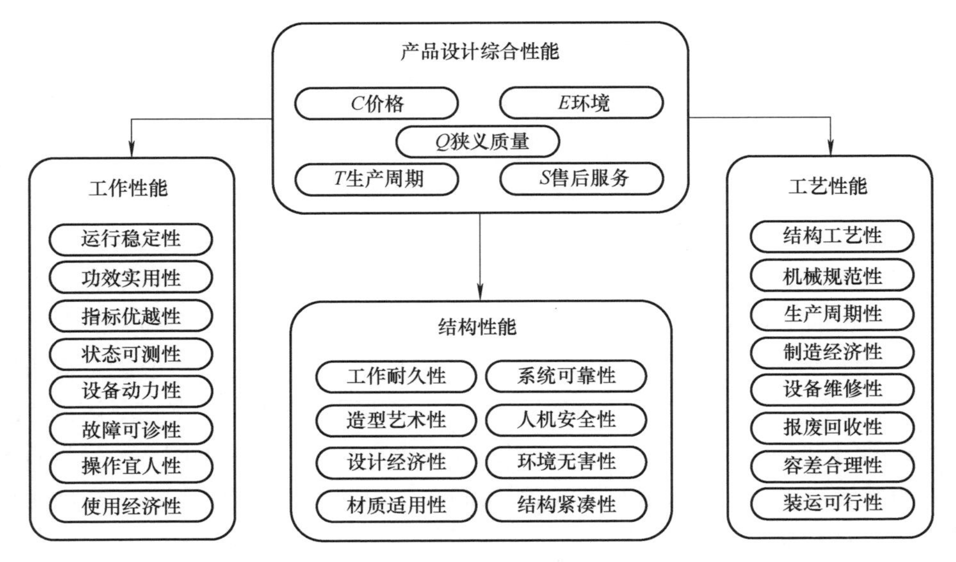

图 2-1　现代机械产品设计的性能总结

实际的产品设计中，功能可以视为是产品内部运行，以及与其所处环境发生相互作用的一种描述。产品是功能实现的载体，而环境是功能实现的约束，两者共同构建了支持产品设计的体系 F_P，称为“产品（D_P）-环境（E_P）”体系 F_P。根据集合理论，“产品（D_P）-环境（E_P）”体系可以形式化地表示为 $F_P = D_P \cup E_P$。根据对象结构公理，形式化的“产品（D_P）-环境（E_P）”体系 F_P 的结构（$\oplus F_P$）可以表达为

$$\oplus F_P = \oplus(D_P \cup E_P) \tag{2-1}$$

式中，$\oplus$为结构算子，具体算法如下：

$$\forall O,\quad \oplus O = O \cup (O \times O)$$

将$\oplus F_P$ 按照结构算子公式展开可得

$$\begin{aligned}\oplus F_P &= \oplus(D_P \cup E_P) = (D_P \cup E_P) \cup [(D_P \cup E_P) \times (D_P \cup E_P)] \\ &= (D_P \cup E_P) \cup (D_P \times D_P) \cup (E_P \times E_P) \cup (D_P \times E_P) \cup (E_P \times D_P) \\ &= [D_P \cup (D_P \times D_P)] \cup [E_P \cup (E_P \times E_P)] \cup (D_P \times E_P) \cup (E_P \times D_P) \\ &= (\oplus D_P) \cup (\oplus E_P) \cup (D_P \times E_P) \cup (E_P \times D_P)\end{aligned} \tag{2-2}$$

式中，D_P 为待设计的产品；$\oplus D_P$ 为产品结构，描述了机电产品内部结构之间的关系；E_P 为产品所处的外部环境；$\oplus E_P$ 为环境结构，描述了机电产品所处的外部环境之间的内部关系；$D_P \times E_P$ 为产品对外部环境作用的响应或反馈；$E_P \times D_P$ 为外部环境对产品的作用。

从式（2-1）到式（2-2）形式的变化可以看到如图2-2所示的产品与环境两要素内部及其相互之间的影响关系。在“产品（D_P）-环境（E_P）”体系F_P中，产品功能实现包含的要素有：产品及产品内部结构之间的关系，产品所处环境及环境内部之间的关系，环境对产品的作用，产品对外部环境作用的响应。

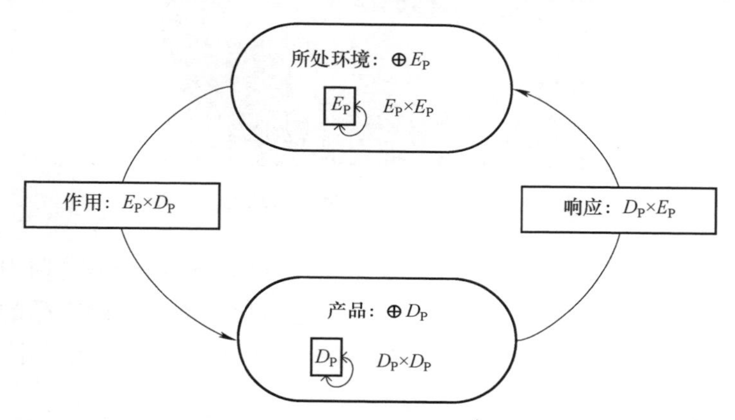

图2-2 “产品（D_P）-环境（E_P）”体系F_P中内部要素关系示意图

无论产品与环境各自内部要素的相互影响，还是环境对产品的作用，以及产品对环境的响应，都直接关系到产品功能的实现程度，即关系到产品性能。因此，性能可描述成产品及其组成零部件受其所处的内部与外部环境相关的某个或多个相关因素作用后，直接或间接做出的某种或多种客观响应。性能在“产品（D_P）-环境（E_P）”体系F_P中的定义示意图如图2-3所示。

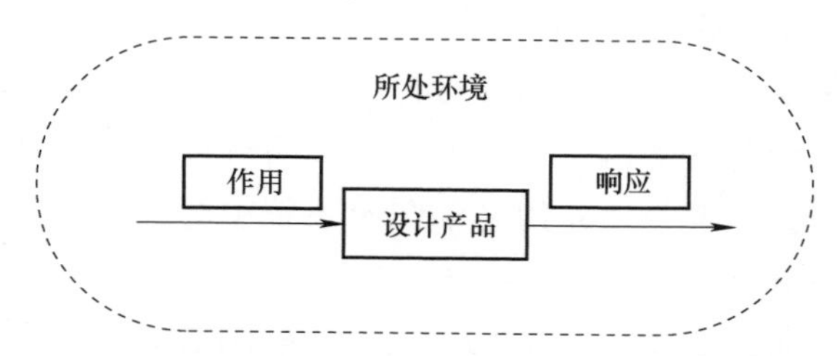

图2-3 性能在“产品（D_P）-环境（E_P）”体系F_P中的定义示意图

“产品（D_P）-环境（E_P）”体系F_P中广义性能的定义，清楚地指出了产品、环境及其相互作用与响应是性能设计的内容。例如，汽车100%正面碰撞被动安全性能，是汽车对撞击刚性墙做出的减少驾驶室成员所受碰撞载荷的客观响应，如图2-4所示。汽车100%正面碰撞被动安全性能是通过车身内部结构实现的，车身零部件所受到的作用因素是碰撞力，其响应的主要形式为车身零部件的变形与断裂，以及安装于汽车上的假人的加速度等参数。又如，分体式空调室外机的气动噪声性能，是气流经过室外机的风道系统各个零部件时在零部件阻尼作用下做出的速度脉动响应。

图 2-4　汽车 100%正面碰撞被动安全性能

性能是产品实现其功能的程度，是功能在全生命周期中偏离期望值程度的度量。在如今激烈的市场竞争中，设计和制造出比竞争对手的产品的性能更加优越的产品，已经成了企业设计的首要任务，也可以说设计是由性能需求驱动的。

2.1.3　能量、物质在产品功能和性能实现中的作用

产品的性能很多，有一些性能，如造型、装饰、装潢方面的性能，以及用户交互友好性，与人们的审美、文化和习惯需求相关，不涉及能量作用；而多数性能，特别是对于耗能机电产品，是与组成产品的零部件及其物质，以及实现功能时运行于其中的能量相关联的。本书探讨的对象是耗能机电产品，因此也更关注与能量、物质相关联的功能性能。

能量是耗能机电产品及其零部件运行的驱动力，是实现功能和性能的重要因素。而物质，无论产品的组成零部件还是产品运行中的媒介物，都是功能和性能实现的载体，甚至有些媒介物（如制冷系统中的制冷剂、风道系统中的空气）还是能量转移和转换的载体。因此，TRIZ 物场理论说产品功能和性能的实现是能量作用于物质的结果，是有道理的，当然 TRIZ 物场理论只适用于与能量相关的功能和性能。

机电产品中常见能量作用形式见表 2-1。表中第三列和第四列的势变量和流变量，是用于定量描述能量特征的参数，其描述及计算方法可参考键合图建模方法。例如，电能的势变量和流变量分别是电动势和电流，显然，电动势与电流的乘积就是功率，因此，势变量电动势和流变量电流可视为电能的表征参数。为了进一步了解能量和物质在产品功能和性能实现中的作用，下面举几个不同形式的例子进行说明。

表 2-1　机电产品中常见能量作用形式

基本类	子类	势变量	流变量
人（力）		力	位移
声音		压力	质点速度
生物		压力	体积流量
化学		吸引力	反应速率
电能		电动势	电流
电磁	光学	强度	速度
	太阳能	强度	速度
流体		压力	体积流量
磁		磁动势	磁通量
机械	转动	转矩	角速度
	平动	力	线性速度
	振动	振幅	频率
气动		压力	质量流量
辐射		强度	衰减速率
热		温度	热流量

案例 1：电阻炉，其基本工作原理是大家所熟知的焦耳定律，即 $Q=I^2Rt$。电阻炉是电流通过电阻材料产生热能的加热炉，其功能是通过电热元件将电能转化为热能。电阻炉将电能转化为热能是通过电源、电阻所组成的电路来实现的，也就是说，能量作用于物质实现了产品的功能和性能。

案例 2：传输转矩和转速的齿轮箱。电动机或带轮通过齿轮箱的输入轴输入转矩 T_1 和角速度 ω_1，经过传动比为 i、传递效率为 η 的齿轮箱，输出转矩 $T_2=iT_1\eta$，角速度 $\omega_2=\omega_1/i$。转矩与角速度的乘积就是功率。显然，齿轮箱的功能就是传递能量，而齿轮箱的齿轮副、轴承、轴和箱体等零件是承载能量传递的物质。

案例 3：电冰箱制冷系统。电冰箱制冷系统运行过程中不仅有能量作用，物质还会发生相变。电冰箱是一种能够为物品提供恒定低温存放环境的设备，主要组成部件是用于存放物品的箱体，以及提供制冷性能的制冷系统。图 2-5 所示为单系统风冷电冰箱的整机工作原理。图 2-5 中，细箭头表示的是制冷剂在制冷系统中的循环路径。从点 1 至点 5，管路中的制冷剂状态变化如下：低温低压的气态的制冷剂从回气管（图中点 1）进入压缩机，被压缩成高温高压的气体

(图中点 2); 经过冷凝器向外放热, 冷却为高压过冷的液体 (图中点 3); 经过毛细管和回气管组成的回热器降压降温, 变成低温、低压的两相液体 (图中点 4); 在蒸发器中吸收热量蒸发为低温、低压的气体 (图中点 5); 最后在回气管中和毛细管换热变为低压过热气体状态 (图中点 1), 至此完成了一个蒸气压缩制冷的循环过程。制冷剂的状态变化带动着整个制冷系统中的能量流动, 最终在蒸发器处吸收箱体内空气的热量, 从而为箱体提供制冷量。电冰箱中的物质包括可控结构参数的零部件、制冷剂以及空气, 控制系统信息包括压缩机转速、间室温度设计以及风量分配比, 能量涵盖电能、机械能及热能。根据电冰箱的工作原理可知, 在电冰箱的工作过程中, 物质、能量、信息相互作用, 最终实现电冰箱的制冷功能。

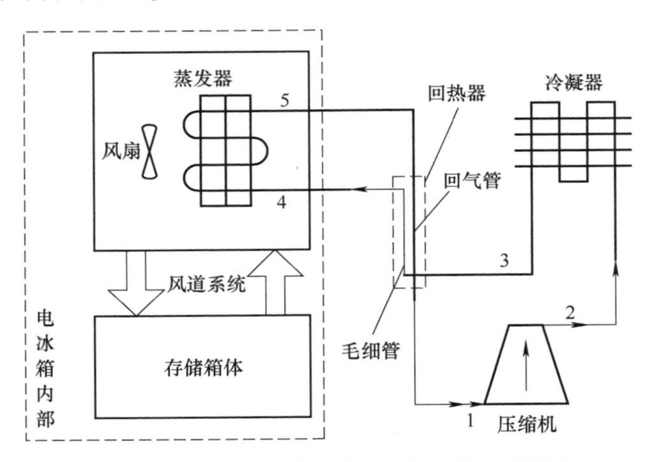

图 2-5 单系统风冷电冰箱的整机工作原理示意

案例 4: 等离子增强化学气相沉积 (Plasma Enhanced Chemical Vaper Deposition, PECVD) 设备。PECVD 设备主要包括真空系统、传片系统、反应腔室、射频 (RF) 源及匹配器、工控系统等。竖直喷淋式 PECVD 设备系统示意图如图 2-6 所示。其中, 反应腔室是 PECVD 设备的核心, 主要由竖直式喷淋头布气系统、加热盘、腔体等结构组成。

引入了等离子体放电的 PECVD 工艺的理化过程比普通 CVD 更复杂。流入反应腔室的各路反应气体的流量通过质量流量控制器 (MFC) 控制, 腔室内的气体压力通过压力传感器及阀门控制, 加热盘的温度通过温度传感器及加热丝控制, 通过射频源及射频匹配器可以控制注入腔体的射频功率, 通过极间距调整系统可以控制喷淋板与加热盘之间的电极间距 (图 2-6 中喷淋板为功率电极, 加热盘为地电极)。典型 PECVD 工艺压力为 1~10Torr (1Torr=133.322Pa); 反应气体一般为两种或多种（若 PECVD 反应工艺需要，还会随反应气体添加载气。载气一般为惰性气体，如氩气、氦气，不参与成膜反应，但对反应分压具有调节作用)；衬底温度为 150～400℃；12in（1in = 25.4mm）晶圆工艺的射频功率为 400～1200W，高频（HRF）频率为 13.56MHz，低频（LRF）频率为 100～1000 kHz（LRF 是某些工艺性能加强所需要的，如薄膜应力、沉积速率控制，但不是必需的）。常用极间距为 8～25mm，气体总流量为 1000～8000sccm（标识毫升每分）。可见，在 PECVD 设备中发生的化学气相沉积就是多种能量和多种物质相互作用发生的化学变化。

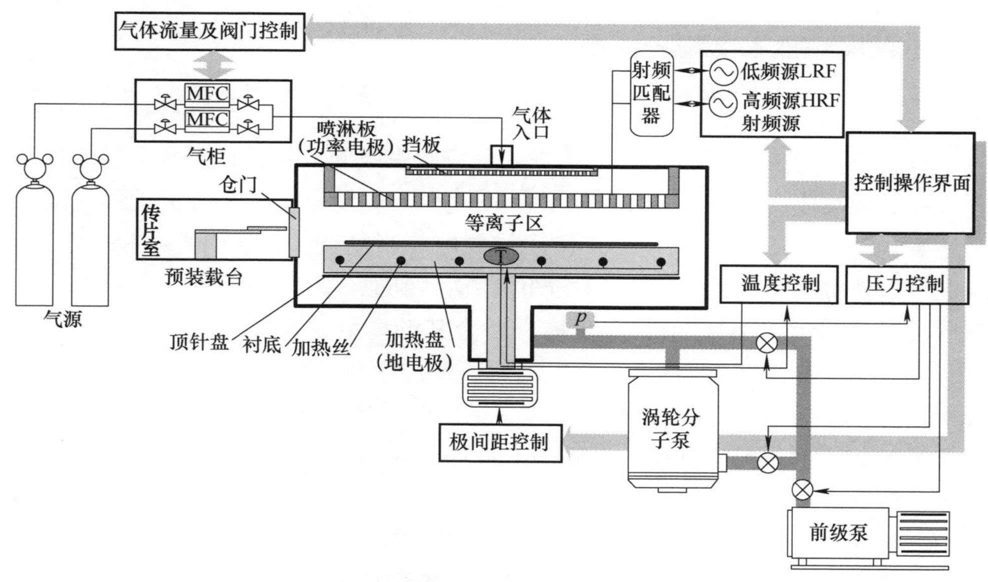

图 2-6　竖直喷淋式 PECVD 设备系统示意图

PECVD 工艺腔室中的物理化学作用相当复杂，其中的化学反应过程、物质类型与状态备受学术界、工业界关注。以氮化硅工艺为例，硅烷（SiH_4）与氨气（NH_3）常用作制备氮化硅薄膜的反应气体，两者在常温条件下不能自发反应。反应气体在 PECVD 工艺腔室中被射频电场激活，活化后的气体可在较低的温度下发生一系列气相反应，进而成膜。其化学反应原理为

$$\text{氮化硅：}SiH_4 + NH_3 \xrightarrow{\text{能量}} SiN_x\text{：}H\downarrow + H_2\uparrow \quad (2\text{-}3)$$

实际上氮化硅工业的理化过程存在多种中间反应及产物，其等离子体放电、气相反应以及表面反应过程多达数百步，即便是主要的反应过程也有近百步、中间产物达数十种。PECVD 氮化硅工艺的化学反应可分为三个阶段：等离子体放电反应、气相反应、表面反应，如图 2-7 所示。

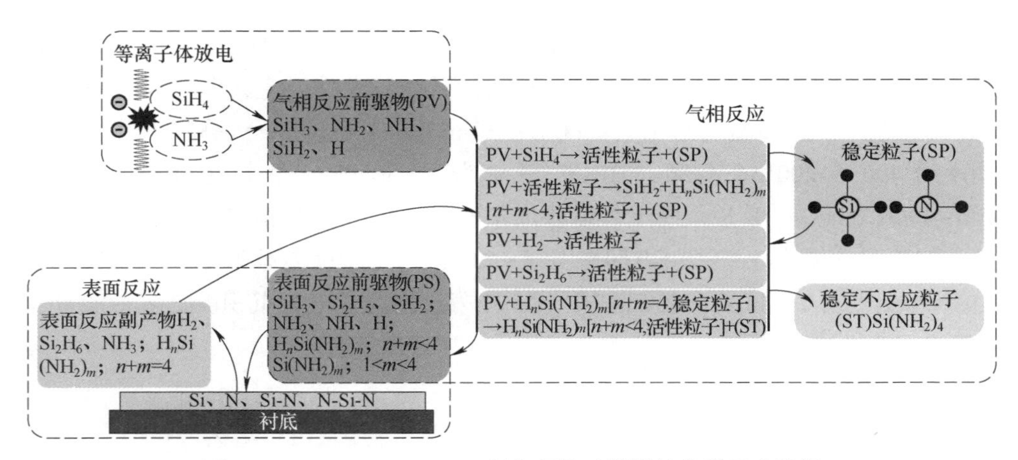

图 2-7 PECVD SiH_4/NH_3 制备氮化硅薄膜的化学反应路径

SiH_4/NH_3 混合气体通过喷淋头进入反应腔室极间区域，在射频电场的作用下发生放电反应，粒子被激发解离，生成气相反应前驱物，开启了后续气相反应过程。SiH_4/NH_3 混合气体的等离子体放电相当复杂，包含弹性碰撞、激发、离化和解离等，并且生成的活性粒子也较多。不过，对于后续的气相反应而言，最重要的是 SiH_4 与 NH_3 的解离反应，因为其解离生成物的气相与表面活性较强，而且浓度较高。由 SiH_4 与 NH_3 的解离反应生成的 SiH_3、SiH_2、NH_2、NH、H 等活性粒子在气相空间中彼此会进一步反应，且与 SiH_4、生成的氨基硅烷、H_2、乙硅烷等物质发生反应，生成表面活性很强的表面反应前驱物，同时也会生成一些稳定粒子。气相反应前驱物与 SiH_4 反应生成乙硅烷、SiH_3、活性 HSi（NH_2）等；与生成的高活性氨基硅烷反应生成 SiH_2、活性 Si（NH_2）$_m$（$1<m<4$）、另一种活性 H_nSi（NH_2）$_m$（$n+m<4$）等，与此同时还会生成 Si（NH_2）$_4$、SiH_4、NH_3 与 H_2 等稳定粒子，但 SiH_4、NH_3 与 H_2 还会继续参与气相或放电反应；与生成的相对稳定的乙硅烷、氨基硅烷 H_nSi（NH_2）$_m$（$n+m=4$）反应，使其激活，进一步生成活性氨基硅烷。气相反应生成了 SiH_2、SiH_3、Si_2H_5、NH_2、NH、H 以及 H_nSi（NH_2）$_m$（$n+m<4$）、Si（NH_2）$_m$（$1<m<4$）等具有表面活性的表面反应前驱物。这些前驱物与衬底作用，通过化学吸附保留在衬底上，成为薄膜物质，并生成稳定的气体副产物，如 H_2、乙硅烷、氨气和氨基硅烷等。这些稳定分子进入气相空间，或再次发生气相反应、放电反应或被气流带走。显然，PECVD 的制膜工艺是在等离子、电磁、热和流场等多种能量作用下，物质发生物理化学变化并沉积于芯片衬底的过程。

案例 5：汽车被动安全性。被动安全性作为汽车的安全性能之一，与前面 4 个例子并不一样，其能量作用来自汽车与外部刚性墙的碰撞，从而将汽车的动能转换为零部件的变形与热能。汽车碰撞载荷传递路径与零部件变形如图 2-8 所示。载荷和变形就是能量的表现，所以可以画出如图 2-9 所示的碰撞过程中能量在汽车中的流动路径，只有在能量流动路径上进行合理的能量分配才可以实现汽车的被动安全性。比如，从车身变形的维度看，设计希望驾乘人员乘坐空间不发生变形，其言下之意就是希望碰撞动能在前车门之前通过变形和转化为热能被尽可能地吸收。

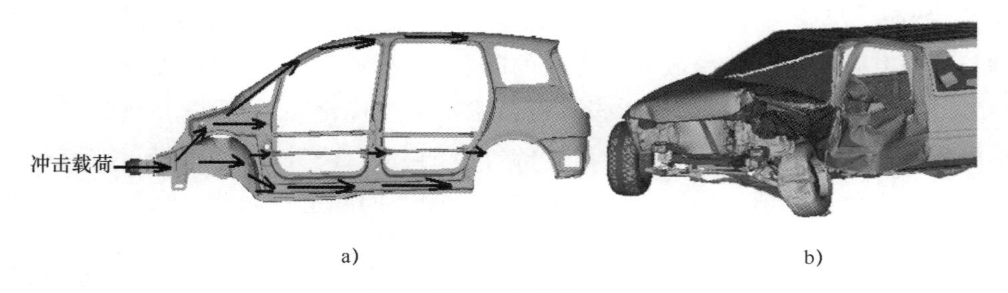

图 2-8　汽车碰撞载荷传递路径与零部件变形

a）碰撞过程载荷传递路径　b）碰撞后车身零部件变形状态

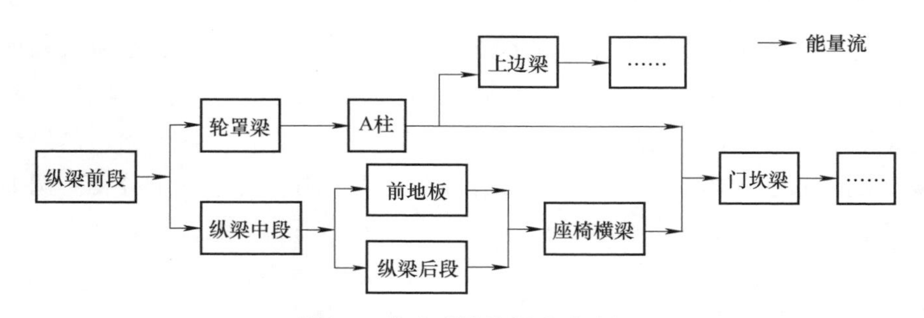

图 2-9　汽车碰撞能量流动路径

上述 5 个例子从不同角度体现了能量、物质在实现产品功能和性能中的重要作用，类似的例子在机电产品中比比皆是。可以看出，合理的能量作用形式、作用大小，以及合理的物质形态、性质与结构，是获得优异产品功能和性能的关键。因此，能量和物质的相互作用及其与功能、性能之间的相互关系是设计中的重要内容，也是本书关注的重点。当然，产品的功能和性能并非只与能量和物质有关，如艺术性也是某些产品重要的设计内容。

2.2　设计的二重性与设计流程

任何一个面向复杂机电产品的优秀设计都是机械工程学、人机工程学、计算机科学、心理学、艺术美学等多学科融合的结果。学术界与工业界普遍认为科学技术与艺术的统一对设计学的构建很重要。2013 年，中国高等学校设计学学科教程研究组在《中国高等学校设计学学科教程》中将设计学定义为："基于艺术与科学整体观念的交叉学科，是关于设计行为的科学，设计学研究设计创造的方法、设计发生及发展的规律、设计应用与传播的方向，是一个强调理论属性与实践的结合，融合多种学术智慧，集创新、研究与教育为一体的新兴学科"。然而，尽管设计体现出学科交叉融合的特点，但是各学科只关注自己学科擅长的研究对象是设计领域普遍存在的问题。例如，艺术类学科强调"设计美学"；科技及工程类学科关注"设计的技术实现与优化"；心理学重视设计的思维模式或心理过程；经济学研究设计的价值创造过程；社会学则将重心放在设计背后的文化与价值，乃至更宏观的创新机制等问题上。因此，强调艺术与科学技术融合的设计活动，如何在理论与实践中实现艺术与科学技术统一，至今仍是设计者追求的目标。

2.2.1　设计的二重性

艺术与科学技术是设计活动追求的两个方面。艺术可以认为是人所制作之一切具有审美价值的事物，它可以体现为诗词歌赋、戏曲、乐谱、绘画、雕刻、建筑等创作，也可融合在设计之中。设计学有一个分支叫设计美学，是研究设计领域美学问题的学科，所以也可以认为是美学应用学科的一个分支。例如徐恒醇先生在其著作《设计美学概论》中，从审美形态的角度，把设计之美阐释为包括形式美、技术美、功能美、艺术美和生态美等在内的一种多元性的美。呈现在人们面前的产品或服务则正是设计美学的载体。

科学和技术在设计活动中常常不会严格区分，但理论上两者是有区别的。通常认为科学是关于自然、社会和思维等的发展规律的分科的知识体系；技术则是科学在生产中的运用，是解决问题的方法及方法原理。世界知识产权组织曾从知识产权保护的角度，对技术有一个较为全面的定义，即"技术是制造一种产品的系统知识，所采用的一种工艺或提供的一项服务，不论这种知识是否反映在一项发明、一项外形设计、一项实用新型或者一种植物新品种，或者反映在技术情报或技能中，或者反映在专家为设计、安装、开办或维修一个工厂或为管理一个工商业企业或其活动而提供的服务或协助等方面"。言下之意，技术既可以表现为有形的装备和工具，也可以表现为无形的工艺和方法，还可以表现为图书、文献、图样等知识媒介。作为人类精神生产的产物，科学技术属于生产力的范畴但不是独立的生产力要素。科学技术通过凝结或渗透在人、自然界等生产力诸要素之中，通过发明和创造物化到生产资料之中转化为直接的物质生产力，物化到生活资料之中成为改变人们生活的强大动力。

可见，无论艺术还是科学技术，作为人类精神生产的产物，都需要在设计活动之中物化为具象的设计方案、产品或者服务等。例如，前面谈到设计美学中的生态美，就是强调在产品设计时考虑审美文化中的生态观，让人们在生产、使用产品时自觉地形成对人与自然、人与社会、人与人之间和谐关系的思考。日本无印良品（MUJI）公司主营服装、生活杂货、食品等各类优质商品。公司名“无印良品”意指“没有名字的优良商品”。基于这一理念，公司通过精选材质、改善工序、简化包装等原则重新审视所经营的商品，设计制造了简洁、质优价廉的商品。无印良品的这一设计理念，与那些过于突出外表的商品相比，常被冠以节省资源、自然为本、绿色环保等美名，但其并非极简主义。无印良品改变了“这样才好”“必须得这样”等诱发强烈偏好的商品设计理念，而追求“这样就好”的设计目标。而蕴藏在“这样就好”中的理性的平衡，反而映射出人们在面对人与自然、人与社会、人与自身关系问题上真实的心理和行为体现，也让顾客保持着一种理性的满意度。也正因为这样的理念，无印良品获得了充分的认同。如今，无印良品的全球门店数量超过了 900 家，涉及服装、生活杂货、食品乃至家居领域的商品种类超过 7000 种。科学技术物化为产品的例子就更多，因为产品功能的实现和性能的保障，无一不是科学技术的应用与发展的结果。

总之，作为设计对象的产品或服务，本身就是艺术和科学技术等人类精神财富的载体，而且设计生产活动也在不断丰富着这些精神财富。不过，从设计学的角度看机电产品的绿色设计，显然包含了太多的内容，因此，本书关于耗能机电产品绿色设计的探讨只能集中在技术实现上。

2.2.2 设计流程

产品的各种设计理念、目标都是通过诸多设计活动来实现的。复杂机电产品的开发，更是多人协同设计的结果。因此，产品的开发需要由设计流程去引导和规范。通过设计流程，设计者将产品生命周期中来自社会生产、生活的各类需求，转换成为可行的设计方案，并形成产品。对于设计流程的描述常见的有以下两种形式：

1. 系统化设计方法学中的设计流程

系统化设计方法学（Comprehensive Design Methodology）是德国学者 Paul 和 Beitz 在他们的著作 *Engineering Design* 中提出的。系统化设计方法学强调设计的系统性和程式化。该方法将设计过程分为需求分析、概念设计、详细设计和形成技术文件四个阶段，并对各设计阶段做出了详尽的阐述，创建了设计人员在每一设计阶段的工作步骤和内容，从而形成一个完整的设计流程模型。结合德国学者的系统化设计方法学和工业界的产品开发活动，其设计流程可总结为如图 2-10 所示的形式。

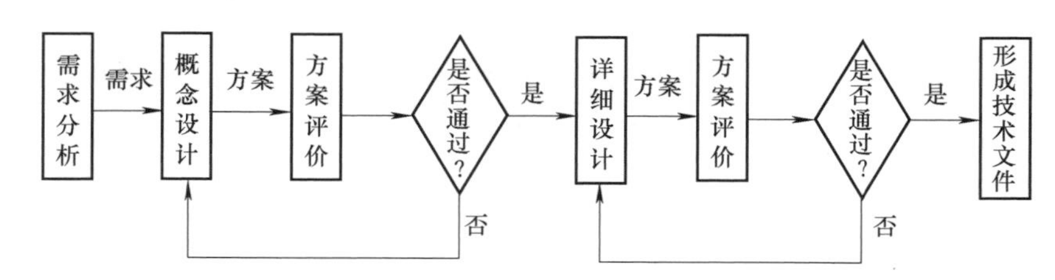

图 2-10　系统化设计方法学中的设计流程

需求分析到概念设计的环节，其主要任务是定义产品，也就是定义产品的功能。概念设计主要是在产品功能分析的基础上进行工作原理和结构原理的开发，以形成定性的结构原理方案，也有人称之为总体方案。因此，概念设计特别需要创造性的思维。概念设计阶段将需求转化为产品的功能组合和技术实现方案，其目的是实现产品的功能；详细设计则是在概念设计的基础上，设计出性能优异、具有可制造性的零部件，以达到产品预期的性能。在概念设计和详细设计结束之后都会进行方案评价，以获得可行的设计方案。只是概念设计结束后的方案评价是为详细设计提供可行的技术途径，而详细设计及其评价结果则为形成包括结构、工艺设计等在内的技术文件提供输入。

2. 公理性设计流程

公理性设计方法是美国麻省理工学院 N. P. Suh 教授于 20 世纪 70 年代提出的。N. P. Suh 教授认为一个优秀的设计不是随机产生的，而是系统推理的结果，是有规律可循的。在长期研究的基础上，N. P. Suh 提出了包括域、层次分级、“Z”字形分解以及设计公理（独立公理和信息公理）等内容的公理性设计方法。

在公理性设计中，产品设计过程被认为是在需求域、功能域、物理域和过程域四个域之间构建映射关系。公理性设计定义的产品设计流程如图 2-11 所示。其中需求域是用户需求和技术需求的集合，功能域对应着为满足需求则产品应具有的功能；物理域对应着满足产品功能、性能的设计参数；过程域对应着实现设计参数的材料、工艺等过程变量。各个域可以根据需要自顶向下逐层分解，形成层次结构树，各个域之间的映射即体现为设计流程。需求域与功能域之间的映射是产品定义阶段，功能域与物理域之间的映射是产品设计阶段，而物理域与过程域之间的映射为工艺设计阶段。

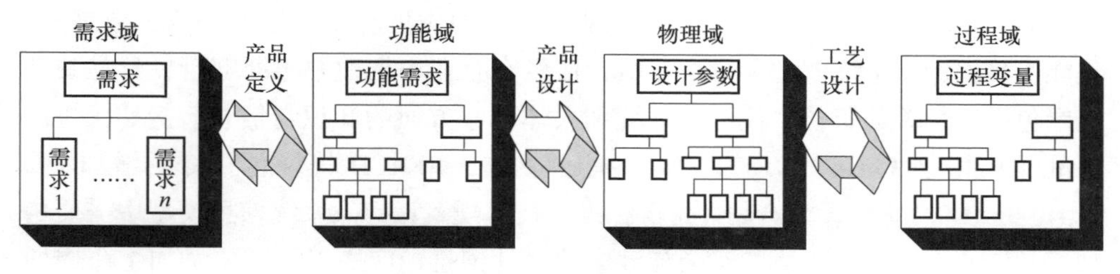

图 2-11　公理性设计定义的产品设计流程

其实，无论系统化设计方法学中定义的设计流程还是公理性设计中体现的设计流程，两者虽然形式和提法不太一样，但本质是一样的。由于绿色设计并不是脱离现有设计而独创一套设计体系，而是对现有设计方法的集成，因此本书基于图 2-10 所示的设计流程讨论机电产品绿色设计的架构。

2.3　绿色设计框架与方法体系

2.3.1　绿色设计框架

绿色设计的目标是绿色产品。所谓绿色产品是指在产品生命周期中（原材料制备、产品规划、设计、制造、包装发运、安装、使用维护、报废后回收处理及再使用），通过采用先进的技术，经济地满足用户功能和使用性能上的要求，同时实现节省资源和能源、减小或消除环境污染，且对人体伤害尽可能小的产品。简而言之，绿色产品应该在其生命周期中具有技术先进性、经济合理性和环境协调性。基于绿色产品的定义，绿色设计可定义为：借助产品生命周期中与产品相关的各类信息（技术信息、环境协调性信息、经济信息），利用并行工程等各种先进的理论，使设计出的产品具有先进的技术性、良好的环境协调性以及合理的经济性的一种系统设计方法。

与传统设计相比，绿色设计主要的不同表现在两个方面。一是将设计范围拓展为从原材料制备到产品报废后的回收处理及再利用整个生命周期，而其中退役后的回收处理及再利用阶段是传统设计中考虑得很少的阶段。人类自诞生之日起，就不断从自然界获取资源以制造产品，但如何将承载资源和能源的退役产品进行回收、拆解、重用、再制造、循环利用以及安全地处理处置，使之回到自然界的物质和能量循环之中，却是近几十年才受到重视的，因此有许多工作需要去研究和探索。二是将资源、能源、环境与健康安全等环境协调性因素与技术经济性有机集成，从而保证绿色、经济地实现产品的功能和性能。从支撑产品开发的信息和信息系统来看，设计所需的物理环境、标准协议、数据库、使能工具、产品系统模型和应用工具，已经在企业中构建并不断完善，只是欠缺与绿色设计相关的资源、能源、环境和人体健康方面的知识与信息。例如，协议标准需要增加 RoHS、WEEE、ErP、能源之星、REACH 等绿色指令，增加 ISO 14040~14049、绿色设计产品评价等标准与技术规范；产品系统信息模型中需要增加产品资源、能源、环境、安全与健康的设计信息；应用工具需要增加生命周期评价方法与工具、生命周期成本方法与工具、绿色设计方法与工具等使能技术。

综上所述，基于绿色设计的定义及其与传统设计的区别，可以从设计流程、生命周期和产品信息系统三个维度来构建绿色设计的体系架构。机电产品绿色设计体系架构如图 2-12 所示。

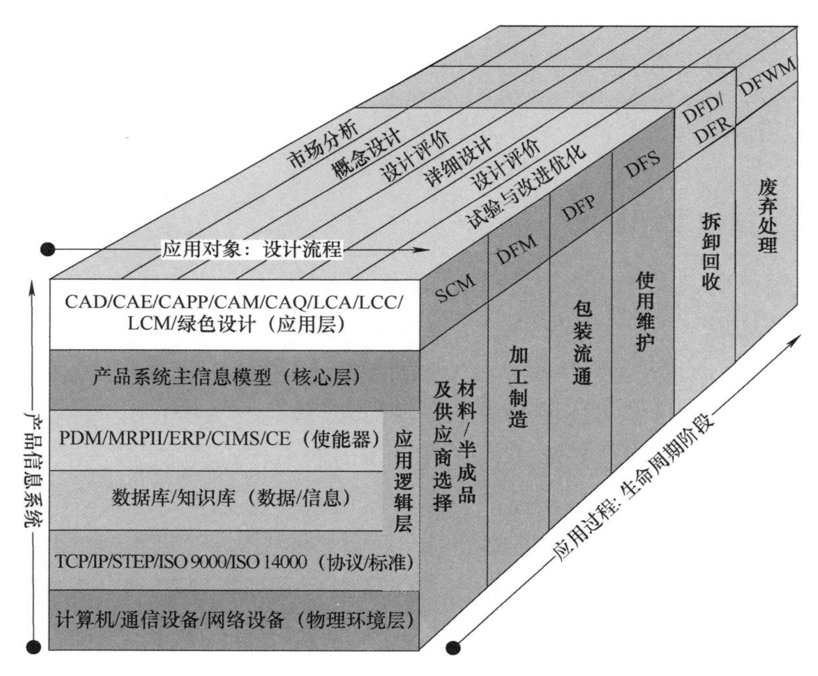

图 2-12　机电产品绿色设计体系架构

由图 2-12 可知，绿色设计在流程上与现有产品设计没有太大区别，也包含市场分析、概念设计、设计评价、详细设计、设计评价、试验与改进优化等环节。但各环节中的设计内容却因资源、环境等需求的引入增加了不少。例如，市场分析是获取设计需求的环节。影响设计的需求内容包含用户特征、用户需求、技术需求、协作需求、管理需求和环境需求等方方面面。这些不同维度的需求在产品的开发过程中有的是相互独立的，有的是相辅相成的，有些却是相互冲突的。资源环境类的需求往往就会与产品原有性能之间存在矛盾。以汽车为例，车身轻量化是汽车节省燃油的重要技术措施，但不正确的车身轻量化方案却会使汽车的被动安全性、振动、噪声等性能下降。类似的例子还有很多。又如，绿色设计将设计的范畴延伸至产品退役之后，势必会增加易拆解性、易再制造性、易再生利用性等新的产品性能要求，这也会导致原产品的材料、结构不适应需求。因此，资源环境类需求的引入，就必然要求在概念设计、详细设计阶段创新设计方法、设计准则；在评估阶段，将资源、能源、环境和安全健康方面的指标融入原有技术经济的评价指标体系之中，同时增加针对环境影响的生命周期评价方法。

2.3.2 绿色设计常用方法与工具

绿色设计丰富了设计的内涵，而要真正落实到具体产品，则需要具体的绿色设计方法。图 2-13~图 2-15 分别从绿色设计与可靠性、评估与检测、基础数据库与绿色工业软件三方面列举了一些相关的方法和工具，以供大家参考。

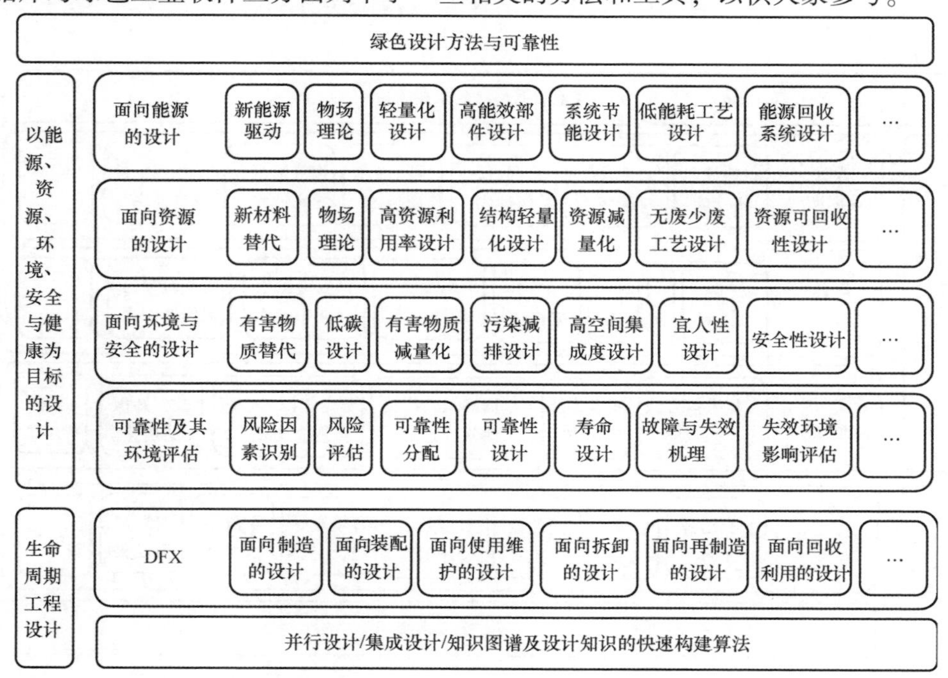

图 2-13 与绿色设计、可靠性相关的设计方法

绿色属性评估与检测方法

评估指标与评估方法	产品检测或计算方法	组织检测或计算方法	区域检测或计算方法
1.评估指标体系 1)产品的绿色评估指标体系 2)组织的绿色评估指标体系 3)供应链绿色评估指标体系 4)区域的绿色评估指标体系 2.评价方法 1)指标权重确定方法与依据 2)指标相关性评估方法 3)环境因子的折算方法 4)生命周期评价 5)绿色属性综合评价 6)一致性分析方法	1.资源类指标检测 1)有害物质检测 2)资源利用率计算 3)资源量的计算 2.能源类指标检测 1)能效计算 2)能耗监测 3)能源结构统计 3.环境类指标检测 1)排放检测 2)噪声检测 … 4.健康安全类指标检测 1)健康指标检测 2)安全指标检测	1.资源类指标检测 1)有害物质检测 2)资源利用率计算 3)资源量的计算 2.能源类指标检测 1)能效计算 2)能耗监测 3)能源结构统计 3.环境类指标检测 1)排放检测 2)噪声检测 … 4.健康安全类指标检测 1)健康指标检测 2)安全指标检测	1.资源类指标检测 1)有害物质检测 2)资源利用率计算 3)资源量的计算 2.能源类指标检测 1)能效计算 2)能耗监测 3)能源结构统计 3.环境类指标检测 1)排放检测 2)噪声检测 … 4.健康安全类指标检测 1)健康指标检测 2)安全指标检测

技术、经济、环境综合评价技术

图 2-14　与绿色属性评估、检测相关的方法

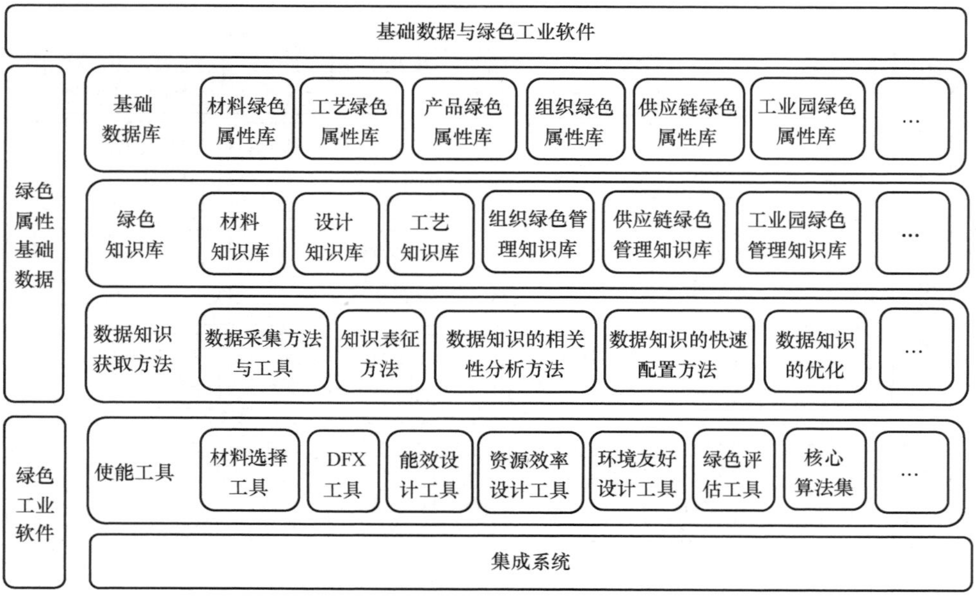

基础数据与绿色工业软件

绿色属性基础数据	基础数据库	材料绿色属性库	工艺绿色属性库	产品绿色属性库	组织绿色属性库	供应链绿色属性库	工业园绿色属性库	…
绿色属性基础数据	绿色知识库	材料知识库	设计知识库	工艺知识库	组织绿色管理知识库	供应链绿色管理知识库	工业园绿色管理知识库	…
绿色属性基础数据	数据知识获取方法	数据采集方法与工具	知识表征方法	数据知识的相关性分析方法	数据知识的快速配置方法	数据知识的优化	…	
绿色工业软件	使能工具	材料选择工具	DFX工具	能效设计工具	资源效率设计工具	环境友好设计工具	绿色评估工具	核心算法集	…
绿色工业软件	集成系统							

图 2-15　与绿色设计相关的基础数据库和软件工具

需要说明的是，此处将绿色设计分为了以能源、资源、环境、安全与健康为目标的设计和生命周期工程设计两个维度，并将可靠性纳入绿色设计的范畴。这是因为当把产品的整个生命周期纳入设计范畴时，可靠性对资源消耗、能源消耗以及排放都有显著影响。在绿色属性评估方面把评估和检测综合考虑，这是因为评估的基础是检测，所以图中把检测分为了产品、组织和区域三个层次，以获取不同范围的数据支撑评估。在数据库和绿色软件工具方面，无论设计、可靠性还是评估，在国内都缺少数据和软件工具的支撑，需要做的工作还很多。

2.3.3 基于能量流的耗能机电产品绿色设计方法的提出

尽管绿色设计在产品开发流程上与传统设计变化不大，但由于其考虑了更多的生命周期阶段，更广泛的技术、经济和环境需求，因此设计内涵得到了极大的丰富，也因此出现了不少的设计方法和工具，为绿色材料的设计与选择、产品的易拆卸性、易回收性、易再制造性等性能设计提供了技术手段。

能量是耗能机电产品及其零部件运行的驱动力。产品，尤其是耗能机电产品，其主要功能和性能得以实现都是能量作用于产品零部件的结果，也就是说，产品中能量和物质的作用关系决定着产品的功能和性能。此处所讲的功能和性能主要是与能量作用相关的产品功能和性能，这个原理其实就是发明问题解决理论（TRIZ）中的物场理论。

物场理论认为产品功能的实现是通过物质（如产品的零件、模块，产品所处的环境）以及物质之间的场作用（如机械力、电力、磁力）来实现的，其基本形式如图 2-16 所示。物场理论中的场其实就是能量的表征。因此，物场理论被认为可以揭示产品功能和性能实现过程中零件以及能量相互作用的影响规律，其具体形式体现为标准作用、不足作用、过剩作用和有害作用四种。

图 2-16 物场作用的基本形式

a）物质与物质之间的场作用 b）环境与物质之间的场作用

1）标准作用：物质和场的作用形式和大小合理，功能和性能能够较优地实现。这是设计者所追求的。

2）不足作用：能实现功能要求，但是场的作用存在不足，需要加强，即设计活动中经常遇到的“小马拉大车”的问题。例如一个质量大的轿车配一个功率较小的发动机，不仅不利于性能发挥，而且也不能让汽车运行在燃油经济性区间。

3）过剩作用：能实现功能要求，但是场的作用存在过剩，需要减弱过剩作用的场，即设计活动中经常遇到的“大马拉小车”的问题。“大马拉小车”显然会造成能源浪费。

4）有害作用：即对功能和性能的实现有损害的作用，需要消除或减小存在有害作用的场对物质的作用。不过应该强调的是，有些有害作用，可能是在解决别的问题时产生的，不容易被发现。例如图 2-17 所示的通用桥式起重机箱形梁的改进设计就出现了类似的问题。图 2-17a 所示原结构中的零件 29，材料为 Q235，因在制造时需要使其发生弯曲变形，而零件变形量及其变化量会对焊接质量和效率产生不利影响，于是，设计者将零件 29 改成了图 2-17b 中的结构，以改善制造工艺。然而这个结构改进却加大了结构 I — I 截面附近的应力状态，对主梁焊接疲劳产生了不利影响，如图 2-17c、d 所示。因此，有害作用的消除和减小需要做系统的分析。

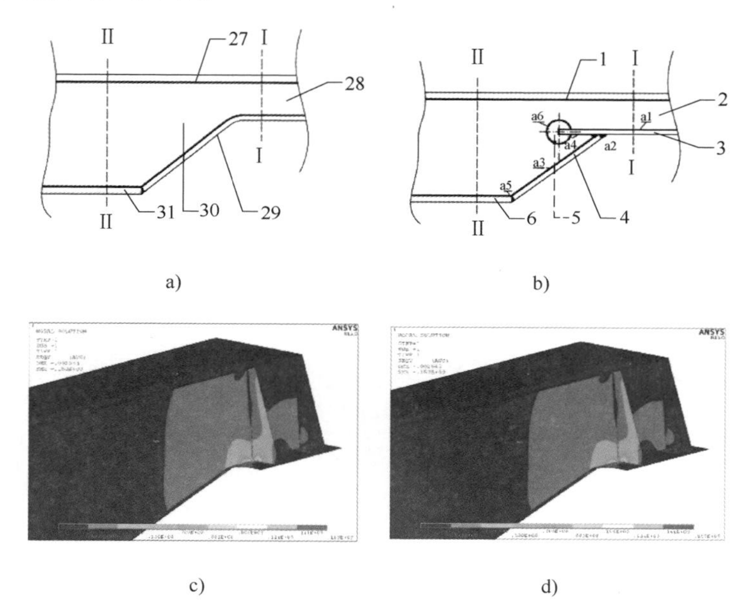

图 2-17　通用桥式起重机主梁变截面结构改进及其应力分布

a）箱形梁原变截面结构　b）箱形梁变截面结构改进　c）箱形梁原变截面结构应力分布
d）箱形梁变截面结构改进后的应力分布

物场理论的基本原理指出：当物与场之间的关系体现为标准作用时，便能在能量和物质匹配的状态下实现优异的功能和性能，而其他，无论不足作用、过剩作用还是有害作用，都会因为能量与物质之间的作用不匹配，而难以获得好的功能和性能。因此，可以认为：与能量相关的产品功能和性能的实现就是设计出物场理论中的标准作用。

然而，在实际的产品开发中，能量并不是像上述作用形式这样孤立地在零部件之间发生作用，而是流动于众多组成零部件之中，并在其中实现能量的分配和零部件状态的变化。能量流动不畅或能量分配不合理，就会造成产品及其零部件的功能和性能损失。图 2-18 和图 2-19 所示的乘用车侧面碰撞的例子可以说明这一点。

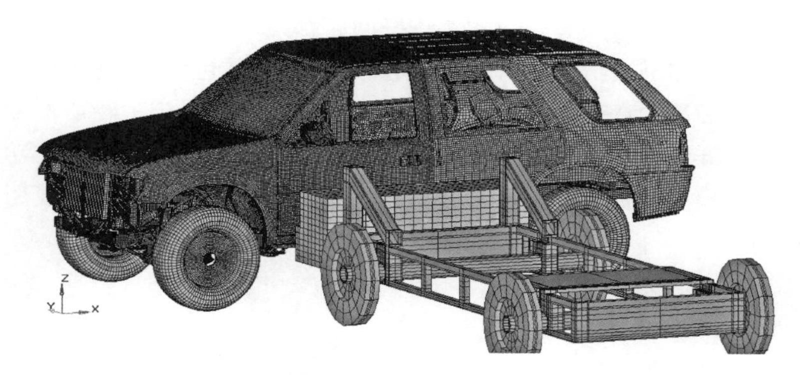

图 2-18　乘用车可变形移动壁障侧面碰撞试验方法

乘用车可变形移动壁障侧面碰撞试验如图 2-18 所示。该试验就是用前端加装可变形吸能壁障的移动台车以不低于 50km/h 的速度冲击试验车辆驾驶员侧，用以测试驾驶员位置受伤害情况。由于图中试验车的车身门槛梁、侧门、B 柱等零部件与真正能抵抗冲击能量的车架之间没有连接，因此移动台车的冲击能量只能在门槛梁、车门、B 柱等零件变形到与车架接触后，才能将能量传递到车架，因此试验车侧面变形严重，如图 2-19a 所示，侧面碰撞安全性差。图 2-19b

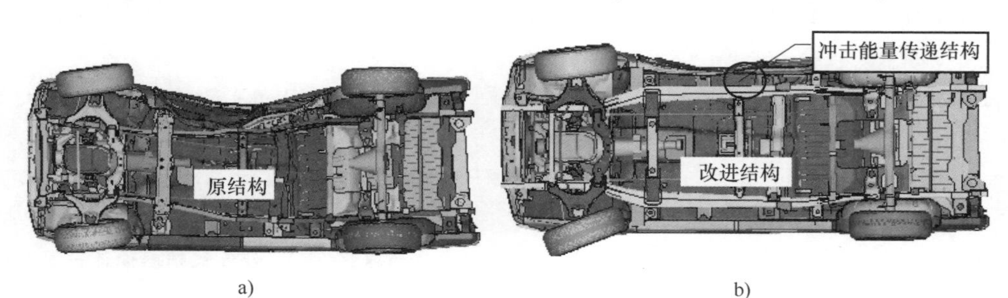

a)　　　　b)

图 2-19　汽车侧面碰撞改进前后对比

a）原结构侧面碰撞仿真分析　b）改进结构侧面碰撞仿真分析

在车架上增加了一个挡块，作为冲击能量传递结构，使得车身侧面少量变形后便可将大量冲击能量传递至强度更高的车架，从而提高了试验车的侧面碰撞安全性。

由此可见，物场理论虽然阐释了功能和性能实现的基本原理，但是对于复杂的机电产品，由于其中的能量作用复杂，因此，有必要从产品或系统层面将处于概念设计层面的物场理论进一步细化。然而，将物场理论应用于详细设计，目前并无方法支撑。例如，如何定量地判断零部件之间的能量作用为标准作用？如何在系统层面对产品及其零部件的可控参数进行匹配与优化？如何消除其间的不足作用、过剩作用和有害作用？这些问题都是产品绿色设计中有待解决的重要课题，也是本书提出基于能量流的耗能机电产品绿色设计方法的实际需求。

为此，在后续的章节中将从分析现有概念设计中能量流、物质流和信息流入手，引出在详细设计中能量流模型的表达方式，提出从概念设计的功能基模型导出能量流模型的流程和方法，最后，针对具体性能设计，研究模型的有效性及其应用。

参考文献

[1] 闻邦椿，刘树英，李小彭．产品的主辅功能及功能优化设计［M］．北京：机械工业出版社，2008.

[2] PAUL G，BEITZ W. Engineering design［M］. London：The Design Council，1984.

[3] STONE A，WOOD B，CRAWFORD B. A heuristic method for identifying modules for product architectures［J］. Design Studies，2000，21（1）：5-31.

[4] SZYKMAN S，FENVES S J，KEIROUZ W. A foundation for interoperability in next-generation product development systems［J］. Computer-Aided，2001，33（7）：545-559.

[5] KALAY Y E. Performance-based design［J］. Automation in Construction，1999，8：395-409.

[6] ULLMAN D G. The mechanical design process［M］. 4th ed. New York：McGraw-Hill，2010.

[7] 谢友柏．产品的性能特征与现代设计［J］．中国机械工程，2000（Z1）：2-3，35-41.

[8] 赵艾萍，凌卫青，谢友柏．支持性能驱动设计的产品性能表达［J］．计算机辅助设计与图形学学报，2002，14（11）：1020-1025.

[9] 凌卫青，耿海鹏，谢友柏．产品性能因素描述构架的建立［J］．计算机辅助设计与图形学学报，2003，15（2）：144-149，155.

[10] 闻邦椿．产品全功能与全性能的综合设计［M］．北京：机械工业出版社，2008.

[11] MAIER J，FADEL G M. Affordance based design：a relational theory for design［J］. Re-

search In Engineering Design, 2009, 20 (1): 13-27.
[12] SCHAEFER F H. Design andglobalization [C]. [S.l.]: Proceedings of the 2nd International Conference on Advanced Design and Manufacture, 2009.
[13] 魏喆,谭建荣,冯毅雄.广义性能驱动的机械产品方案设计方法 [J]. 机械工程学报, 2008, 44 (5): 1-10.
[14] ZENG Y. Axiomatic approach to the modeling of product conceptual design processes using set theory [D]. Calgary: University of Calgary, 2001.
[15] STONE R B. Towards a theory of modular design [D]. Austin: University of Texas at Austin, 1997.
[16] 王中双,陆念力.键合图理论及应用研究若干问题的发展及现状 [J]. 机械科学与技术, 2008, 27 (1): 72-77.
[17] 汪振城.中国当代设计美学研究之回顾、反思与展望 [J]. 艺术百家, 2017, 159 (6): 154-160.
[18] 曾山,关惠元.设计学中科学与艺术关系的现象学阐释——以幼儿园儿童家具设计思维为例 [J]. 艺术百家, 2020, 175 (4): 192-198, 203.
[19] 马皎.后现代设计美学语境中的产品设计——从审美现代性形式美到生态美 [J]. 美与时代:创意(上), 2011 (8): 30-32.
[20] 冯培恩.设计方法学与工程机械设计的现代化 [J]. 建筑机械, 1988 (9): 31-40.
[21] SUH N P. 公理设计——发展与应用 [M]. 谢友柏,袁小阳,徐华,译.北京:机械工业出版社, 2004.
[22] SUH N P. The principles of design [M]. New York: Oxford University Press, 1990.

第3章

概念设计中的能量、物质和信息表征

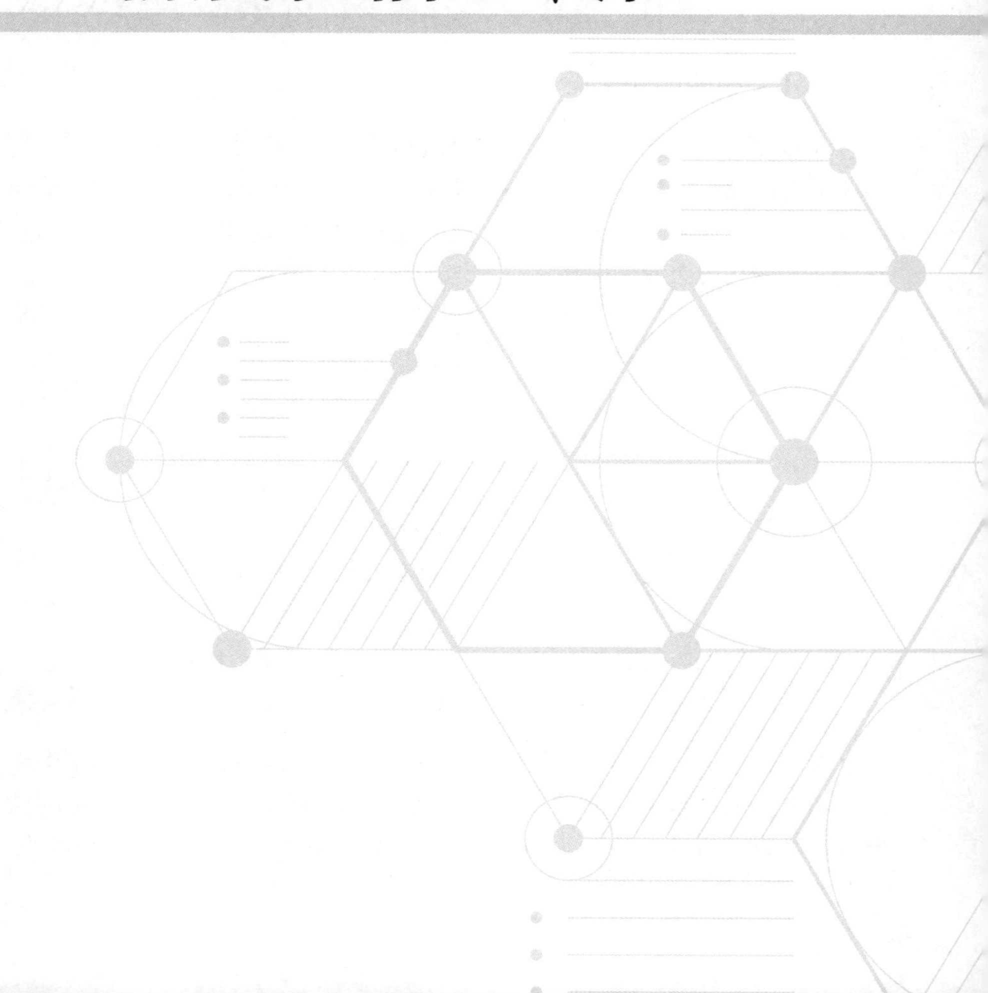

既然与能量相关的功能和性能是依赖能量作用于物质实现的，而这种作用关系的设计贯穿在概念设计、详细设计和方案评估等产品开发活动之中。为了构建基于能量流的耗能机电产品绿色设计方法，下面对几种典型概念设计方法中的能量、物质和信息表征进行简单介绍。

3.1 功能分析方法

功能分析法是根据需求划分产品功能模块，并在功能模块划分的基础上，分析功能的组合方式和功能实现的技术原理，形成产品功能设计方案的方法。

功能分析是一个比较主观的活动。同一产品可能会因设计者的知识水平、关注点等因素，形成不同的功能模块或者不同层级的功能模块架构，以及不同的功能组合方式，自然也会影响产品的功能、性能和成本。因此，功能分析也受到学者关注。其中最有代表性的是 Stone 提出的基于功能基的功能分析方法。该方法的核心主要包括功能模块的划分和功能模块的组合两部分的内容。

3.1.1 功能模块划分

Stone 提出的基于功能基的功能分析方法是 Pahl 设计方法的发展。Pahl 将流描述引入产品功能定义之中，认为功能是能量、物质、信息的输入输出之间的关系，提出了如图 3-1 所示的基于输入输出流的功能表达模型，即通过能量流、物质流、信息流之间的转换来表达功能。

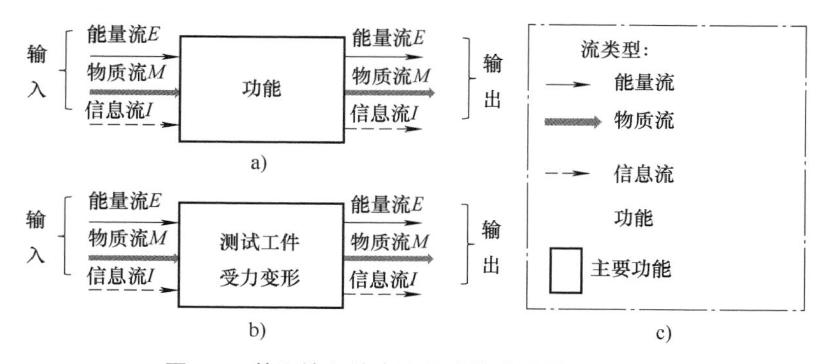

图 3-1 基于输入输出流的功能表达模型及示例

a）基于输入输出流的功能表达模型 b）基于输入输出流的功能表达模型示例 c）功能模型符号定义

在 Pahl 关于流描述的基础上，Stone 提出了功能基（Functional Basis）的概念，指出功能基是由功能集和流集组成的设计语言，其中流集是随时间变化的能量、物料、信息，并以动名词的形式建立了基于输入输出流的功能表达模型。

物料是能量作用的载体，信号是控制能量的中枢，能量是物料实现功能的动力，三者相辅相成，共同实现预期的功能。

流所联系的功能模块组成产品的功能集。功能集体现为一种“自顶向下（Top-Down）”的层次结构，即设计者把市场需求映射为基型产品的总体功能，再把总体功能逐层分解为一阶功能、二阶功能，直至末端功能（也称功能元），形成如图3-2所示的功能系统图，俗称功能树。

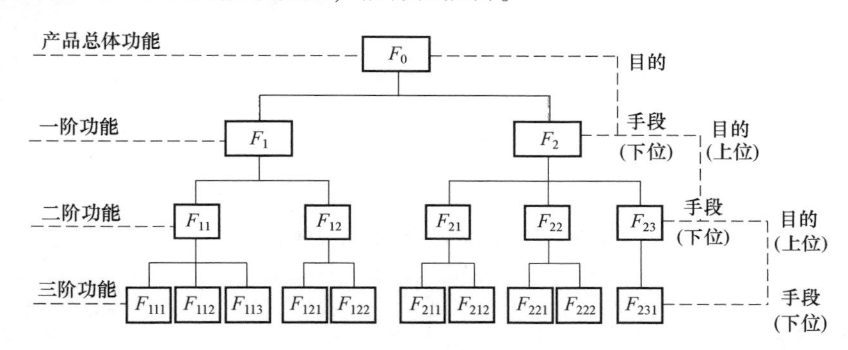

图3-2 产品功能系统图的一般形式

功能树遵守“自顶向下（Top-Down）”的功能分解原则。分解的每个功能模块表示为用户或某一过程所提供的一种服务或使用价值。产品总体功能由存在“目的-手段”关系的、多个层级的子功能组成。例如，车床主轴箱的电动机，它的功能是提供动力。如果继续分析可以发现：“提供动力”的目的是“传递力矩和转速”，“传递力矩和转速”的目的是“切削工件”，而“切削工件”是车床的最终目的。从车床的例子可以看出，产品功能可分为目的功能和手段功能，而功能模块之间的这种“目的”与“手段”关系，可以把产品功能之间的关系系统化，并形成如图3-2所示的产品功能系统图。图中上一阶功能叫作目的功能，也称上位功能，下一阶功能叫作手段功能，也称下位功能。例如，图3-2中F_0表示总体功能，F_1、F_2、…是实现总体功能F_0的手段功能，是F_0的下位功能；而一阶功能F_1、F_2又以二阶子功能F_{11}、F_{12}、F_{21}、…为手段才能实现，同时又是F_{11}、F_{12}、F_{21}、…的目的功能或上位功能，其他依此类推。

功能系统图中上下阶功能之间的“目的-手段”关系，以及同一层功能模块的作用关系，并不能只靠“自顶向下”的功能分解原则，还需要厘清功能模块之间的作用关系。于是，Stone在其利用功能模块创建的启发式方法（Heuristic methods）中，利用流的概念给出了三种划分功能模块的准则，即支配流（Dominant Flow）、分支流（Branching Flow）以及转换流（Conversion Flow），其应用方法（规则）如图3-3所示。

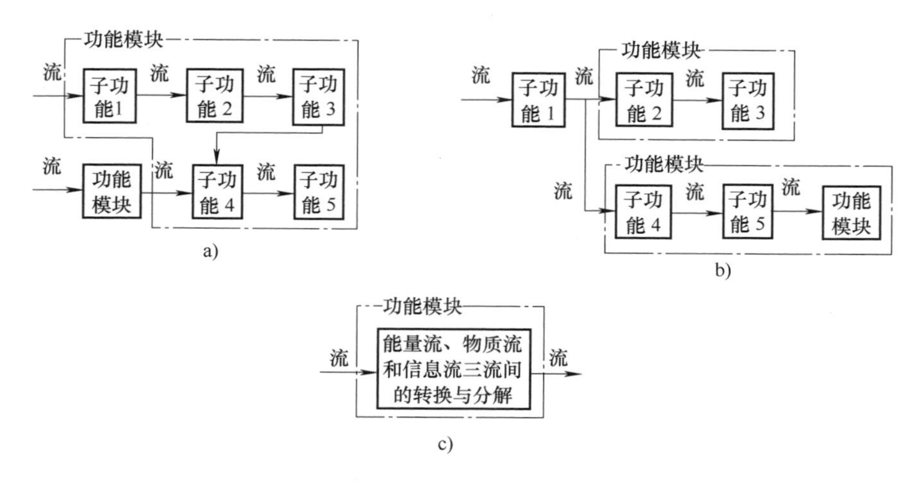

图 3-3　功能模块划分的启发式规则

a）支配流规则　b）分支流规则　c）转换流规则

1）支配流规则如图 3-3a 所示，沿着系统的某个流前进，直到该流被转换（变成其他的流或同种流的分量）或流出系统，则该流所经过的所有子功能可以作为一个功能模块。

2）分支流规则如图 3-3b 所示，沿着系统的某个流前进，发现该流在经过某个子功能之后分成几个并联的功能链分支。每个分支在满足支配流规则的情况下，该分支的所有子功能构成一个功能模块。

3）转换流规则如图 3-3b 所示，某个流在经过某个子功能之后，该流被转换成其他形式的流或同种形式的流的分量，则该子功能自成一个功能模块。

基于“自顶向下”的功能分解原则和功能模块划分的启发式规则，便可建立起图 3-2 所示的有层次和逻辑关系的功能系统图。不过应该强调的是，产品功能模块划分不能一概而论，应结合产品的需求特征、功能特点和生产能力等具体情况来确定功能的阶数，既要避免因功能单元划分太粗影响设计方案的确定，又要避免因划分过细而浪费人力、物力和财力。

3.1.2　功能链中的能量流、物质流与信息流

功能系统图描述的是产品从总体功能分解到末端功能（即功能元）的层次结构。同一阶的功能模块组合起来必须能够满足上一阶功能的要求，只有这样，最后组合成的功能才是总功能。因此，产品功能模块划分应遵守“自顶向下（Top-Down）”原则。然而设计方案的确定则应遵守“自底向上（Bottom-Up）”的原则，从功能元开始确定功能结构，一阶一阶地向上推至总功能。功能结构

是由同一阶的功能模块按照一定的逻辑、一定的结构物理关系组合而成，体现为一种链状结构，故称为功能链。功能链的这种逻辑和结构物理关系与物质流、能量流和信息流三种流在功能模块中的流动模式直接相关，存在类似于图 3-4 所示的形式。

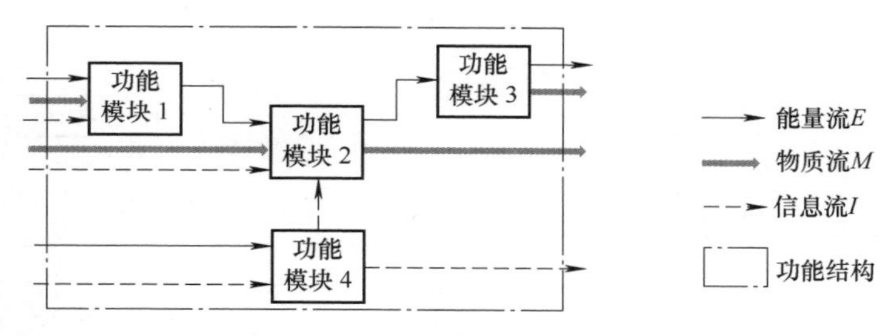

图 3-4　功能结构的形式示例

功能的实现是功能集与流集按照一定的逻辑和结构物理关系组合而成的。其中的逻辑关系体现为功能实现所必需的先后次序和相互保证关系，可以用“与”“或”“非”的逻辑关系表示，见表 3-1。

表 3-1　功能模块之间的逻辑关系

名　称	逻辑与功能					逻辑或功能					逻辑非功能		
开关符号	X_1, X_2 → Y					X_1, X_2 → Y					X → Y		
功能表	X_1	0	1	0	1	X_1	0	1	0	1	X	0	1
	X_2	0	0	1	1	X_2	0	0	1	1	Y	1	0
	Y	0	0	0	1	Y	0	1	1	1			
布尔运算	$Y=X_1 \cap X_2$					$Y=X_1 \cup X_2$					$Y=\overline{X}$		
备注	必须同时存在输入，才能有相同的输出					只要有一个输入，就会有输出					如果有输入，输出被否定		

功能链中各功能模块的结构物理关系可分为串联模式、并联模式、混联模式或循环模式。功能流模型的基本模式如图 3-5 所示，图中“流”代表能量流、物质流和信息流的综合。

1）串联模式，也称顺序模式，如图 3-5a 所示，反映了物质流、能量流或信息流三种形式的流在各功能之间的因果关系或在时间、空间上的顺序关系。

2）并联模式，也称分支模式，如图 3-5b 所示，表现为某一种形式的流（物质流、能量流或信息流）被分为几个支流，同时进入不同的分功能后继续下一个分功能。

3）混联模式，如图 3-5c 所示，功能链体现为并联模式和串联模式的混合，可以认为是并联模式的一种特殊形式。

4）循环模式，如图 3-5d 所示，功能链各功能模块形成环状循环回路，体现功能链中的反馈作用。

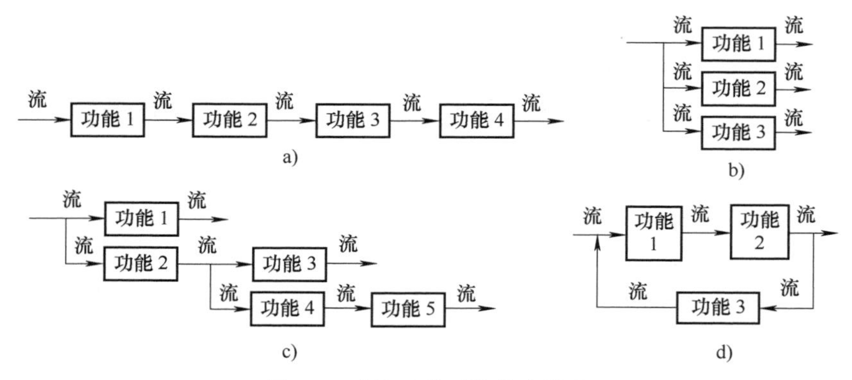

图 3-5　功能流模型的基本模式

a）串联模式　b）并联模式　c）混联模式　d）循环模式

功能链是基于某种流的功能模块序列。产品的功能是功能集和流集组合而成的，所以实现产品的功能可能会存在多条功能链。对于包含相同功能模块的多条功能链，可通过在该功能模块上标识不同的流来实现功能链聚合。在图 3-6 所示的例子中，图 3-6a 所示功能链 a 中的功能模块 2 和图 3-6b 所示功能链 b 中的功能模块 4 相同，图 3-6a 和图 3-6b 中的功能链聚合成图 3-6c 所示的功能链。全部功能链生成后，再聚合生成功能模型。功能模型容易存储和分享设计信息，增加方案解决方法的搜索范围，同时揭示了功能和流的从属关系，可用于从已有的产品中寻找设计知识，增加设计问题的透明性，并追踪设计过程的输入、输出流。

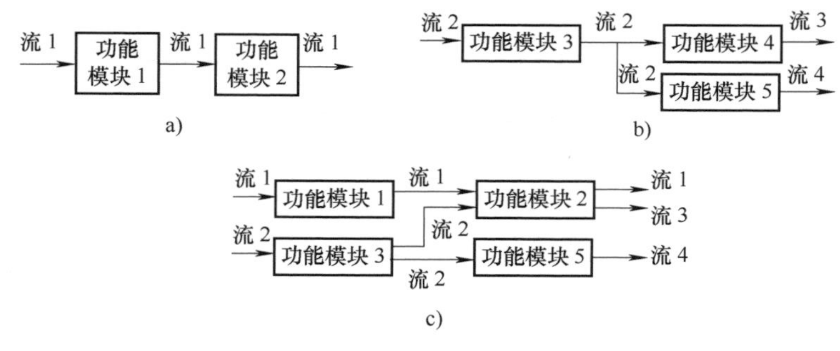

图 3-6　功能链聚合

a）功能链 a　b）功能链 b　c）聚合后的功能链

从功能元的物质流、能量流和信息流开始跟踪和分析，将不同的功能链进行聚合，便可以建立基于功能基的功能结构模型。图 3-7 所示为利用功能基建立的电动螺钉旋具的功能结构。由图 3-7 可知，基于功能基的功能结构模型可以清楚地表达物质流、能量流和信息流在功能模块之间的转换关系。由于本书重点描述的是机电产品设计中的能量、物质和信息，所以没有详细介绍基于功能基的功能结构模型构建方法，感兴趣的读者可以参考相关工程设计的文献自行了解。

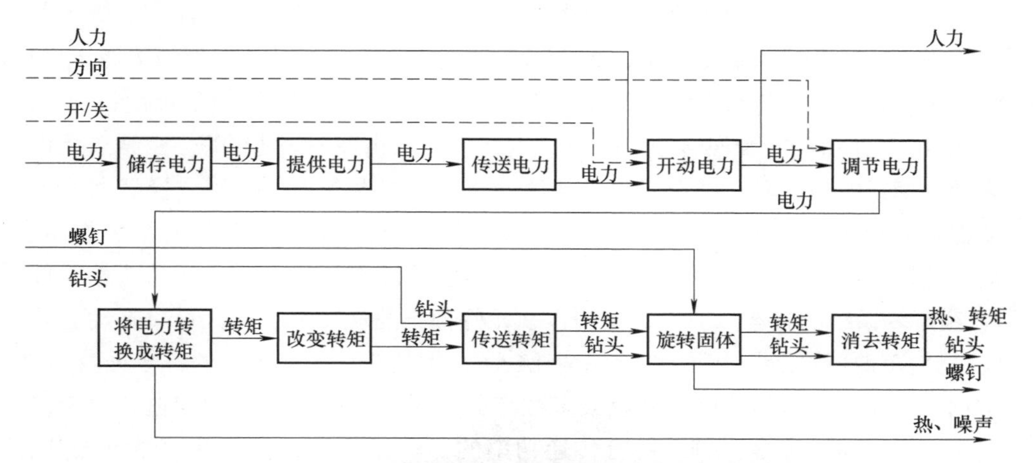

图 3-7 利用功能基建立电动螺钉旋具的功能结构

3.2 与能量相关的建模方法

在概念设计阶段，除了基于功能基的建模方法外，与能量相关的建模方法还有键合图法和 Modelica 建模方法，在下面也做一个简单介绍。

3.2.1 键合图

1. 键合图的基本概念

键合图是 20 世纪 60 年代由美国麻省理工学院的 H. M. Paynter 教授针对多能域系统建模与仿真提出的，后经 D. C. Karnopp、R. C. Rosenberg、J. U. Toma、P. C. Breedveld 等人的发展与完善，现已成为系统分析与设计的有力工具。其主要思想是：产品或系统可以视为由一些基本元件以一定连接方式组合而成。键合图就是用规定的符号把这些元件和连接表示出来的图模型，其形式示例如图 3-8 所示（但不局限图 3-8 的形式），从而能直观地表示系统各组成元件间的相互作用和能量之间的转换关系。

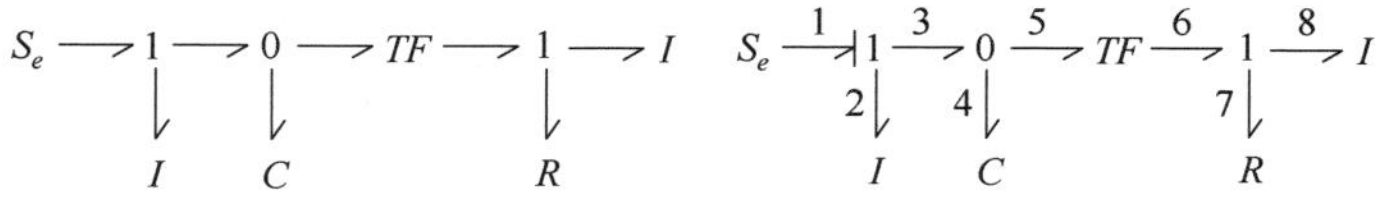

$S_e \rightharpoonup 1 \rightharpoonup 0 \rightharpoonup TF \rightharpoonup 1 \rightharpoonup I$；1 ⇁ I，0 ⇁ C，1 ⇁ R

a)

$S_e \xrightarrow{1} 1 \xrightarrow{3} 0 \xrightarrow{5} TF \xrightarrow{6} 1 \xrightarrow{8} I$；1 ⇁(2) I，0 ⇁(4) C，1 ⇁(7) R

b)

图 3-8　键合图模型形式示例

键合图规定了三类 9 种基本元件（也称键图元），用来表示产品或系统的基本物理性能，及其功率变换和能量守恒定律。第一类是源元件，分为势源 S_e 和流源 S_f，是将能量传给系统的元件；第二类是结点元件，分为 0 结点元件、1 结点元件、变换器 *TF* 和回转器 *GY*。0 结点元件表示物理系统为并联，1 结点元件表示物理系统为串联。结点元件是系统功率的转换及汇合之处。变换器和回转器都是能量转换元件，两者的不同是变换器不会改变流变量和势变量的作用，而回转器可以。第三类是状态元件，分为容性元件 *C*、阻性元件 *R* 和惯性元件 *I*，决定着系统的状态。惯性元件和容性元件都不消耗功率，但是可以在动态系统中储存和释放能量，而阻性元件消耗功率。上述 9 种基本元件的符号见表 3-2 所示，这 9 种基本元件可以完成大多数产品或系统的键合图模型构造。两个键图元之间的连线称之为键。键有传递功率的功率键和传递信息的信号键之分。功率键一端为半箭头符号，信号键一端为全箭头符号。一根键所关联的两个键图元的连接关系称为键接，代表能量从一个键图元传递到另一个键图元，且规定键上无能量损失。一个键图元与另一个键图元进行能量传递的地方称为通口，用画在键图元旁边的一根线段表示。两个键图元的通口相互连接而形成键。未形成键的通口是没有能量流动的。

表 3-2　基本元件及其符号

一端口原件		两端口原件	
势源	S_e ⇀|	变换器	⇀| *TF* ⇀|
流源	S_f|⇀	回转器	⇀| *GY* |⇀
阻性元件	⇀ *R*	结点	
容性元件	⇀ *C*	0 结点	|⇀ 0 ⇀|（上方 ⇁）
惯性元件	⇀ *I*	1 结点	⇀| 1 |⇀（上方 ⊤）

键合图将键图元及其关系中的各种物理参量归纳为 4 类广义变量，即势变

量 e、流变量 f、广义位移变量 $q(t)$ 和广义动量变量 $p(t)$。势变量和流变量所代表的物理量，如前面表 2-1 所示的力和速度、转矩和角速度、电动势和电流等一样，是同时存在的，两者的标量积便是功率，如式（3-1）所示，所以也称之为功率变量。广义动量变量 $p(t)$ 定义为势变量的时间积分，如式（3-2）所示。广义位移变量 $q(t)$ 定义为流变量时间的积分，如式（3-3）所示。广义动量变量和广义位移变量是能量变量。

$$P(t)=e(t)f(t) \tag{3-1}$$

式中，$e(t)$ 为势变量；$f(t)$ 为流变量。

$$p(t)=p_0+\int_0^t e(t)\mathrm{d}t \tag{3-2}$$

式中，p_0 为初始动量。

$$q(t)=q_0+\int_0^t f(t)\mathrm{d}t \tag{3-3}$$

式中，q_0 为初始位移量。

2. 键合图的简单示例

以图 3-9a 所示的弹簧阻尼系统为例，根据键合图建模原理，可建立图 3-9b 所示的键合图模型。图中 C 表征弹簧受力 F_k，R 表征阻尼受力 F_f，I 表征物体重力 mg，S_e 表征施加的力 F_m。根据键合图 1 结点元件的特性，可推导其数学模型，如式（3-4）所示。

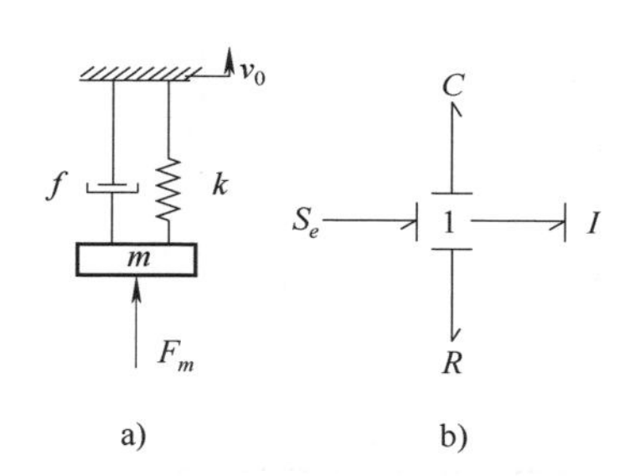

图 3-9　弹簧阻尼系统及其键合图模型

a）弹簧阻尼系统　b）键合图模型

$$mg=F_m-F_f-F_k \tag{3-4}$$

式中，$F_f=fv$，f 为阻尼系数，v 为物体速度；$F_k=k\int v\mathrm{d}t$，k 为弹簧弹性系数；$v=\int\frac{F_m}{m}\mathrm{d}t$；$m$ 和 g 分别为物体质量和重力加速度。

键合图的建模方法、过程和应用可以参考相关的专著和文献。此处之所以对键合图做简单介绍，其目的是让读者知道键合图是一种重要的能量建模方法，这不仅是因为键合图中的四种物理参量——势变量 e、流变量 f、广义位移变量 $q(t)$ 和广义动量变量 $p(t)$，要么是功率变量要么是能量变量，还因为键合图实现了对基本物理过程能量分配、存储、传递和消耗的统一建模。不过，键合图虽然能描述产品各组成部分之间的关系、产品中存在的物理化学效应，以及环境对产品的作用，但并不能直接推导出类似式（3-4）这样的数学模型，需要进行功率流向和因果关系标注，见表3-3，才能形成系统的状态方程。此外，键合图不涉及产品的结构参数、控制参数，所以多用于概念设计阶段的动态建模与仿真。

表3-3　基本2端口和基本3端口元件的因果关系

元　　件	无因果形式	因果形式	因果关系
变换器	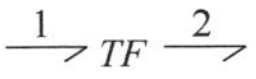 $\xrightarrow{1} TF \xrightarrow{2}$	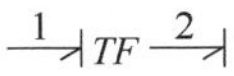 $\xrightarrow{1}\!\mid TF \xrightarrow{2}\!\mid$	$e_2=me_1$ $f_1=mf_2$
		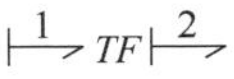 $\mid\!\xrightarrow{1} TF \mid\!\xrightarrow{2}$	$e_1=e_2/m$ $f_2=f_1/m$
回转器	 $\xrightarrow{1} GY \xrightarrow{2}$	 $\mid\!\xrightarrow{1} GY \xrightarrow{2}\!\mid$	$e_2=rf_1$ $e_1=rf_2$
		 $\xrightarrow{1}\!\mid GY \mid\!\xrightarrow{2}$	$f_2=e_1/r$ $f_1=e_2/r$
0结点	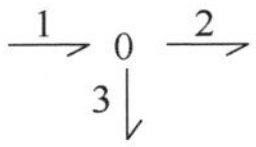 $\xrightarrow{1} 0 \xrightarrow{2}$，$3\downarrow$	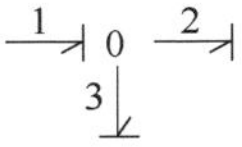 $\xrightarrow{1}\!\mid 0 \xrightarrow{2}\!\mid$，$3\downarrow\!\!\underline{\ }$	$e_2=e_1$ $e_3=e_1$ $f_1=f_2+f_3$
1结点	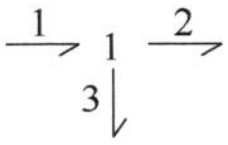 $\xrightarrow{1} 1 \xrightarrow{2}$，$3\downarrow$	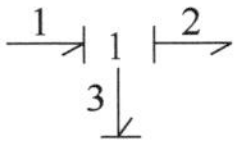 $\xrightarrow{1}\!\mid 1 \mid\!\xrightarrow{2}$，$3\downarrow\!\!\underline{\ }$	$f_2=f_1$ $f_3=f_1$ $e_1=e_2+e_3$

注：e为势变量；f为流变量；m为变换器模数；r为回转器模数。

键合图作为一种多领域系统图形建模方法，因诞生时间早于面向对象的仿真建模语言，故其实现的仿真语言一般是专用语言和专用软件，因而不利于丰富键合图方法的模型库，影响其推广应用。因此，将键合图和面向对象的语言结合是设计领域研究的热点。Modelica建模语言就是其中的一种。

3.2.2　Modelica建模

Modelica建模语言是一种面向对象的多领域物理系统建模语言，其建模思想遵循知识的可积累、可重用和可重构等指导原则，因此具备建模简单、模型重用性高、无须符号处理等优点。

1. Modelica建模语言

Modelica建模语言是国际仿真界为解决多领域物理系统的统一建模与协同仿真，在总结归纳之前多种建模语言的基础上，于1997年提出的一种基于方程的陈述式建模语言。Modelica 作为面向对象的建模语言，定义了类、继承、方程、组件、连接器和连接结构元素，因此，其不仅能支持产品顶层建模，还能进行部件和零件建模。由于在 Modelica 建模语言中模型的数学表达可以为微分方程、代数方程和离散方程，即可以直接使用物理系统中的公式，因此不必像类似键合图类的建模仿真工具一样需要建立模块间的因果关系，从而降低了建模难度。简单地说，Modelica 建模就是根据物理系统的拓扑结构和组件连接机制，构建采用数学方程描述的产品多领域集成模型，通过求解微分方程、代数方程和离散方程实现系统仿真，描述不同领域子系统的物理规律和现象。Modelica 建模语言的一些基本概念如下：

（1）类（Class） 类是 Modelica 建模语言的基本结构元素，包含变量、方程和成员类。变量表示类的属性，通常代表某个物理量。方程指定类的行为，表达变量之间的数值约束关系。方程的求解方向在方程声明时是未指定的，方程与来自其他类的方程的交互方式决定了整个仿真模型的求解过程。类也可以作为其他类的成员。类的成员可以直接定义，也可以通过继承从基类中获得。

类是 Modelica 建模语言中所有类型的父类，不便于定义模型（Model），所以 Modelica 指定了和类具有相同能力的模型（Model）。模型有明确的接口，即连接器，用于实现组件与外界的通信。模型的定义与环境无关，这意味着在模型定义中只能包含方程，只使用局部变量与连接器变量，并要求组件与外界的通信必须通过组件连接器，这样做是保证组件可重用的关键所在。

Modelica 建模语言中的连接器是连接器类的实例。连接器类的主要用途就是定义组件接口的属性与结构。连接器类中定义的变量可划分为两种类型：流变量和势变量。流变量是一种“通过”型变量，如电流、力、力矩等，由关键字流（Flow）限定。势变量是一种“跨越”型变量，如电压、位移、角度等。这和键合图对物理变量的定义类似。

（2）组件及其连接机制 Modelica 建模语言提供了功能强大的组件模型，主要包含组件、连接机制和组件构架三个概念。组件之间的交互连接依靠连接机制，组件构架是实现组件的连接，确保由连接维持的约束和通信工作稳定可靠。在 Modelica 建模语言中，组件的接口称为连接器，建立在组件连接器上的耦合关系称为连接。如果连接表达的是因果耦合关系，则称其为因果连接。如果连接表达的是非因果耦合关系，则称其为非因果连接。

Modelica 建模语言中的连接必须建立在相同类型的两个连接器之上，才可以表达组件之间的耦合关系。这种耦合关系在语义上通过方程实现。故 Modelica 建模语言中的连接在模型编译时会转化为方程。连接方程反映了实际物理连接点上的功率平衡、动量平衡或质量平衡。具体来说，流变量之间的耦合关系由“和零”形式的方程表示，即连接交汇点的流变量之和为零。势变量之间的耦合关系由“等值”形式的方程表示，即连接交汇点的势变量值相等。

2. 键合图模型的 Modelica 建模语言表达

键合图建模方法创立时尚没有知识封装和继承等概念，但是作为物理系统建模方法，键合图从层次化系统分解入手，基于能量交换表征子系统间的交互，同时验证对产品或系统功能的可实现性。虽然其与诸如 Modelica 等面向对象的建模方法起源不同，使用的术语不同，但两种方法还是有不少的共同点：

1）对象：对象是 Modelica 建模语言中的重要概念。这一概念在键合图中没有。不过，键合图中表示组件或基本物理过程模型的结点就可以视为对象。

2）模型层次化：键合图采用字（Word）来表达子模型，以支持层次化模型的开发。

3）实例化：键合图表达基本能量转换机理的通用模型用 R、I、C、TF 等规定符号表示，而具体键合图的结点则可视为通用模型的实例化。对结点的赋值及注释特征化了此实例，并与通用模型中的其他实例相区别。例如，用键合图对电动机建模，从模型库中选择相应的电动机模型，对其设定参数，即是通用电动机模型的实例化。

4）继承：通用键合图模型实例化相当于父类的性质被实例化模型所继承。例如，键合图中线性阻性元件 R 的线性阻抗是联系线性阻性元件的势变量和流变量的参数，具体到设计中使用某个线性阻性元件时则只需考虑设计目标下的线性阻抗，而其他的性质则可以从通用阻性元件继承。

5）封装：键合图虽未直接提及知识封装，但实际上利用了知识封装的原理。例如，键合图在组件层面有接口，在物理过程层面有功率端口和信号端口等，以实现封装的状态变量与其他组件进行联系。

由上面介绍可知，键合图虽然不是面向对象的建模方法，但具有一些面向对象的特性。因此，不少学者，如 Jan F. Broenink、F. E. Cellier、W. Borutzky 等，也将键合图模型用 Modelica 语言来表达，以发挥各自优势。键合图的优点在于：其与产品或系统动态数学模型（即状态方程）之间存在着严格的、逻辑上的一致性，能很好地描述物理系统，这是键合图在工程界得到广泛应用的重要原因。键合图的缺点是其仿真软件，如 ENPORT、20-SIM、CAMP-G、HASP、POLSYSAS、THTISM 等，都是专用的仿真语言，而且无法利用现有通用仿真建模语言开发的模型库。Modelica 建模语言是为动态系统建立一种标准的基于方程模型的仿真语言，其将仿真建模与仿真分析工具分离，从而有利于仿真建模的标准化，有利于模型库的丰富。Modelica 联盟目前就正在建立并维护着一个不断丰富的 Modelica 标准模型库。因此，将键合图和 Modelica 建模语言结合，不仅可以使用 Modelica 丰富的模型库，而且可以直接使用 Modelica 建模语言中的仿真求解器，无须开发专门的仿真求解器。

综上所述，在概念设计阶段，无论功能分析法，键合图、Modelica 建模方法，还是本书未介绍的线图法、框图法、Simulink、VHDL-AMS 等建模方法，能量在功能模块中的流动都是驱动产品实现功能的重要因素，也是建模的重要内容。这些方法也在耗能机电产品的开发中起到了重要作用。不过，概念设计阶段，因未涉及产品及其功能模块的结构参数、控制参数，其关注的焦点是势变量 e、流变量 f、广义位移变量 $q(t)$ 和广义动量变量 $p(t)$，然而，如何将概念设计阶段的这些物理参量传递到详细设计阶段，并指导结构参数、控制参数的确定是目前设计界面临的一个挑战。

参考文献

[1] 张建辉，檀润华，陈子顺．采用物质–场的功能分析法［J］．机械设计与研究，2009 (1)：19-23.

[2] STONE R B，WOOD K L，CRAWFORD R H. A heuristic method for identifying modules for product architectures [J]. Design Studies，2000，21 (1)：5-31.

[3] 王瑞，李中凯．基于功能流模型的产品功能模块划分方法［J］．组合机床与自动化加工技术，2012 (7)：6-10.

[4] 黄纯颖．工程设计方法［M］．北京：中国科学技术出版社，1989.

[5] 张建明，王建维，魏小鹏．基于扩展功能基的概念设计产品建模［J］．农业机械学报，2008，39 (1)：129-133.

[6] PAHL G，BEITZ W. Engineering design [M]. London：Design Council，1984.

[7] STONE R B. Towards a theory of modular design [D]. Austin：University of Texas at Austin，1998.

[8] STONE R B，WOOD K L. Development of a functional basis for design [J]. Journal of Mechanical Design，2000，122：359.

[9] PAYNTER H M. Analysis and design of engineering systems [M]. Cambrige：M. I. T. Press，1961.

[10] KARNOPP D，ROSENBERG R C. System dynamics：A unified approach [J]. John Wiley & Sons，Inc，1990.

[11] BREEDVELD P C. Physical systems theory in term of bond graphs [D]. Enschede：Twente University，1984.

[12] 王中双，陆念力．键合图理论及应用研究若干问题的发展及现状 [J]. 机械科学与技术，2008，27 (1)：72-77.

[13] FINGER S，RINDERLE J R. A transformational approach to mechanical design using a bond graph grammer [J]. Design Theory and Methodology，1989，17：107-116.

[14] REDFIELD R C，MOORING B. Concept generation in dynamic systems using bond graphs [C]. [S. l.]：ASME Winter Annual Meeting，1988.

[15] ERMER G，ROSENBERG R C. Steps toward integrating function-based models and bond graphs for conceptual design in Engineering [J]. Automated Modeling for Design，1993，47：47-62.

[16] SHARPE J，GOODWIN E M. Application of bond graphs in complex concurrent multi-disciplinary engineering design [C]. San Diego：Us Society for Computer Simulation，1993：7-13.

[17] 徐长顺，王中双．基于键合图的系统动力学理论及分析软件的发展及现状 [J]. 齐齐哈尔大学学报，2008，24 (1)：67-71.

[18] 于涛．面向对象的多领域复杂机电系统键合图建模和仿真的研究 [D]. 北京：北京机电研究所，2006.

[19] 曹东兴，范顺成，刘力松，等．功率键合图在机械产品概念设计中应用 [J]. 机械设计，2002，19 (10)：44-47.

[20] 赵建军，丁建完，周凡利，等．Modelica 语言及其多领域统一建模与仿真机理 [J]. 系统仿真学报，2006，18 (S2)：570-573.

[21] 黄华，周凡利．Modelica 语言建模特性研究 [J]. 机械与电子，2005 (8)：62-65.

[22] FRITZSON P. Principles of object oriented modeling and simulation with Modelica2. 1 [M]. New Jersey：Wiley-IEEE Press，2004.

[23] 张政．基于 SysML 和 Modelica 的多领域设计和仿真建模集成 [D]. 杭州：浙江大学，2017.

第4章

基于能量流的耗能机电产品绿色设计关键技术

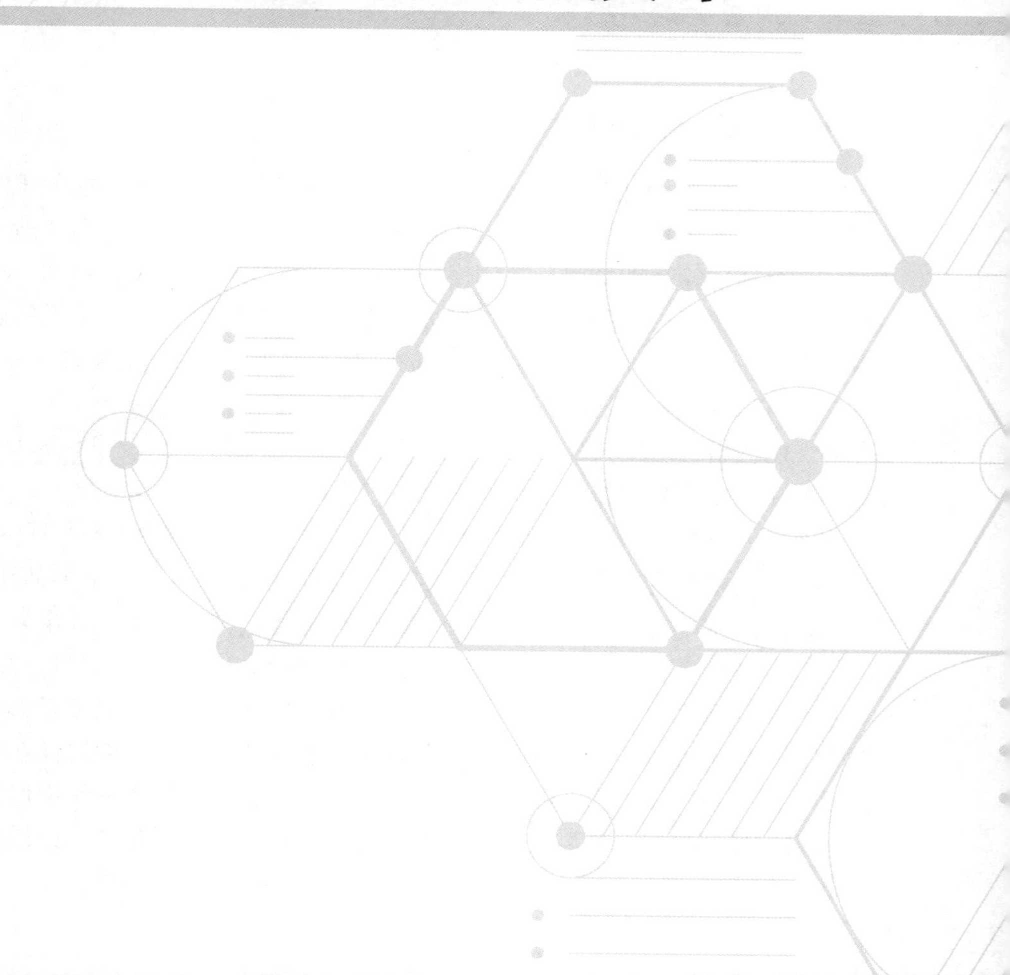

能量与耗能机电产品的功能和性能实现紧密相关，零部件之间的能量流动是影响产品性能的关键因素。设计者对能量流的重视在概念设计阶段的各种方法中就已经体现出来了。然而，在详细设计阶段，因为细化到产品及其零部件等多个层面的设计，其中的结构参数、控制参数和接口参数等直接影响零部件之间的能量分配，由此影响性能响应，因此，对性能匹配特性进行分析需要建立一种能量流的表达方式，以直观地描述产品能量流动规律和对性能的影响机理。本章首先建立能量流表达方式，定义实现基本的能量转化或转移作用的能量流元；其次，基于能量守恒规律推导建立能量特性方程来定量求解对性能有影响的特征能量及系统运行中的能量变化量；然后，研究耗能机电产品能量流模型的建立流程和方法，包括建立性能约束下的功能链、基于流准则的能量流元划分方式和建立并求解能量特性方程；接着以电冰箱为例构建并验证其能量流模型；最后形成基于能量流模型的性能匹配方法。

4.1 能量流建模

4.1.1 能量流元表征方法

Stone 等提出的功能基模型提供了一种在概念设计阶段描述功能的规范化语言。功能基是指将功能用“动词+名词”的基本形式来表达，如图 4-1 所示。其中名词是输入或输出的能量，动词反映的是对能量的转化或转移作用。本书将功能基的概念进行扩展，讨论每一个进行能量转化或转移的基本单元的能量作用量化特性，以及这种量化特性对性能的影响，作为性能匹配设计的基础。

为了研究零部件以及作用于零部件上的能量对性能的影响，在现有的能量建模理论的基础上，本书定义能量流元（Energy Flow Element，EFE）为由零部件组成的，能够独立对能量产生转化、转移作用的基本单元。EFE 可由若干个零部件组成，组成 EFE 的零部件之间具有较强的结构关联性和能量交互作用，可作为一个整体独立、完整地实现能量转化或转移作用。例如家用电冰箱的压缩机，其壳体、电动机、活塞和电源控制器等零部件之间，不仅具有紧密的装配关系，而且可共同完成电能到机械能以及机械能到制冷剂热能的转化，零部件间存在很强的机械或电路关联，故构成一个 EFE。为了详细地描述 EFE 的能量作用形式和规律，本书定义 EFE 的具体特征包括功能、特征能量、能量变化量、设计变量和

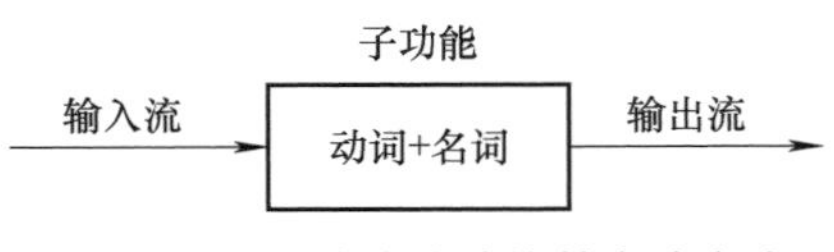

图 4-1　子功能的功能基表达方式

接口。能量流元（EFE）模型如图 4-2 所示。对这些特征具体解释如下：

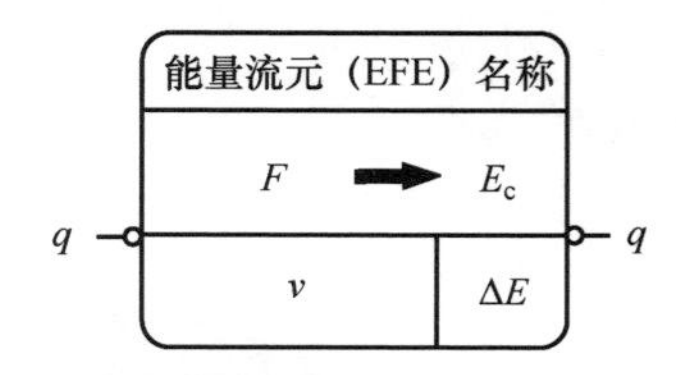

图 4-2　能量流元（EFE）模型

1）功能 F。F 表示能量流元（EFE）实现的功能，可以是能量转化或是能量转移。功能决定了 EFE 能量转化或转移过程中的输入输出能量类型及其内在联系。例如电动机的功能是将电能转化为机械能，换热器的功能是将管内流体的热能转移到管外流体。

2）特征能量（Characteristic Energy，E_c）。E_c 指 EFE 功能所实现的转化或转移的能量大小。例如换热器的特征能量 E_c 为热量 Q。特征能量的大小可用于定量评价能量流元的功能实现程度，也就是可以反映该能量流元的性能。

3）设计变量 v。v 是定量描述 EFE 能量转化或转移作用特性，决定输入输出能量之间的量化关系的一组设计参数，可包括零部件的物理特性参数、几何结构参数等。例如电阻的设计变量 v 有电阻丝长度 l、截面面积 S 及电阻率 ρ 等。设计变量可通过 EFE 功能实现相关的物理原理及数学方程与特征能量关联。

4）能量变化量 ΔE。ΔE 是 EFE 在能量作用过程中所有输入能量与所有输出能量之差，包括耗散的能量 E_{loss} 以及由于 EFE 自身状态改变而存储或释放的能量 E_{change}。E_{loss} 始终取正值；E_{change} 在存储能量时取正值，释放能量时取负值。特别地，若忽略 EFE 能量作用中的耗散，且 EFE 运行至稳态（自身状态不发生变化），则 $\Delta E=0$。

5）接口 q。接口是 EFE 间进行能量传递的交界面，包括接口的几何形态和参数，与流动的能量相关的状态参数，以及传入或传出的控制信号。例如，压缩机与冷凝器之间的接口通过制冷剂管路的连接实现，接口的几何形态为管路的形状和内径，在远距离传输时还会涉及管路的长度和换热条件。该接口最重要的是描述压缩机向冷凝器输送的能量，即制冷剂特性的一组状态参数。对于热力学问题，可采用压缩机输出制冷剂的状态参数（温度、压力）来表达，这组参数需标于 EFE 模型的接口处。

EFE 模型是一种抽象的表述方法。以下结合具体的能量作用形式介绍三种典型的 EFE，即将输入的某种能量转化为另一种能量并输出的 EFE、将输入能量转化为自身能量变化的 EFE 以及将同种形式能量从一处转移至另一处的 EFE。

（1）将输入的某种能量转化为另一种能量并输出的 EFE　这类 EFE 可将输入的某种形式能量转化为另一种形式的能量再输出到其他 EFE，其转化作用是由 EFE 的各种物理作用实现的。例如图 4-3 所示的电冰箱用小型往复式压缩机，是由电动机、气缸、活塞等零部件组成的。这些零部件的运行实现了电能、机械能到热能的转换，也就是说，压缩机的功能是将电能转化为制冷剂热能。故可将压缩机可定义为一个实现能量转化功能的 EFE，其模型如图 4-4 所示，具体特征定义如下：

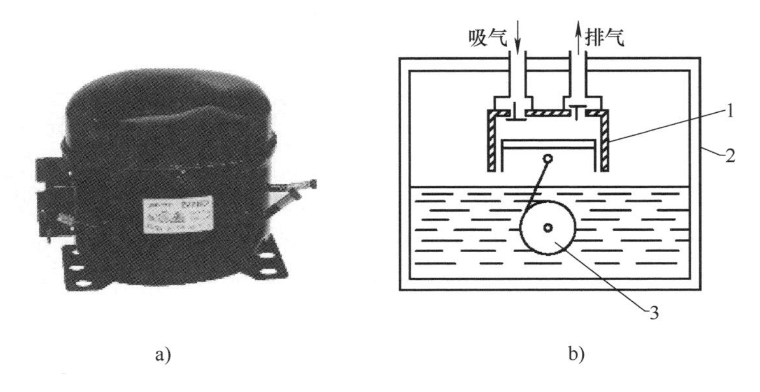

图 4-3 电冰箱用小型往复式压缩机

a）恩布拉科 VESA9C 型压缩机 b）结构示意

1—气缸 2—壳体 3—电动机

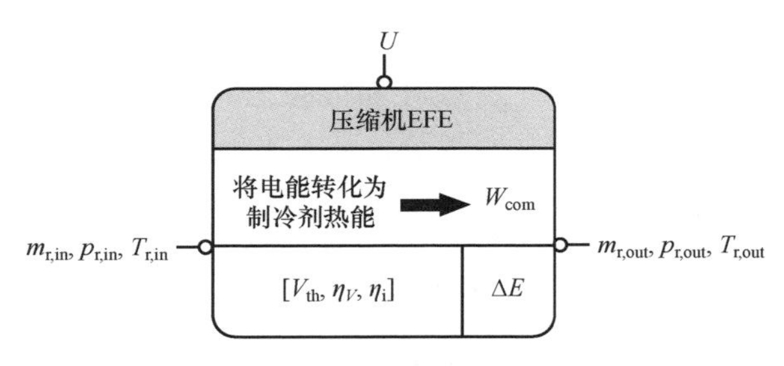

图 4-4 压缩机 EFE 模型

1）功能：压缩机 EFE 的功能是将电能转化为制冷剂的热能。

2）特征能量：压缩机 EFE 的特征能量 E_c 为压缩机做功 W_{com}。W_{com} 的大小是压缩机工作性能的体现。

3）设计变量：压缩机 EFE 的设计变量包括理论容积输气量 V_{th}、容积效率 η_V 和等熵效率 η_i。其中，容积效率指实际体积流量与理论输气流量之比，反映了与气体流量相关的能量损失；等熵效率指等熵过程中焓值变化与实际输入功率的比值，反映了耗散的热能。η_V 和 η_i 反映了压缩机的特性，一般具体的压缩机型号有对应的参数值，可供电冰箱设计者选型；而对于压缩机生产商，η_V 和 η_i 的值则是由更具体的结构参数（如气缸尺寸、活塞形状和电动机类型等）间接决定的。

4）能量变化量 ΔE：$\Delta E = E_{loss} + E_{change}$，其中，$E_{loss}$ 为压缩机电动机的摩擦损耗，假设输入电能为 E_e，转化后的机械能为 E_m，电动机效率为 η_o，则有$E_{loss} = E_e - E_m = E_e(1-\eta_o)$。$E_{change}$ 为压缩机由于自身状态变化而存储或释放的能量，例如当压缩机开始运行时，压缩机温度会逐渐升高，此时 $E_{change} = c_{com} M_{com} \Delta T_{com}$。其中，$c_{com}$ 是压缩机的比热容；M_{com} 是质量；ΔT_{com} 是温度的升高量。当压缩机运行至稳态时，电动机匀速转动，温度保持不变，此时有 $E_{change} = 0$，如果进一步忽略电动机的摩擦损耗，则可认为压缩机稳定运行时 $\Delta E = 0$。

5）接口：包括制冷剂流动的管路接口、电连接端子和信号端子。对于上述接口，其描述能量流动状态的一组状态参数为：加在压缩机上的交流电电压 U，输入及输出制冷剂的流量 $m_{r,in}$、$m_{r,out}$，输入制冷剂的状态（$p_{r,in}$，$T_{r,in}$）和输出制冷剂的状态（$p_{r,out}$，$T_{r,out}$）。

（2）将输入能量转化为自身能量变化的 EFE　此类 EFE 可将输入能量转化为因自身状态改变造成的能量变化，因此适合于被动吸能的能量作用场合。例如，Wang 在对汽车碰撞被动安全性的研究中，将汽车受到碰撞时车架承受冲击能量作用发生变形的零部件定义为 EFE1、EFE2 等 6 个能量流元，如图 4-5 所示。

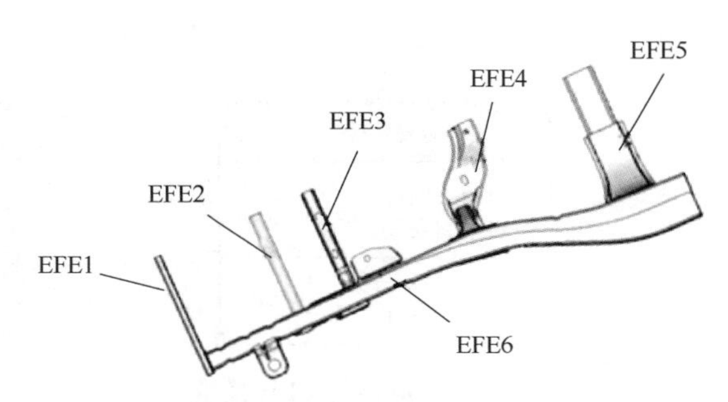

图 4-5　汽车车架各个 EFE 所对应的零部件

在车架受碰撞冲击的变形过程中，各个 EFE 将碰撞产生的能量依次传递，并转化为 EFE 由于变形而存储的能量，因此图 4-5 中的各个 EFE 的模型均可用如图 4-6 所示的模型表达。

车架 EFE 的特征描述如下：

1）功能：将冲击产生的动能转化为 EFE 的变形能。

2）特征能量：车架 EFE 的特征能量可用车身变形能 U 来描述。变形能可

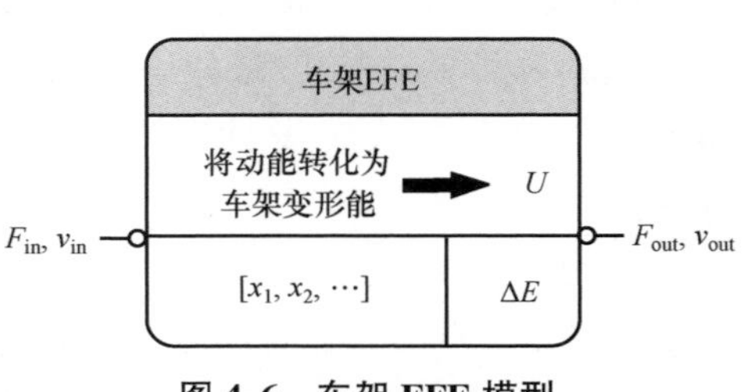

图 4-6　车架 EFE 模型

以作为其碰撞被动安全性的表征。

3）设计变量：车架零部件的拓扑结构及几何参数 x_1，x_2，…。

4）能量变化量 ΔE：$\Delta E = E_{loss} + E_{change}$，是输入能量和输出能量之差。忽略碰撞吸能过程的摩擦等损耗，则 $E_{loss} = 0$；E_{change} 是 EFE 在碰撞力作用下的变形能，与材料属性、加载条件和设计变量中的结构参数等均相关。

5）接口：包括加载中的输入作用力 F_{in}、输入速度 v_{in} 和输出作用力 F_{out}、输出速度 v_{out}。

（3）将同种形式能量从一处转移至另一处的 EFE　此类 EFE 在耗能机电产品中较普遍，如换热元件、机械传动中的变速器等，其功能是实现能量的转移。以图 4-7 所示的蛇管式冷凝器为例，蛇管式冷凝器的功能是实现管内制冷剂与管外空气的热量交换，可将其定义为如图 4-8 所示的 EFE，其特征描述如下：

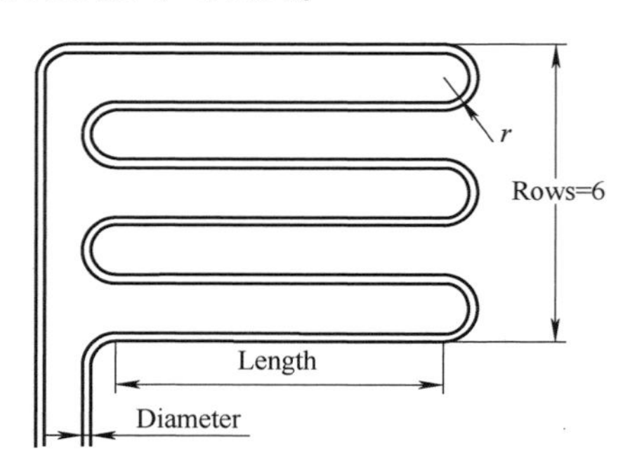

图 4-7　冷凝器的几何形式

注：Rows—排数，Length—单根管长，Diameter—管子直径。

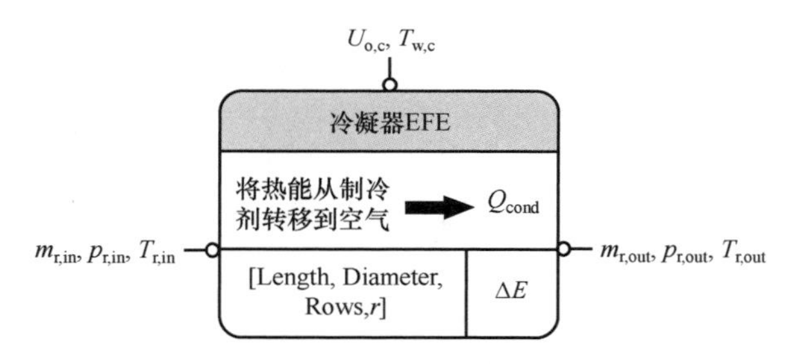

图 4-8　冷凝器的 EFE 模型

1）功能：将热量从冷凝器管内制冷剂转移到管外空气。

2）特征能量：从冷凝器管内制冷剂向管外空气转移出的热量 Q_{cond}。

3）设计变量：冷凝器的单根管长 Length、管径 D_c、排数 Rows，折弯半径 r，因此冷凝器的总长 L_c 近似等于 Length×Rows；根据设计问题的类型可选用 L_c 作为设计变量（系统设计时），也可选择 Length 作为设计变量（零部件设计时）。

4）ΔE：$\Delta E = E_{loss} + E_{change}$，其中，$E_{loss}$ 是冷凝器在换热过程中耗散的能量，由于冷凝器本身即需要对环境空气散热，所以可认为 $E_{loss} = 0$；E_{change} 是由于换热器温度变化引起的内能增加或减少，有 $E_{change} = c_c M_c \Delta T_c$。其中，$c_c$ 是冷凝器的比热容；M_c 是冷凝器的质量；ΔT_c 是冷凝器温度的升高量；当冷凝器输入输出及自身状态达到稳态时，其温度不变，此时可认为 $E_{change}=\Delta E=0$。

5）接口：包括入口、出口的形状及直径等几何接口，状态参数则包括入口、出口的制冷剂流量（$m_{r,in}$、$m_{r,out}$）、温度（$T_{r,in}$、$T_{r,out}$）和压力（$p_{r,in}$、$p_{r,out}$），还包括冷凝器管壁温度 $T_{w,c}$ 以及管外侧的换热系数 $U_{o,c}$ 等。

在实际的复杂耗能机电产品能量流元模型的建立中，还需注意两个问题：

1）同一个 EFE 可能同时实现能量转化和转移的作用。能量转化和转移是自然界中能量的两种基本作用形式，上文描述了实现这两种基本能量作用的 EFE 模型表达方式。在复杂耗能机电产品开发中，由于功能模型划分粒度等因素的影响，同一个 EFE 中可能同时存在能量转化和转移作用，此时需将两类能量作用的功能都包含在 EFE 模型当中。例如，在分体式空调室外机中，若将压缩机、冷凝器等外机制冷零部件作为一个 EFE，则其应同时包含“将电能转化为制冷剂热能”和“将热能从制冷剂转移到空气”两项功能。压缩机、冷凝器等组成的室外机机组 EFE 模型如图 4-9 所示。这种情况可能发生在采用标准的室外机机组进行室内机匹配设计的场合。

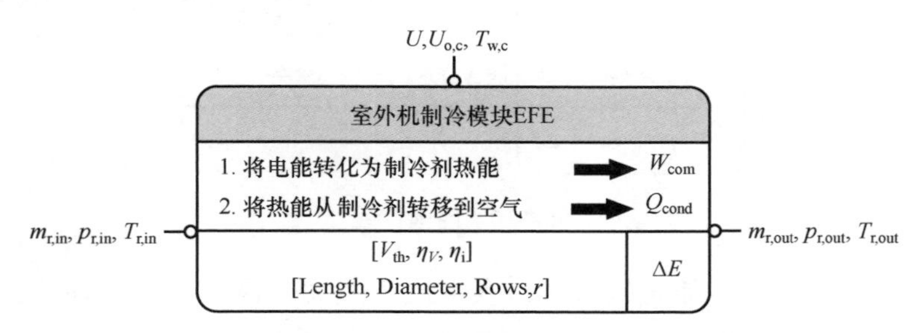

图 4-9　压缩机、冷凝器等组成的室外机机组 EFE 模型

2）从问题 1）可看出，划分 EFE 时需根据问题类型和设计目标确定所包含的功能范围。例如前述的压缩机 EFE，事实上其功能“电能转化为制冷剂热能”是由“电能转化为（电动机的）机械能”和“（电动机的）机械能转化为制冷剂热能”两个子功能组成的。压缩机厂商需要研究电动机的效率和活塞、气缸的设计，因此需要分别将上述两个子功能作为 EFE 考虑；而对于电冰箱制造企业，只关心具有特定设计变量的压缩机可实现的制冷剂压缩效应，所以可将整个压缩机作为一个 EFE。又如机械传动中的多级齿轮减速器，从应用整个减速器的场合来看，关心的是从输入端将能量转移到输出端的效率和传动比等因素，因此将整个减速器作为一个 EFE；而对于减速器的设计者，则需考虑能量在多级齿轮副之间的转移，所以应将各级齿轮作为 EFE 考虑。

4.1.2 能量流建模中的其他要素

1. 能量传递

能量在 EFE 中完成转化或转移并通过接口在 EFE 间传递（或流动），从而实现了耗能机电产品的功能。能量传递描述的是 EFE 之间能量输入输出的因果关系，其特征包括 EFE 之间传递的能量的类型、大小和方向。根据 Stone 等人对概念设计阶段能量建模的研究，产品的功能决定了能量的类型，而这些能量的传递方向（路径）和大小则是影响产品性能的关键因素。

在能量流的表达方式当中，能量传递可用 EFE 间的有向线段表示，如图 4-10 所示。线段的两端分别连接 EFE 的接口，表明能量传递的特性取决于两端接口的相应状态参数。例如压缩机和冷凝器之间的能量传递是在管路接口处进行的，因此压缩机输出端的制冷剂流量、压力和温度与冷凝器的输入端制冷剂参数相等；有向线段的方向代表能量的流向，代表源 EFE 到目标 EFE 能量传递的因果关系，即从源 EFE 流出的能量等于流入目标 EFE 的能量。

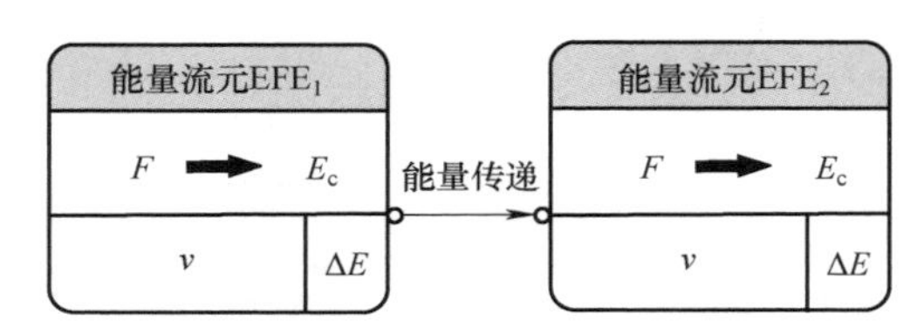

图 4-10 能量传递

能量传递的定量特征与接口状态参数紧密相关。根据键合图理论，在接口之间传递的能量可表示为

$$E(t)=\int_0^t e(t)f(t)\,\mathrm{d}t \tag{4-1}$$

式中，$e(t)$为广义势变量；$f(t)$为广义流变量。

在机械系统、电系统等常见物理系统中，广义势变量和广义流变量的具体形式在第 2 章表 2-1 已有介绍，此处就不赘述了。$P(t)=e(t)f(t)$具有功率的量纲（属性），在研究某一个瞬时或系统到达稳态时可更为简洁地表示能量流的量化特征。由式（4-1）可看出，获得能量传递大小的关键是广义势变量以及广义流变量，这两类变量可通过 EFE 的接口状态参数得出，两者之间有如图 4-11 所示的关系。

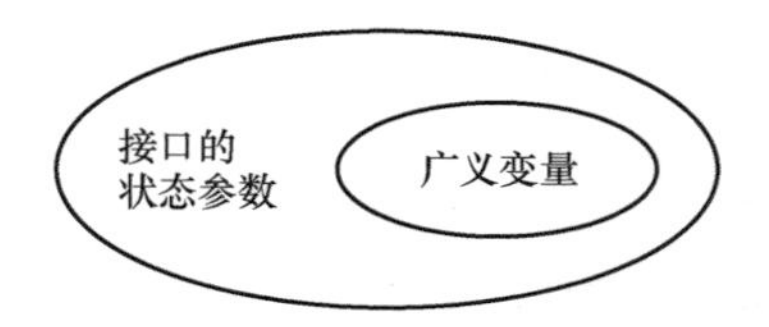

图 4-11 接口状态参数与广义变量之间的关系

例如，图4-8所示的冷凝器EFE，其内部制冷剂的换热过程属于定压换热过程，可取制冷剂的比焓 h_r(J/kg)为势变量，流量 m_r(kg/s)为流变量，则势变量和流变量的乘积 $P=m_rh_r$(W)可用于衡量稳定状态下流入流出制冷剂传递的能量。因此，在稳定状态时制冷剂流过冷凝器EFE时减少的能量等于输入的能量减去输出的能量即 $m_r(h_{r,in}-h_{r,out})$。对于冷凝器EFE，势变量 h_r 可由接口状态参数（T_r，p_r）通过状态方程得到。因此，可根据接口状态参数求得EFE间传递的能量大小。

2. 环境

产品或系统能量作用中所处的边界在能量流表达方式中可用环境来表示。环境是客观存在的，其物理范围通常远远大于产品或系统，因此可认为具有无限的能量提供或能量吸收能力。在能量流表达方式中，环境用图4-12所示的虚线框表示。

为了在同一个能量流模型中与EFE的表达方式保持一致性，采用类似的方法来描述环境的特征。

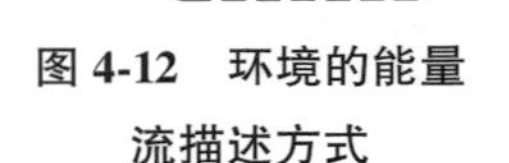

图4-12 环境的能量流描述方式

1）功能：环境的功能是为产品或系统提供能量，或是接收由产品或系统产生的能量。

2）设计变量：环境在设计中被认为不可改变，因此不具有设计变量，在设计中作为客观存在的边界条件对产品或系统产生作用。

3）ΔE：环境具有无限的能量提供或吸收能力，所以 ΔE 不会造成环境状态的变化，即 ΔE 可根据能量的吸收或释放量为任意数值。

4）接口：环境与产品或系统EFE通过接口 q 进行能量传递，因此接口是环境的重要组成元素。由于 ΔE 不会造成环境状态的变化，所以在能量作用中可认为环境的接口状态参数保持不变，作为产品或系统能量作用的边界。

产品和系统都运行在一定的环境中。例如，电网可作为家用电器的环境，认为其具有恒定和稳定的电压，可同时为多个电器提供电功率。在热力学问题中，空气可作为环境，认为其具有恒定的温度和无限的热吸收或释放能力。值得注意的是，环境的判断要根据产品或系统的能量作用效应来判断，同样是室内的空气，对空调器系统而言其能量作用会显著影响房间的空气温度，因此应作为EFE处理；而对家用电冰箱而言，其产生的热量对于房间温度是微不足道的，所以室内空气可作为环境处理。

4.1.3 特征能量与能量特性方程

为了在能量流模型中研究EFE能量作用与性能实现之间的关系，需要建立衡量 EFE 性能实现程度的能量指标。为了解决现有能量流分析方法中采用输入输出能量之间的差值来评价性能的局限性，本小节将在能量守恒规律的基础上，讨论 EFE 能量作用与性能实现之间的关系，详细阐释 EFE 的特征能量作为评价 EFE 性能实现程度指标的可行性，并给出计算特征能量的能量特性方程。

1. EFE 的能量守恒规律

设某 EFE 涉及 n 项同种或不同种类的能量 $E_1, E_2, \cdots, E_n$，其中每项能量都有输入 $E_{k,\mathrm{in}}$ 和输出 $E_{k,\mathrm{out}}$，$k=1,2,\cdots,n$；特别地，$E_{k,\mathrm{in}}=0$ 或者 $E_{k,\mathrm{out}}=0$ 表示 E_k 仅有输出或仅有输入。那么，EFE 涉及的各项能量之间应满足的能量守恒规律可定义如下：

定义 4.1：EFE 的能量守恒规律指在 EFE 的能量作用过程中，涉及的能量总量保持不变。

定义 4.1 描述的能量守恒规律可进一步细化为：在 EFE 的能量作用过程中输入的净能量等于能量耗散与自身能量变化量之和，如式（4-2）所示，其中输入的净能量指各个输入能量之和减去各个输出能量之和。

$$\sum_{k=1}^{n} E_{k,\mathrm{in}} - \sum_{k=1}^{n} E_{k,\mathrm{out}} = \Delta E = E_{\mathrm{loss}} + E_{\mathrm{change}} \tag{4-2}$$

式中，等号左侧第一项为各个输入能量之和，第二项为各个输出能量之和；E_{loss} 和 E_{change} 分别代表能量损耗和自身能量变化。

能量守恒是自然界能量作用的根本法则，它表达了单个 EFE 涉及的各项输入输出能量之间的宏观规律。例如图 4-4 所示的压缩机 EFE 在稳态下的能量守恒规律可表达为

$$E_{\mathrm{r,in}} - E_{\mathrm{r,out}} + E_{\mathrm{e}} = E_{\mathrm{loss}} \tag{4-3}$$

式中，$E_{\mathrm{r,in}}$ 为流入制冷剂的热能；$E_{\mathrm{r,out}}$ 为流出制冷剂的热能。

利用 4.1.2 节中能量传递的表达方式可分别表示为 $E_{\mathrm{r,in}}=m_{\mathrm{r}}h_{\mathrm{r,in}}$，$E_{\mathrm{r,out}}=m_{\mathrm{r}}h_{\mathrm{r,out}}$。其中，$h_{\mathrm{r,in}}$、$h_{\mathrm{r,out}}$（J/kg）代表输入、输出制冷剂的比焓；$E_{\mathrm{e}}$(W)是消耗的电功率；$E_{\mathrm{loss}}$(W)是压缩机运行过程中电动机的摩擦损耗和压缩机向周围空气耗散的热量之和。从式（4-3）所示的压缩机 EFE 能量守恒规律可看出，能量守恒规律虽然描述了 EFE 涉及的输入输出能量之间的宏观关系，但是无法反映能量对功能和性能实现的影响。

2. 特征能量

为了解决能量守恒规律无法反映能量与性能之间关系的问题，下面尝试以能量作为桥梁，从概念设计阶段的功能设计过渡到详细设计阶段的性能设计，

在产品表达方式上从“动词+名词”的功能基模型过渡到 EFE 模型。以电阻为例，在概念设计阶段可采用功能基的方式表示，如图 4-13 所示。

电阻实现电能转化为热能的功能时，输入输出的接口参数分别为电压差（ΔU）和电流（I），以及温度（T）和换热系数（α）。不过，从概念设计过渡到详细设计时，电阻具有实际物理形式，电阻值受长度 l、截面面积 S 及电阻率 ρ 等特性参数的影响。因此，可建立电阻的 EFE 模型如图 4-14 所示。

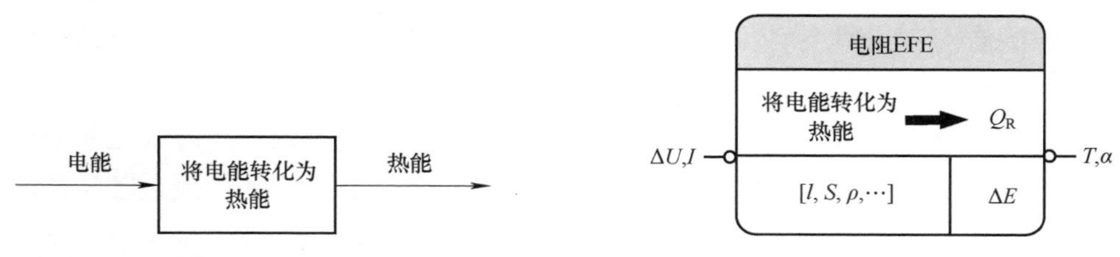

图 4-13 电阻的功能基表达方式

图 4-14 电阻的 EFE 模型

可见，EFE 模型是建立在功能基模型的基础上的。根据功能基模型的描述，决定功能的要素是能量的转化或转移作用，即“动词”部分描述的内容。因此，在 EFE 模型中这种能量转化或转移作用的量化特性是影响性能实现程度的关键。

将以上关于电阻的示例推广到一般层面，给出 EFE 的特征能量定义如下：

定义 4.2：特征能量（Characteristic Energy，E_c）指 EFE 功能实现的转化或转移的能量大小。

3. 能量特性方程

为了计算一般意义上的 EFE 特征能量，需要分析 EFE 通过能量作用实现功能过程中的定量特性。由浅入深，先以前面所述的电阻为例，电阻 EFE 将电能转化成的热能的数值由（描述电流热效应的）焦耳定律定义为电流的二次方乘上阻值，这部分能量等于输入能量（电能）的减少，也等于输出能量（热能）的增加、能量损耗以及自身能量变化之和。电阻 EFE 在 t 时刻的能量输入输出关系可写为

$$I^2R\mathrm{d}t = \Delta UI\mathrm{d}t = \alpha A[T(t) - T_{\mathrm{air}}] + c_R M_R \mathrm{d}T \tag{4-4}$$

式中，I 为流过电阻的电流值；$R=\rho l/S$ 为电阻的阻值；ΔU 为电阻两端的电压；$T(t)$ 和 T_{air} 分别为电阻在 t 时刻的温度和空气温度；α 和 A 为电阻与空气的换热系数和换热面积；c_R、M_R 分别为电阻的比热容和质量；$\mathrm{d}T$ 为 t 时刻内温度的变化值。

式（4-4）描述了 EFE 的能量作用和输入输出能量之间的关系，$I^2R\mathrm{d}t$ 反映了电阻 EFE 实现功能的量化性质，这部分能量是决定电阻 EFE 功能实现程度即

性能优劣的标志；$\Delta UI\mathrm{d}t$ 和 $\alpha A[T(t)-T_{\mathrm{air}}]+c_R M_R \mathrm{d}T$ 则反映了电阻 EFE 涉及的输入输出能量的改变，上述三项的值相等满足 EFE 的能量守恒规律。

根据电阻特征能量的计算思路，导出计算特征能量的能量特性方程如下：

$$E_{\mathrm{c}} = \sum (E_{\mathrm{source,in}} - E_{\mathrm{source,out}}) = \sum (E_{\mathrm{target,out}} - E_{\mathrm{target,in}}) + \Delta E \tag{4-5}$$

式中，E_{source}，$E_{\mathrm{target}} \in \{E_1, E_2, \cdots, E_n\}$，且 E_{source} 表示能量转化或转移中的源能量，满足“流入-流出>0”；E_{target} 表示能量转化或转移中的目标能量，满足“流入-流出<0”。从能量特性方程可看出，特征能量度量的是能量从源能量到目标能量的迁移。

式（4-5）在能量守恒规律的基础上，延伸了 EFE 的输入输出能量之间的内在联系。若 EFE 实现的是能量转化，则 E_{c} 描述的是转化效应的能量，其转化的本质是做功，例如压缩空气做功，电流流过电动机做功。若 EFE 实现的是能量转移，则 E_{c} 描述的是不同形式能量之间的转移过程涉及的能量，例如换热器在不同物体之间转移的热量，或变速器转移的转矩和转速。当 EFE 中同时存在能量转化和转移作用时，则需分别建立每个作用的特征能量。

在采用式（4-5）计算实际复杂耗能机电产品 EFE 的特征能量时，可根据 EFE 的物理效应直接计算特征能量的值，也可根据源能量的减少或目标能量的增加来间接计算。例如，式（4-4）所示的电阻特征能量的计算如果采用换热条件计算则涉及换热面积、换热系数等较难确定的参数，而采用电流与电阻的关系计算则可简便地求出电阻的特征能量。

在利用能量特性方程计算特征能量时，可采用数值计算的方法对 EFE 能量作用过程中的物理特性进行模拟；也可采用有限元方法对具有三维分布特性的 EFE 进行建模及特征能量计算；还可采用试验拟合的方式建立在不同的运行状态下的特征能量拟合规律。以下用三个示例具体说明 EFE 的特征能量计算方式。

（1）压缩机 EFE　对于 4.1.1 节建立的压缩机 EFE 模型，其实现的功能是将电能转化为制冷剂的热能，经历的物理效应是活塞压缩气体的压缩过程。所以压缩机 EFE 的特征能量是压缩过程中转化的能量，该能量反映了电能消耗以及制冷剂热能的增加。故在稳态时计算压缩机 EFE 特征能量的能量特性方程可直接写为

$$E_{\mathrm{c,com}} = \frac{\eta_V n_{\mathrm{com}} V_{\mathrm{th}} p_{\mathrm{r,in}} \dfrac{\kappa}{\kappa - 1}\left[\left(\dfrac{p_{\mathrm{r,out}}}{p_{\mathrm{r,in}}}\right)^{\frac{\kappa-1}{\kappa}} - 1\right]}{\eta_{\mathrm{i}}} \tag{4-6}$$

式中，设计变量 V_{th}、n_{com}、η_V、η_{i} 分别为理论容积输气量、转速、容积效率和

等熵效率；物理常量 κ 为多变过程指数（一般取值1.05~1.18）；接口参数 $p_{r,in}$、$p_{r,out}$ 分别代表输入、输出制冷剂的压力。

以型号为 VESA9C 的压缩机为例，接口状态参数（$p_{r,in}$，$p_{r,out}$）取国家标准规定测试工况值（63kPa，762kPa），设计变量参数取值见表4-1，当压缩机 EFE 稳定运行时，按照式（4-6）可计算出压缩机的特征能量 $E_{c,com}=91.5\text{W}$。同时可发现，吸气压力不变时若排气压力增大，会使得特征能量变大，这说明制冷剂热能的增加伴随着电能消耗的增长。

表4-1　某款型号为 VESA9C 的压缩机设计变量

设计变量	参数值
理论容积输气量 V_{th}/cm^3	9.05
转速 n_{com}/（r/min）	3000
容积效率①η_V	0.8275
等熵效率①η_i	0.7219

① 等熵效率与容积效率通过规格书中的测试工况参数拟合得到。

（2）车架 EFE　对于4.1.1节建立的车架 EFE 模型，其功能是将受到的碰撞冲击能量转化为 EFE 的变形量。该 EFE 只有源能量没有目标能量，所以源能量都转化为了 EFE 存储的能量，特征能量是冲击能转化的应变能，故车架 EFE 的能量特性方程为

$$E_{c,beam}=E_{F,in}-E_{F,out}=\Delta E \tag{4-7}$$

式中，$E_{c,beam}$ 为车架 EFE 的特征能量；$E_{F,in}$、$E_{F,out}$ 为以冲击的形式输入、输出的能量；$\Delta E=E_{change}$，是车架 EFE 存储的变形能。

由于车架的零件较多，因此可将车架能量流模型进一步细分为6个能量流元（EFE），如图4-15a所示的EFE1、EFE2、…、EFE6。由于汽车碰撞时，零部件会发生塑性变形，而该塑性变形是非线性的，因此采用有限元法仿真计算其冲击能量向内能的转化。车架 EFE 的有限元法仿真模型如图4-15b所示，通过有限元法仿真车架 EFE 在加载时的能量转化特性，利用变形能间接计算车架的特征能量。特征能量越大，能量流元产生的变形也越大。因此特征能量 $E_{c,beam}$ 可反映碰撞安全性能。

对于具有确定的结构参数和材料属性的车架 EFE，其各个能量流元的特征能量计算是采用有限元仿真方法获得的，计算结果见表4-2。与之类似，对于那些难以采用解析公式描述物理特性的能量流元，其特征能量计算也可采用有限元法求解。

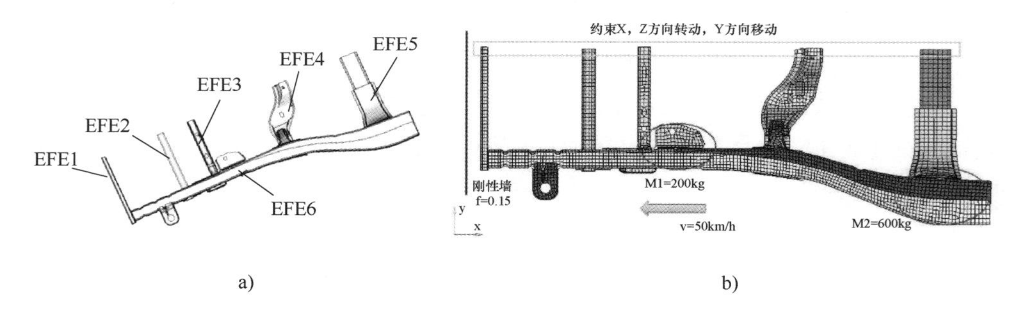

a)　　　　b)

图 4-15　车架 EFE 特征能量计算的有限元模型

a）车架能量流元划分　b）有限元模型

表 4-2　车架 EFE 的特征能量计算

EFE 编号	特征能量/kJ	EFE 编号	特征能量/kJ
EFE1	2.461	EFE4	2.37
EFE2	3.061	EFE5	0.0698
EFE3	1.906	EFE6	59.396

（3）冷凝器 EFE　对于 4.1.1 节建立的冷凝器 EFE 模型，其实现的功能是将制冷剂的热能转移到环境空气中，制冷剂减少的热能等于环境空气增加的热能，这部分能量的转移是通过冷凝器壁面分别与制冷剂和空气之间的热交换完成的。假设制冷剂、冷凝器壁面和环境空气之间达到热平衡，并采用平均温度进行计算，则求解冷凝器特征能量的能量特性方程可表示为

$$\begin{aligned} E_{c,cond} &= (T_{w,c} - \overline{T}_{r,c})U_{i,c}A_{i,c} = m_r(h_{r,in} - h_{r,out}) \\ &= (T_{w,c} - \overline{T}_{air,env})U_{o,c}A_{o,c} \end{aligned} \tag{4-8}$$

式中，$E_{c,cond}$ 为冷凝器的特征能量；$T_{w,c}$ 为冷凝器的壁面温度；$\overline{T}_{r,c}$ 为制冷剂平均温度；m_r 为制冷剂流量；$h_{r,in}$、$h_{r,out}$ 为输入、输出制冷剂的比焓；$U_{i,c}$、$A_{i,c}$ 为冷凝器壁面内侧换热系数及面积；$U_{o,c}$、$A_{o,c}$ 为冷凝器壁面外侧换热系数及面积；$\overline{T}_{air,env}$ 为平均环境温度。

在计算冷凝器的特征能量时，可根据不同的设计需求选择特征能量的计算方式，例如当已知蒸发温度和空气温度时，适宜采用（$T_{w,c}-\overline{T}_{air,env}$）$U_{o,c}A_{o,c}$ 计算；当已知制冷剂入口和出口状态时，则适宜采用 $m_r(h_{r,in}-h_{r,out})$ 计算。例如，某冷凝器 EFE 设计变量见表 4-3，现假设其接口参数包括通入制冷剂流量 5.6×10^{-4}kg/s，入口压力 762kPa，入口温度 65℃，环境温度 25℃，则采用式（4-8）的第二项及第三项可联立求出 $E_{c,cond}=189.95$W。并且，当制冷剂的入口温度或流量增加时，冷凝器的特征能量会增加，说明随着输入能量的增加冷凝器可发挥出更强的散热能力。

表 4-3　某冷凝器 EFE 设计变量

设计变量	参数值
内径（Diameter）/mm	6
单根管长（Length）/mm	55
排数（Rows）/排	4

综上所述，特征能量和能量特性方程的构建，可以描述实现能量流元功能的能量大小，也能反映功能的实现程度；同时，因为能量流元模型考虑了设计参量和接口参数，因此有利于在性能、能量以及设计参量和接口参数三者之间建立映射关系。不过，应该强调的是，能量流元不一定就是一个零件，它可以由多个相关零件集合而成，这有利于简化设计对象，将设计问题聚焦到有明确能量作用特性的单元上。

4.1.4　能量建模方法的比较

本书所提出的能量流表达方式是基于功能基模型的，其能量流元模型包括功能、特征能量、设计变量、能量变化量和接口等特征要素，能够表达零部件在能量作用中的行为和特性。能量流元的特征能量可由包括设计变量和接口参数的能量特性方程来求解，从而有助于在概念设计和详细设计之间构建桥梁，支撑设计变量优化和表征 EFE 功能实现程度。表 4-4 给出了能量流建模方法与现有的能量建模分析方法的对比，以供大家参考。

表 4-4　能量建模方法的对比

因素	能量建模分析手段			
	输入输出流的表达（Pahl 提出）	功能基表达（Stone 提出）	键合图（H. M. Paynter 提出）	能量流表达方式
功能	有	有	无	有
零件及设计变量	无	无	无	有
接口	无	无	包含状态参数用以计算功率和能量	包含状态参数用以计算特征能量
环境	无	边界条件	考虑	考虑
评价性能的手段	无	无	无	特征能量

4.2 基于功能基的耗能机电产品能量流建模流程

能量流模型是指运用能量流的表达方式，将实现功能的零部件用一系列EFE、所处的环境及其之间传递的能量来表达。该模型所描述的能量与设计变量之间的关系，可作为优化耗能机电产品设计变量进行性能匹配的依据。因此，耗能机电产品的能量流模型是建立在所关注性能的约束之下的。

由于性能是对功能和行为的度量，是产品所能达到或实现预定工作状况的程度，因此构建性能约束下的能量流模型，应该从分析耗能机电产品的功能模型入手。在本书第3章功能分析方法的介绍中曾指出：Pahl的功能建模方法认为功能是对物质流、能量流和信号流的转化或转移作用，由此提出了一种功能逐级分解的方法。在此基础上，Stone提出采用动宾短语形式的功能基模型规范并细化了能量转化和转移功能的表达，并采用功能集和流集组成的功能链（Function Chain）来表达产品功能。在上述功能建模方法基础上，本节提出了如图4-16所示的耗能机电产品能量流模型的建模流程。由图4-16可知，该流程包括三个步骤。首先从概念设计中的功能基建模方法出发，通过建立关注性能约束下的功能链，将关注的功能和性能的实现用一系列能量转化或转移作用来表达；然后在功能链的基础上，建立能量流元划分的串联准则和并联准则，并根据设计需求的类型将功能基划分为能量流元，并定义能量流元的特征；最后，求解由能量流元组成的产品或系统的特征能量。

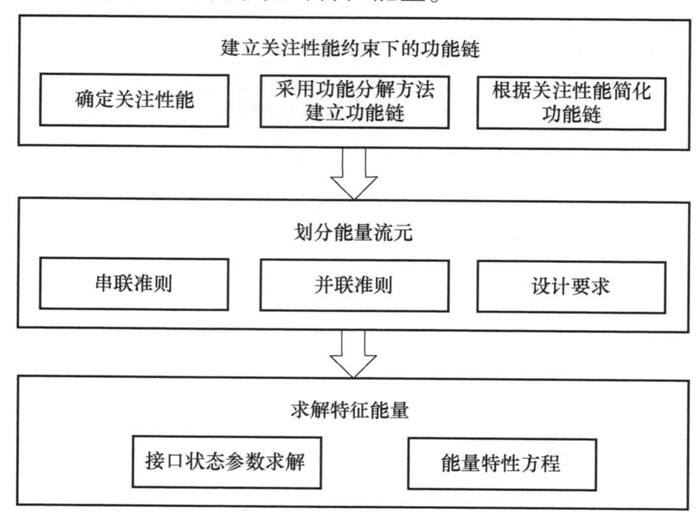

图4-16　耗能机电产品能量流模型的建模流程

4.2.1 性能约束下的功能链模型

1. 性能约束下的功能链模型构建流程

实际的耗能机电产品有多个性能，设计任务的性能目标可能是全部性能中的一部分，考虑不同性能时关注的子功能和能量流动形式、路径都有可能不同，所以能量流模型也需要在一定的性能约束下建立。性能约束指的是耗能机电产品性能匹配中仅考虑设计所关注的性能，建立性能约束的目的是缩小问题范围。

确定性能约束首先需要确定性能的范围，对于耗能机电产品的能量流模型而言，针对的性能应该是与能量相关的性能，例如机械产品消耗能源通过做功、放热等方式实现功能。与能量无关的性能例如外观、表面特性等则不在本书的考虑范围之内。其次，还需要根据设计任务的类型和要求确定在当次设计中关注的性能，例如在电冰箱的设计中可针对制冷性能进行优化，也可针对噪声或振动进行优化，两种不同的设计任务涉及的性能目标也不同。

在确定耗能机电产品设计所关注的性能之后，基于 Pahl 提出的功能结构分析方法，考虑功能实现过程中的能量作用，通过以下步骤将产品的主功能逐级分解为实现能量转化或转移的子功能，建立起关注性能下的功能链。

第一步：建立产品总功能的黑箱模型，将产品的功能抽象为一个总功能以及输入、输出能量的作用。

第二步：依次对上层功能进行分解，将上层功能用更加细化的能量转化或转移功能来表达，分解时上层的输入输出流继承到下层，并建立下层功能之间的能量传递，如图 4-17 所示。例如功能 F_0 分解为 F_1、F_2 及 F_3，F_1 分解为 $F_{1.1}$、$F_{1.2}$ 及 $F_{1.3}$，以此类推。

第三步：按照第二步的方法依次分解各功能，直到分解到功能树的底层，将底层子功能（功能元）用功能基方式表达，并建立功能基之间的能量传递关系，从而得出产品功能链。

2. 功能链建立案例

下面以间冷式电冰箱为例讨论功能链的建立流程。间冷式电冰箱也称风冷式电冰箱，其结构形式较多。图 4-18 所示为一种双风门控制的三门间冷式电冰箱的结构，制冷原理可参见图 2-5。作为一种利用温度实现食物或其他物品保鲜的复杂机电产品，电冰箱包含保鲜、存储、除湿、抑菌、照明和制冰等功能，而且电冰箱的功能随着消费者需求的个性化还在不断丰富。不过，总体上看电冰箱的基本功能只有存储物品和制冷保鲜两种。所以，为了清晰易懂，本案例只关注这两大基本功能。

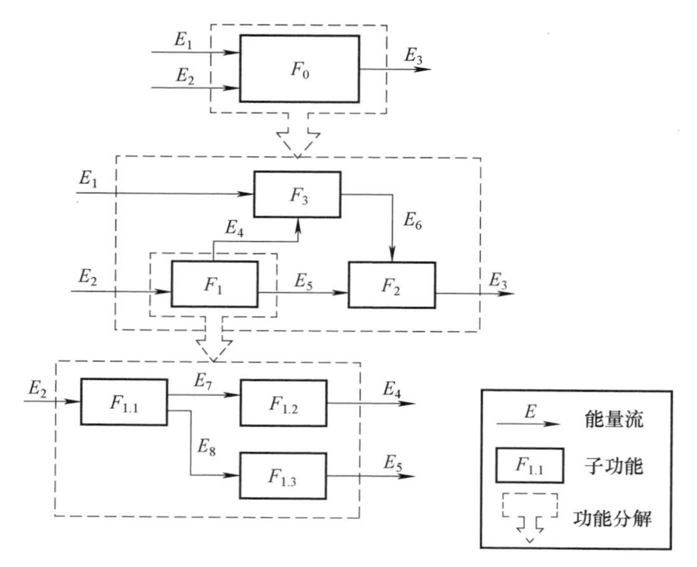

图 4-17　基于功能树的功能分解

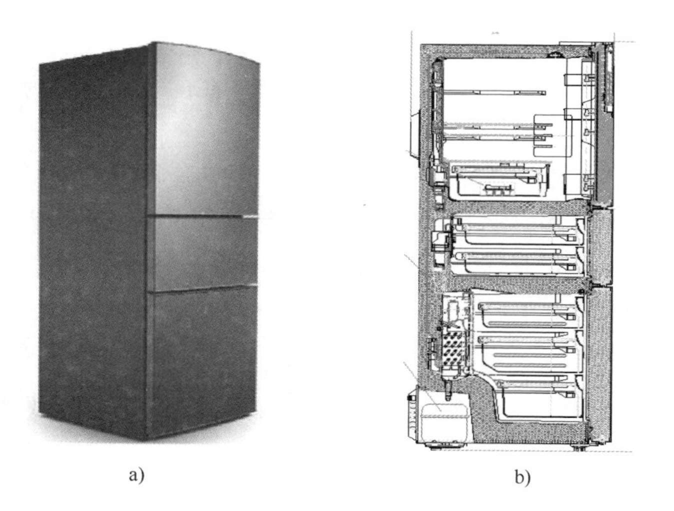

图 4-18　双风门控制的三门间冷式电冰箱

a）外观　b）内部结构示意

从电冰箱的结构和原理看，实现存储物品的功能主要由箱体确定，而制冷保鲜物品的功能则包括制冷系统、空气循环系统和箱体三大部分。实现电冰箱物品存储和制冷保鲜的功能模块如图 4-19 所示。

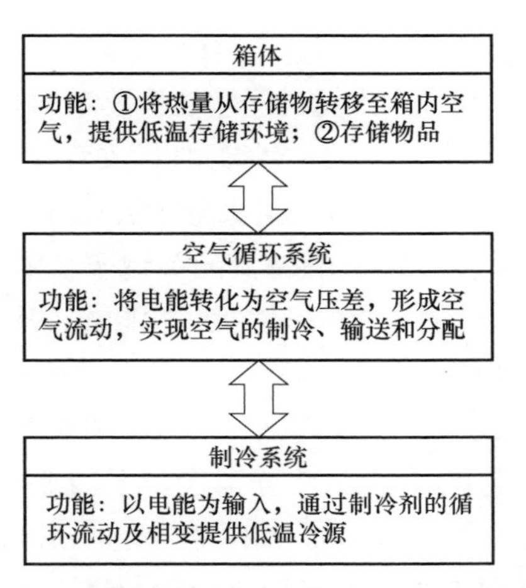

图 4-19　实现电冰箱物品存储和制冷保鲜的功能模块

根据电冰箱制冷系统的工作原理和实现基本功能的基本要求，得到如图 4-20 所示电冰箱基本功能的功能链。

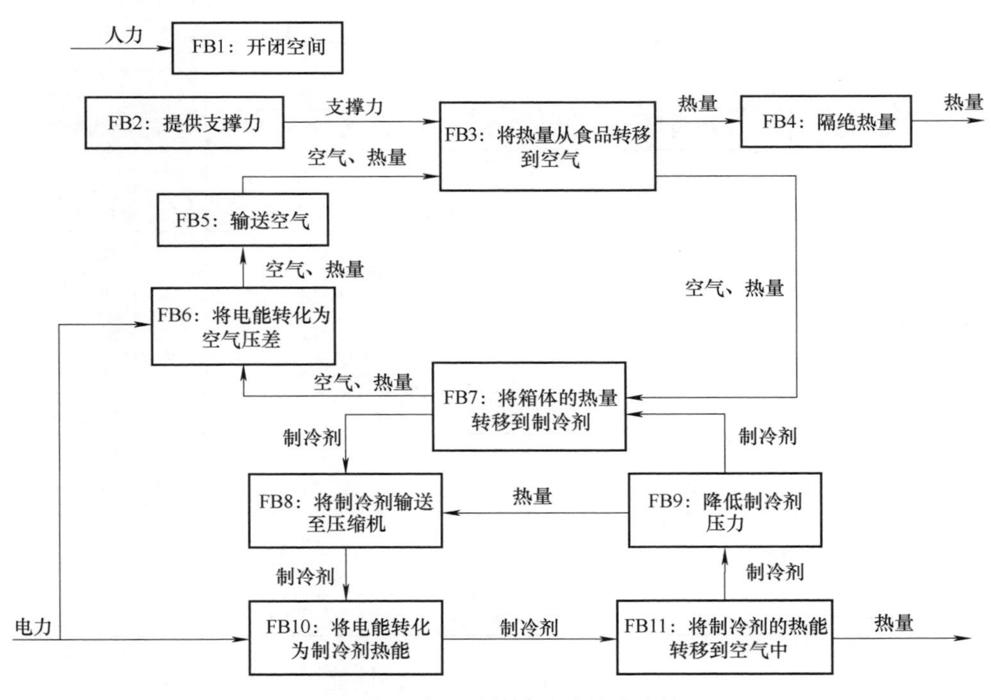

图 4-20　电冰箱基本功能的功能链

图 4-20 中建立的功能链是针对电冰箱基本功能的，为了实现关注性能的匹配优化，需要在能量链中去除与关注性能无关或关联性较小的子功能及相关的

能量传递关系。这样做是非常必要的，这样做可以大大减少和优化工作量，因为复杂产品的功能模型往往包含大量的子功能和复杂的能量传递关系。

为了能够准确判断子功能与关注性能的相关程度，可采用质量功能展开（Quality Function Deployment，QFD）、层次分析法等方法评估子功能和关注性能之间的相关性，得出对关注性能影响较大的关键子功能，去除与关注性能相关性较小的子功能。例如对于图4-20中建立的功能链，从提升能效的角度关注日耗电量、开机率和冷却速度等性能，建立表4-5所示的交互矩阵。矩阵中性能下方的数字1~5表示性能的关注程度高低，由设计者根据设计任务的类型和关注重点确定；矩阵中的数字9、3、1、0分别代表子功能与性能实现存在强、中、弱或无的关系，可由设计师根据专业知识或经验判断。为了减少在确定相关性时不同设计人员的主观性影响，可采用多个设计人员分别评价再综合的方式。最后一列是子功能与性能总的相关度，等于子功能与性能之间关系值与相应性能的关注程度的乘积再求和。例如FB3与性能总的相关度为“3×5+1×3+3×4=30”，FB10与性能总的相关度为“9×5+9×3+3×4=84”。

表4-5　利用QFD方法求子功能对性能的相关度

子功能	性能			与性能总的相关度
	日耗电量	开机率	冷却速度	
	5	3	4	
FB1	0	0	0	0
FB2	0	0	0	0
FB3	3	1	3	30
FB4	3	1	1	22
FB5	1	1	3	20
FB6	1	3	9	50
FB7	9	9	3	84
FB8	1	1	1	12
FB9	1	1	3	20
FB10	9	9	3	84
FB11	3	3	3	36

由表4-5可知，FB7、FB10和FB6与当前关注性能的相关度较高，应作为能量流分析的重点；同时，FB1和FB2与关注性能没有相关性，故可将这两个子功能从功能链当中解除，修正后的关注性能约束下的电冰箱功能链如图4-21所示。图4-21采用功能基的方式表达功能链，对于不熟悉电冰箱结构的读者比较难以理

解。为了便于理解，本书将图 4-21 所示的功能链与实际电冰箱的零部件相对应，给出图 4-22 所示的能量在各零部件中转化、转移的情况以供参考。应该指出的是，图 4-22 中的零部件并不能和图 4-21 所示的功能链直接对应，因为一个零部件可能承担多个功能，例如图 4-21 的 FB3 和 FB4 就是用图 4-22 中的零件“箱体”来承担的，这也是在能量流元划分时会将一些功能元合并的原因之一。

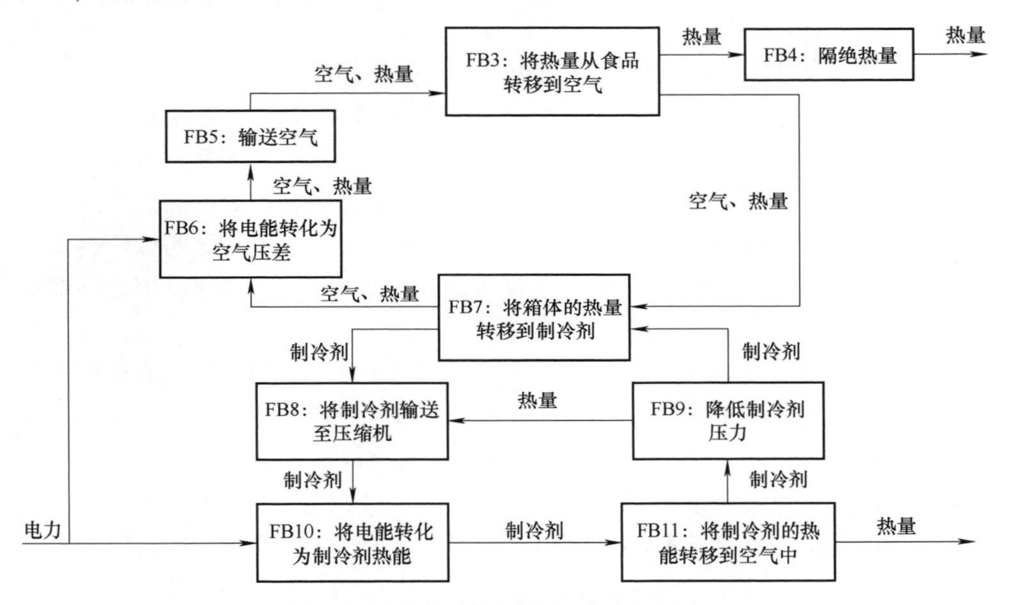

图 4-21　关注性能约束下的电冰箱功能链

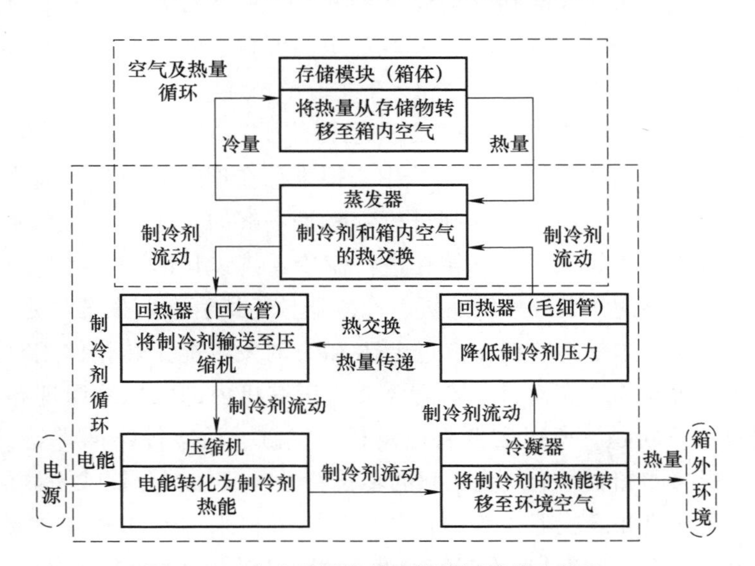

图 4-22　电冰箱零部件中的能量转化和转移

4.2.2 能量流元的划分

能量流元是利用能量流模型分析性能实现过程中零部件与能量之间关系的基础，因此划分 EFE 是建立能量流模型的关键步骤之一。总体上讲，EFE 的划分是将 4.2.1 节中建立的功能链中的子功能转化为具体的零部件结构，并建立其设计变量、接口等特征。但是，EFE 的划分还应结合设计对象的特征和设计目标的要求，使之能够完全反映性能实现过程中零部件的能量作用及其与性能相关的能量作用。因此在能量流元划分时可能存在将某些子功能合并为一个 EFE；也可能因功能分析所获得的功能模块粒度较大，而将其拆分为多个 EFE 的情况。拆分 EFE 的方法就是回到 4.2.1 节，重新进行更细致的功能分解。合并 EFE 则需要考虑子功能之间是否具有较强的能量关联性。为了明确这种关联性，本书将 Stone 提出的基于流的功能模块划分准则改造为判断子功能之间能量关联性的两条准则：

1）串联准则：同一种形式的能量在经过多个子功能且没有产生其他形式的能量时，可将这些子功能合并成一个 EFE。该 EFE 的能量流动特性是这些子功能对能量作用的总和，例如多个串联的电阻、电容或电感可采用一个总的阻抗来表示，或者是两级变速器，可将其合并为一个 EFE，其传动比是两级传动比的乘积，能量损耗是两级能量损耗之和。

2）并联准则：同一种形式的能量在某个节点分两条路径向后流动，则这两条路径的能量流按照并联准则分别成为 EFE。这两个 EFE 的输入能量之和等于产生分支的 EFE 的输出能量。例如并联的电路元件，每一条支路的电子元件可构成一个 EFE，不同支路的电流之和等于主路的电流。

EFE 划分的流准则给出了 EFE 划分中评价子功能之间相关性的一种手段，但是在实际耗能机电产品的 EFE 划分中，很难存在理想的串联形式或并联形式的能量传递关系，单纯使用流准则进行判断是不够的，还需结合具体设计问题的对象进行分析。例如家用电冰箱在进行制冷系统设计时，可将制冷剂流动过程中发生能量转化的几大部件压缩机、冷凝器、毛细管和蒸发器均定义为 EFE，因为设计对象关注的是制冷剂在流过上述 EFE 时发生能量转化作用时涉及的能量；而对压缩机设计厂商而言，则需要关注压缩机内部的压缩原理和电力转化为机械能的效率问题，所以需要将电动机、气缸、活塞等零部件定义为 EFE，考虑电能、机械能和制冷剂热能之间的转化特性。又如，分体式空调的设计中，可采用包含压缩机和冷凝器等零部件的标准室外机来与不同的包含蒸发器和毛细管的室内机相匹配，以适应不同的需求，此时可将整个室外机定义为一个 EFE，研究制冷剂流入流出室外机的特性，从而与蒸发器和毛细管进行匹配设计。

下面以图 4-21 所示的电冰箱功能链为例，进行能量流元合并准则的应用。利用流准则对子功能之间的关系进行分析，在图 4-21 中，FB3 和 FB4 之间存在着热量传递，形成串联关系，所以将 FB3 和 FB4 合并为一个 EFE；FB5 和 FB6 之间通过空气和热量串联，满足串联规则；FB7 ~ FB11 之间通过制冷剂串联，满足串联规则。根据设计对象的类型考虑，实现 FB5 的零部件（风道）和实现 FB6 的零部件（风扇）在结构上具有装配关系，而且两者都以空气为媒介，在分析能量作用时可采用统一的 CFD 流场分析手段，因此将 FB5 和 FB6 合并为一个 EFE。假设本案例的设计任务是考虑在固定的制冷系统下，空气循环系统对制冷特性的影响，那么就可以将 FB7 ~ FB11 合并为一个 EFE，只研究其在电力、风道和环境的接口特性下的能量作用特性。于是，就可以判断并建立如图 4-23 所示的根据流准则和设计目标所确定的子功能之间相关性。

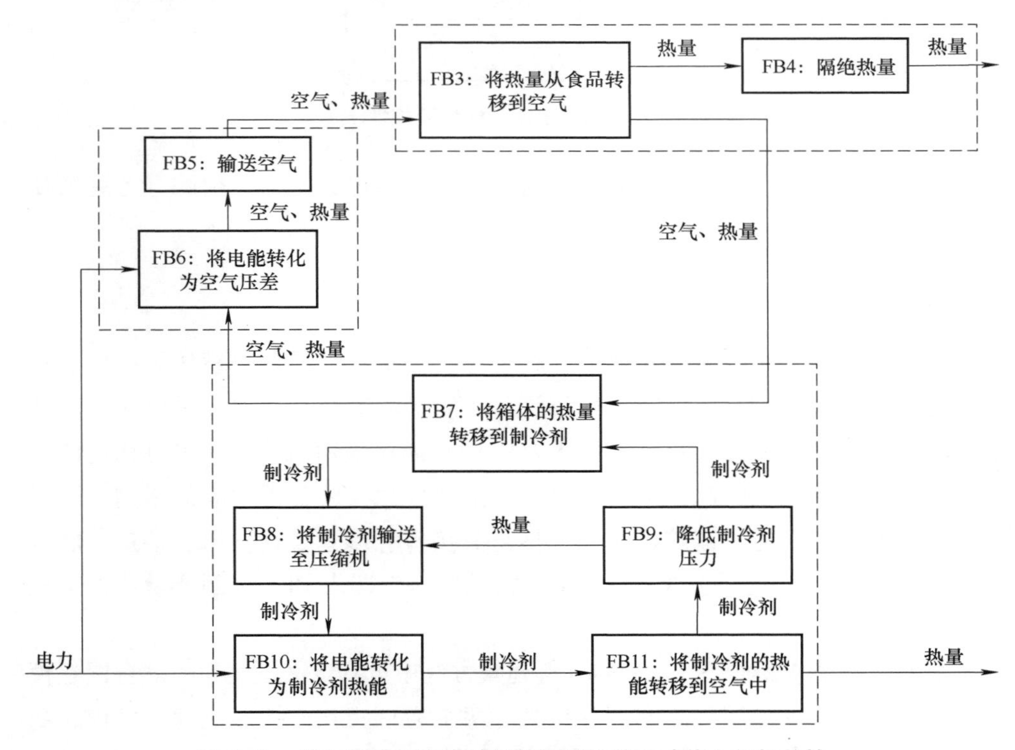

图 4-23　根据流准则和设计目标所确定的子功能之间相关性

根据图 4-23 的分析结果，便可建立各个 EFE 的功能、设计变量、特征能量、能量变化量及接口等特征。根据功能实现的能量因果关系，在 EFE 的接口处建立这些 EFE 之间的能量传递关系，形成由制冷系统、空气循环系统和箱体三个能量流元组成的电冰箱能量流模型，如图 4-24 所示。

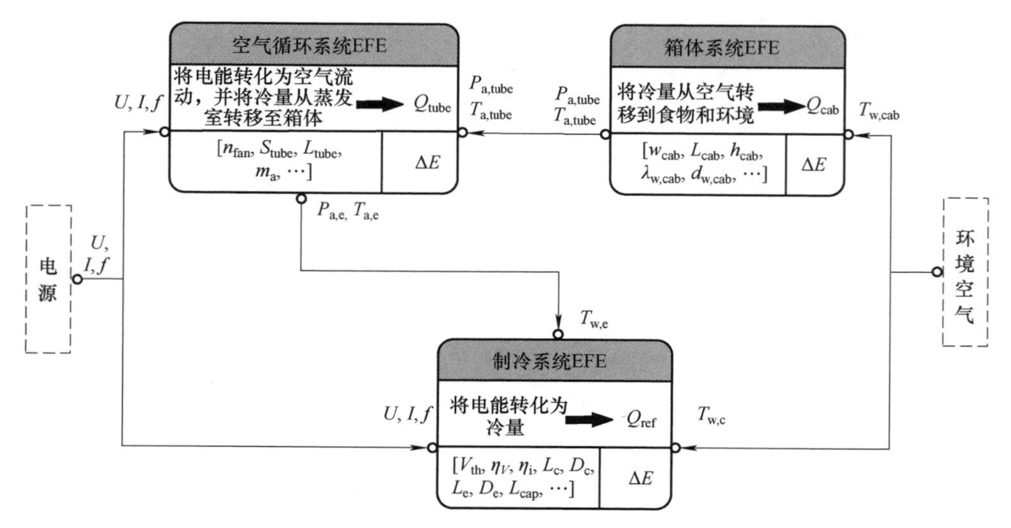

图 4-24　电冰箱能量流模型

由此可见，能量流元的划分，无论是合并还是拆分，都必须综合考虑所研究产品或系统的功能、性能，以及各子功能之间的能量相关性。

4.2.3　接口与接口参数

接口（图 4-2 中标注 q 的圆圈）顾名思义是机电产品各个模块组件的连接处，是能量流元（EFE）之间物质、信息和能量流动的交界处。接口与实际功能部件的功能接口相似且对应，可认为是 EFE 的输入输出端口，也可描述能量的转换、转移关系。因此，接口的定义根据划分对象及分析对象的不同，可以用几何物理接口、能量流接口或控制信息流接口等形式表达。通过接口，能量会在 EFE 间相互传递，形成系统的能量流动状态，即为 EFE 之间能量流的形成条件之一。

接口的概念在键合图、Modelica 等建模方法中也有定义。例如，键合图建模方法定义通口表示键图元之间的连接处。两个通口相互连接形成键，可传递功率或信号信息。Modelica 建模语言定义连接器表示模型部件的端口，在零部件模型之间建立如电流、电压、力等物理量的等式关系，以“等值”或“和零”形式的方程表示通过连接器相连的两个模型能通过某物理量相连。接口的概念被广泛运用于系统分析领域中，且各有特色。

在能量流模型中，能量流接口是一组方向矢量，能量的流动具有方向性，可通过接口矢量得出系统的能量流动状态，从而在系统的物理模型上丰富了系统运行的逻辑性，为模型各参数之间的相关性分析提供了条件。此外，通过接口可计算与能量流相关的状态参数，也可通过模型接口的状态参数计算值与实测值进行比较验证，实现模型准确性及有效性的验证。

相互关联的能量流元（EFE）构成一个产品或系统的能量流模型，能量流元之间通过接口形成能量传递，更改能量流模型中的任意一个 EFE，其间的能量变化都会反映到整个能量传递路径中的其他 EFE 上，最终改变整个系统的能量流动状态，能量流元之间的这种关系称为能量流动约束关系。能量流动约束关系是对组成产品或系统的能量流元之间能量传递关系的表达，同时也是能量流元之间性能匹配性的约束条件。

在能量流模型中，能量的转换、转移可用 EFE 间接口处的单个或多个有向线段表示，线段的方向代表物质、信息或能量的流向，两端分别连接 EFE 的接口，代表源 EFE 到目标 EFE 能量传递的因果关系，也反映了系统的运行关系及因果关系。

以电冰箱为例，其压缩机和冷凝器分别为独立的功能模块并且各自以 EFE 模型表示，则两个 EFE 之间存在着制冷剂的流动以及制冷剂携带的内能引起的能量传递，如图 4-25 所示。能量传递是在管路接口处进行的，因此，压缩机输出端的制冷剂温度、流量和压力与冷凝器的输入端制冷剂参数相等。同时，有向线段在物质流方面表示了制冷剂的流动方向，在结构方面也表示了压缩机和冷凝器的管路连接。因此，可认为接口与有向线段的配合能够在多个 EFE 之间表示不同类型的流信息。

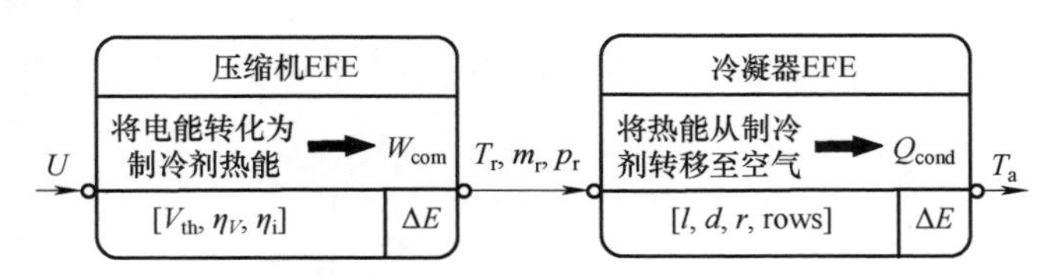

图 4-25　电冰箱压缩机和冷凝器之间的能量传递

能量流元之间传递能量的大小与接口状态参数紧密相关，其定量计算可以参考式（4-1），即取决于键合图理论所说的广义势变量以及广义流变量，而这两类变量数值可通过 EFE 的接口状态参数得出。

4.2.4　特征能量计算

划分 EFE 并确定各 EFE 间的接口后，便可计算各个 EFE 的特征能量作为评价性能实现程度的依据。由 4.1.3 节对特征能量的定义可知，各个 EFE 的特征能量组成的矢量 $\boldsymbol{E}_c$ 是所有 EFE 的设计变量组成的矢量 $\boldsymbol{v}$ 和 t 时刻所有接口状态参数 $q(t)$ 的函数，即有

$$\boldsymbol{E}_c(t)=\begin{bmatrix}E_{c1}(t)\\E_{c2}(t)\\\vdots\\E_{cn}(t)\end{bmatrix}=\boldsymbol{\Phi}\left(\begin{bmatrix}v_1\\v_2\\\vdots\\v_n\end{bmatrix},\ q(t)\right)=\begin{bmatrix}\varphi_1(v_1,\ q(t))\\\varphi_2(v_2,\ q(t))\\\vdots\\\varphi_n(v_n,\ q(t))\end{bmatrix} \tag{4-9}$$

式中，$\boldsymbol{E}_c(t)=[E_{c1}(t),E_{c2}(t),\cdots,E_{cn}(t)]'$为 t 时刻各个 EFE 的特征能量组成的矢量；$\boldsymbol{v}=(v_1,v_2,\cdots,v_n)'$为所有 EFE 的设计变量；$q(t)$为 t 时刻的接口状态参数值；$\boldsymbol{\Phi}=(\varphi_1,\varphi_2,\cdots,\varphi_n)$为各个 EFE 的能量特性方程。

由式（4-9）可看出，求解 EFE 特征能量需要 $\boldsymbol{v}$ 和 $q(t)$。对于设计问题而言，$\boldsymbol{v}$ 是设计过程中需要确定的参数，与接口状态参数 $q(t)$共同确定特征能量。

对于由 EFE 构成的产品或系统，$q(t)$反映了产品或系统在某一时刻的运行状态，$q(t)$由 $\boldsymbol{v}$ 和接口状态参数的初值 q_0 决定，其中 q_0 是能量流模型中各个接口状态参数的初值，包括 EFE 之间接口状态参数的初始条件和环境状态参数的边界条件。对于确定系统，$q(t)$可由 $\boldsymbol{v}$ 和 q_0 根据系统特性获得，如式（4-10）所示：

$$q(t)=F(\boldsymbol{v},\ q_0) \tag{4-10}$$

式中，F 为由系统物理特性决定的映射关系。

不过，式（4-10）所示的接口状态参数 $q(t)$并不是都能用函数关系表达的，因此，$q(t)$的获取可参考图 4-26 所示的方法，即对于可采用物理特性函数描述的系统，采用基于解析公式或有限元法的数值计算方法求解；对难以建立函数关系的系统，可采用试验测量或回归近似的方法求解；或者将上述两种方法结合使用。

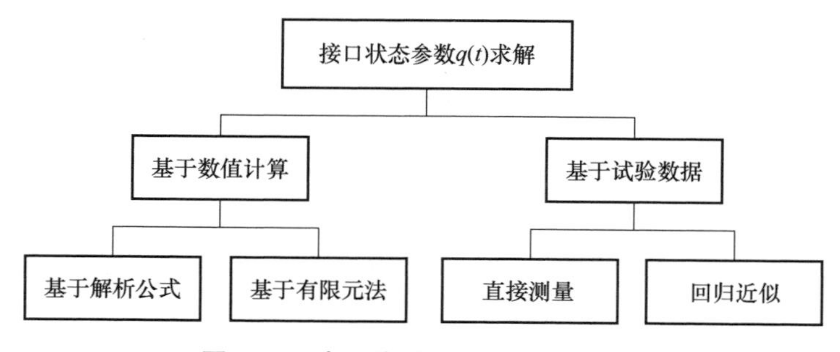

图 4-26　产品能量流模型的求解方法

因此，在设计变量 $\boldsymbol{v}$ 及接口状态参数初值 q_0 确定的条件下，可由式（4-9）和式（4-10）得出每个 EFE 的特征能量。以图 4-24 所示的由制冷系统、箱体和空气循环系统三个能量流元所组成的电冰箱能量流模型为例，其能量流元特征能量计算分别如下：

1）制冷系统 EFE，其特征能量是将电能转化为热能（实际上为冷量）的能量，即蒸发器的吸热量，可采用蒸发器壁面和蒸发室内空气的换热关系来计算，如式（4-11）所示：

$$E_{c,ref} = U_{o,e}A_{o,e}(\overline{T}_{a,e} - T_{w,e}) \tag{4-11}$$

式中，$E_{c,ref}$ 为制冷系统 EFE 的特征能量；$U_{o,e}$ 为蒸发器与蒸发室空气换热的传热系数；$A_{o,e}$ 为蒸发器与蒸发室空气换热的换热面积；$\overline{T}_{a,e}$ 为蒸发室空气的平均温度；$T_{w,e}$ 为蒸发器壁面温度。

2）箱体 EFE，其特征能量是食品被带走的热量，由于食品本身的比热容较难确定，所以采用冷空气接收的热量进行计算，即等于流过箱体 EFE 的冷空气热能的增加与环境向箱体传递的热量之差，如式（4-12）所示：

$$E_{c,cab} = m_a c_{pa}(T_{aout,cab} - T_{ain,cab}) - U_{w,cab}A_{w,cab}(T_{a,env} - T_{a,cab}) \tag{4-12}$$

式中，$E_{c,cab}$ 为箱体 EFE 的特征能量；m_a 为箱体内空气的质量流量；c_{pa} 为箱体内空气的比热容。

3）空气循环系统 EFE，其特征能量计算情况较为复杂，因为同时存在能量转换和能量转移作用，所以要分别计算其能量作用的特征能量。其中，对于将电能转化为空气流动的功能，其特征能量为电能转化为流体的动能，该能量可用风扇转动时空气流动的能量来表达，如式（4-13）所示：

$$E_{c,tube1} = \Delta pQ \tag{4-13}$$

式中，$\Delta p = p_{a,out} - p_{a,in}$ 为风扇出口及入口的压差；$Q = m_a/\rho_a$ 为空气的体积流量，m_a 和 ρ_a 分别为箱体内空气的质量流量和密度。式（4-13）评价的是电能转化成流动能量的特性。

对于将冷量从蒸发室转移到箱体的功能，其特征能量是评价转移过程中由于能量耗散引起的空气入口及出口的能量变化量，即有

$$E_{c,tube2} = \Delta pQ_{c,tube2} = E_{loss} = m_a c_{pa}(T_{aout,tube} - T_{ain,tube}) \tag{4-14}$$

式中，$Q_{c,tube2}$ 为蒸发室空气的体积流量；$T_{aout,tube}$ 和 $T_{ain,tube}$ 分别为蒸发室出口和入口的空气温度。

根据对能量流模型的特征能量分析，可初步判断，制冷系统所产生的冷量越大，箱体的隔热性能越好、风扇转化成的流量越大以及空气在风道中流动时的冷量损失越小，则制冷的效果越好，制冷速率越快。

为了定量计算上述的特征能量，首先定义能量流模型的接口状态参数初值 q_0，包括电网电压、频率，环境温度和初始时刻的箱体内温度、蒸发室空气温度、蒸发器壁面温度等状态参数值。当确定各个 EFE 的设计变量后，对箱体 EFE 和制冷系统 EFE 可采用一维传热的数值计算方法；对空气循环 EFE，可采用基于 CFD 的有限元计算。将三个 EFE 的运行状态关系进行迭代，即可求出在稳态下的各个接口状态参数值 $q(t\rightarrow\infty)$。根据设计变量以及稳态下的接口状态参数值，即可通过式（4-11）~式（4-14）计算出各个 EFE 的特征能量。

例如，某电冰箱进行制冷系统与空气循环系统匹配测试时，各个 EFE 的设计变量取值见表 4-6。接口状态参数初值则主要为各个换热环节的换热边界条件，例如箱体 EFE 与环境空气通过隔热层的热导率 $U_{w,cab}$ [本例取 0.02 W/(m·℃)]、空气与蒸发器壁面的表面传热系数 $U_{o,e}$ [本例取 80 W/ (m^2·℃)]、环境温度 $T_{a,env}$（本例取 25℃）等。

表 4-6 电冰箱能量流模型的设计变量取值

EFE	设计变量	值
箱体 EFE	内部宽度/mm	475
	内部深度/mm	500
	内部高度/mm	622
	左/右侧隔热层厚度/mm	55
	顶部隔热层厚度/mm	58
	背部隔热层厚度/mm	42
制冷系统 EFE	压缩机理论容积输气量 /cm^3	9.05
	冷凝器长度/m	14
	蒸发器长度/m	12
	蒸发器内径/mm	6
	毛细管长度/m	2.7
空气循环 EFE	风量/ (kg/s)	0.02

根据制冷系统 EFE 及箱体 EFE 的设计变量取值，由特性仿真计算达到稳态时的箱内温度（即蒸发室入口空气温度）$T_{ain,e}=-30.14$℃ 和蒸发器壁面温度 $T_{w,e}=-36.33$℃。因此，可通过联立式（4-12），计算平均温度 $\overline{T}_{a,e}=(T_{ain,e}+T_{aout,e})/2$，以及 $U_{o,e}A_{o,e}(\overline{T}_{a,e}-T_{w,e})=m_a c_{pa}(T_{ain,e}-T_{aout,e})$，求出蒸发室出口空气温度 $T_{aout,e}=-33.98$℃，因此根据式（4-11）有 $E_{c,ref}=80\times\pi\times6\times10^{-3}\times12\times[(-30.14$

$-33.98)/2+36.33]$ W $=77.26$W。

空气循环 EFE 的设计变量为其形状、结构参数和风量，通过 CFD 方法建立其有限元模型如图 4-27 所示。

首先可根据 $E_{c,ref}$ 求出从蒸发器流出的空气温度 $T_{aout,e}=-33.74$℃，该温度即为空气循环 EFE 的入口温度 $T_{ain,tube}$。将风量 m_a 和 $T_{ain,tube}$ 作为有限元计算的输入条件，可计算出流出空气循环 EFE 的空气温度 $T_{aout,tube}=-33.68$℃，进一步可由有限元计算结合式（4-13）计算出空气循环 EFE 的特征能量 $E_{c,tube1}=3.1$ W；根据式（4-14）计算出空气循环 EFE 的特征能量 $E_{c,tube2}=0.02\times1.005\times10^3\times(-33.68+33.74)$ W $=1.21$W。

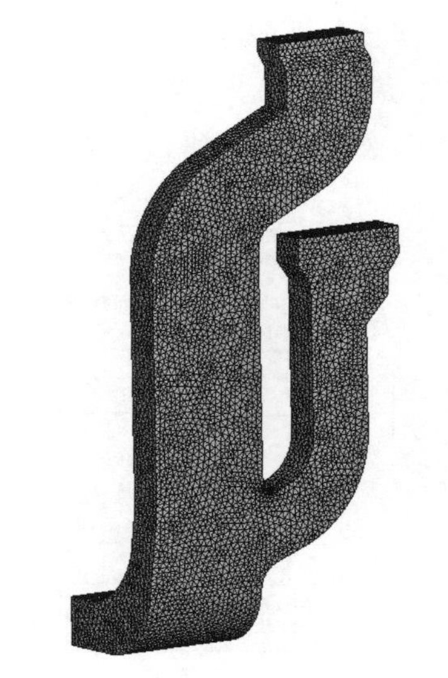

图 4-27　空气循环 EFE 的有限元模型

最后，根据箱体 EFE 的流入空气温度 $T_{ain,cab}=T_{aout,tube}=-33.68$℃，由箱体尺寸计算出箱内各个面与空气的换热面积，由式（4-12）计算出箱体 EFE 的特征能量 $E_{c,cab}=19.05$W。

本节提出了以能量流元（EFE）为核心的能量流表达方式和建模流程，定义了能量流元的功能、特征能量、设计变量、能量变化量和接口等要素，可用于描述零部件在功能实现中的能量作用特征。在能量流元模型的基础上，通过能量守恒规律导出了能量流元的特征能量，可用于评价能量流元的能量作用与其性能实现之间的关系。

4.3　电冰箱能量流模型构建与验证

由于前面主要是以电冰箱为例讨论能量流模型的建立方法，因此本节以一个较为详细的电冰箱能量流模型为例，进行模型的仿真和验证。

4.3.1　能量流模型稳态仿真建模

本案例重点关注与能效相关的性能指标：耗电量、开机率。根据 4.2 节的能量流模型构建流程，可建立如图 4-28 所示的能效约束下的电冰箱能量流模型。由于制冷系统的压缩机、蒸发器、冷凝器和回热器等组件都是影响能效的关键零部件，因此，将其分别定义为能量流元。而风道与风扇无论从结构，还是从物理场的角度看都是强耦合关系，因此，将其合并为空气循环系统 EFE。箱体作为存储食品的空间，也是与物品热量交换的空间，故将其独立定义为一个 EFE。最终形成了包括压缩机、蒸发器、冷凝器、回热器、空气循环系统和箱体六个能量流元的电冰箱能量流模型。

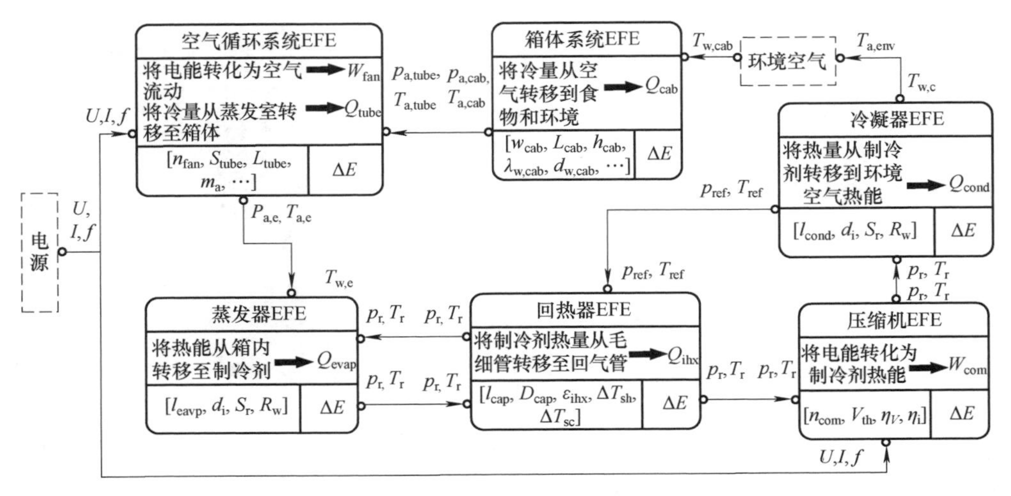

图 4-28　能效约束下的电冰箱能量流模型（图中符号含义见文中相关公式）

4.3.2　能量流元及其能量特性方程

为了系统仿真电冰箱稳态运行状态，需要对图 4-28 所示模型中的能量流元构建能量特性方程。

1. 压缩机 EFE 模型及其能量特性方程

压缩机 EFE 模型在 4.1 节做过简单介绍，此处对压缩机 EFE 模型给予进一步阐述。

电冰箱压缩机主要功能是将电能转化为机械能做功，对入口处的制冷剂进行压缩相变，使制冷剂出口比焓增加。因此电冰箱压缩机的特征能量 E_c 为压缩机做功 W_{com}。W_{com} 的大小不仅能体现压缩机的工作性能，也会直接影响电冰箱整机的性能表现，可以认为 W_{com} 这一特征能量也能用于电冰箱整机的性能分析，例如日耗电量。根据压缩机工作原理，其能量特性方程可用式（4-15）表示：

$$W_{com} = m_r(h_2 - h_1)/\eta_i + E_{loss} \tag{4-15}$$

式中，m_r 为制冷剂质量流量；h_2 和 h_1 分别为制冷剂经压缩机出口及入口处的比焓；η_i 为压缩机等熵效率；E_{loss} 为压缩机摩擦损耗及转速变化引起的热量和噪声等能量损失。由式（4-15）可以看出，能量特性方程中包含了接口状态参数，即出入口制冷剂比焓，包含了设计变量，即压缩机工作效率，也包含了能量损耗。当然，压缩机的设计变量不仅只有效率，还有转速、理论输气量以及变频压缩机中控制转速的频率等。特征能量可以从不同的角度进行表达，压缩机EFE的特征能量也可以从活塞压缩气体的物理效应来表达，即前面式（4-6）所示的形式。综合考虑虑压缩机的工作原理、设计参数和接口参数，可将压缩机的能量特性方程由式（4-6）和式（4-15）丰富为式（4-16）的方程组形式：

$$\begin{cases} W_{com} = m_r(h_2 - h_1)\eta_i + E_{loss} \\ h_2 = h_1 + (W_{com} - Q_{com})/m_r \\ m_r = \eta_V V_{th} n_{com}/v_1 \\ Q_{com} = U_{com}A_{com}(T_{r,out} - T_{a,env}) \end{cases} \tag{4-16}$$

式中，h_2，h_1 分别为压缩机出入口处的焓值；Q_{com} 为压缩机对外耗散的热量；η_V、V_{th}、n_{com}、v_1 分别为压缩机体积效率、理论输气量、转速、入口流速；U_{com} 和 A_{com} 分别为压缩机对空气散热的换热系数和换热面积；$T_{r,out}$ 为压缩机出口处制冷剂的温度；Q_{com} 为压缩机对外耗散的热量；$T_{a,env}$ 为环境温度。将各参数值代入式（4-16）即可对压缩机EFE进行参数分析。

2. 冷凝器EFE模型及其能量特性方程

电冰箱冷凝器常采用盘管式和鼠笼式的形式，属于制冷系统的换热器之一，其主要功能是完成管内制冷剂和管外空气的热交换，将热量转移至空气中，因此，其特征能量 E_c 为冷凝器对外界空气所传递的热量 Q_{cond}，其能量特性方程可由冷凝器输入输出温度或焓值变化的函数关系来表示，如式（4-17）所示。从制冷系统工作原理和式（4-17）来看，冷凝器位于压缩机和毛细管之间，与箱外环境进行热交换，因此冷凝器EFE模型接口应包含制冷剂状态信息（温度、压强、流量等）和环境信息（箱外室温）。

$$Q_{cond} = UA_i\Delta T = m_a(h_{a,out} - h_{a,in}) \tag{4-17}$$

为了支持冷凝器设计变量优化，现对冷凝器的工作原理和制冷剂热力学性质进行分析。制冷剂在冷凝器内可划分成过冷区、两相区和过热区三个温区，其温度特性如图4-29所示。分析可知，冷凝器的特征能量 Q_{cond} 可视为从空气获得换热量 Q_a，即式（4-18）所示，或从制冷剂交换转移出的热量 Q_r，即式（4-19）所示。制冷剂交换热量 Q_r 也可写成与温度和换热面积相关的函数，如式（4-20）所示。在稳态时，冷凝器两侧能量平衡，即 $Q_a = Q_r = Q_{cond}$，则可通过式（4-18）~式（4-23）计算换热量与冷凝器设计变量（如管长、管内径）之间的关系。

$$Q_a = m_a(h_{a,out} - h_{a,in}) \tag{4-18}$$

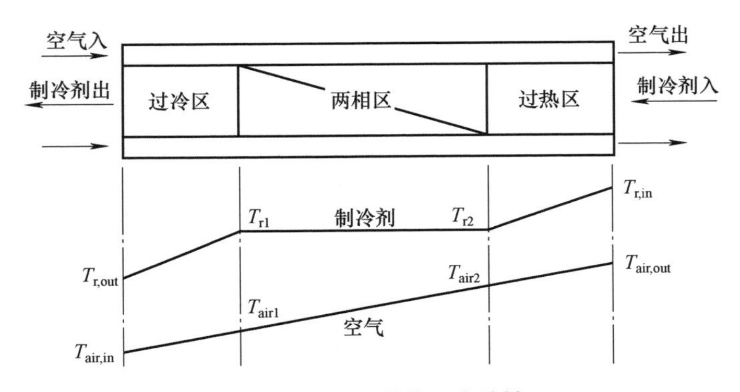

图 4-29　冷凝器的温度特性

$$Q_r = m_r(h_{r,in} - h_{r,out}) \tag{4-19}$$

$$Q_r = UA_i\Delta T = UA_i \frac{(T_{r,in} - T_{a,out}) - (T_{r,out} - T_{a,in})}{\ln \dfrac{T_{r,in} - T_{a,out}}{T_{r,out} - T_{a,in}}} \tag{4-20}$$

$$Q_{cond} = Q_a = Q_r \tag{4-21}$$

$$l_{cond} = A_i/(\pi d_{cond}) \tag{4-22}$$

$$U = \left(\frac{1}{\alpha_i} + R_w + \frac{S_r}{\alpha_0}\right)^{-1} \tag{4-23}$$

式中，比焓 h 和温度 T 的下标 a、r 分别表示空气及制冷剂，in、out 分别表示入口和出口；m_a 为空气质量流量；m_r 为制冷剂流量；U、A_i 分别为制冷剂与空气换热的换热系数与换热面积；l_{cond} 为管长；d_{cond} 为管内径；ΔT 是对数平均温差；α_i、α_0 分别为冷凝器管壁传热系数和对流传热系数；R_w 为管壁热阻；S_r 为换热面积比。

3. 蒸发器 EFE 模型及其能量特性方程

蒸发器也属于制冷系统的换热器之一，其主要功能是将热量从箱体内转移至制冷剂，其特征能量 E_c 为从箱体内转移至制冷剂的热量 Q_{evap}，因此，其能量特性方程可由蒸发器输入输出温度或焓值变化的函数关系来表示，如式（4-24）所示。从制冷系统工作原理来看，蒸发器管路位于毛细管和回气管之间，与箱内环境空气进行热交换，因此蒸发器 EFE 模型接口应包含制冷剂状态信息（温度、压强、流量等）和箱体空气温度信息。

$$Q_{evap} = UA_i\Delta T = m_r(h_{r,out} - h_{r,in}) \tag{4-24}$$

蒸发器的模型与冷凝器类似，不同的是制冷剂在蒸发器的入口状态是两相状态，因此蒸发器内只用划分成两相区和过热区两个温区，其温度特性如图 4-30

所示。蒸发器分析模型的建立与冷凝器类似，使用式（4-18）~式（4-23）对两个温区分别建模，就能得出整个蒸发器的换热模型。

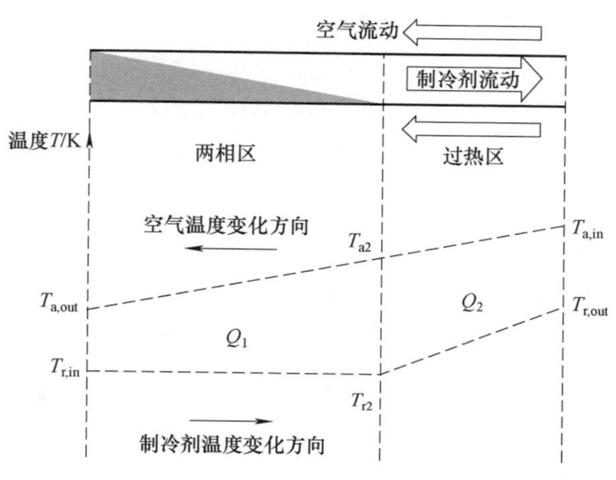

图 4-30 蒸发器的温度特性

4. 回热器 EFE 模型及其能量特性方程

回热器由毛细管和回气管相互捆绑组成，其主要功能是将制冷剂热量从毛细管转移至回气管。当制冷剂流经毛细管时，热量就会传递至回气管中回流的制冷剂，达到逆流换热效果，最后分别流入蒸发器和压缩机。同时，毛细管也有节流功能，可提供压降，让制冷剂能以低温状态进入蒸发器，是制冷系统中的节流元件。回热管的特征能量 E_c 就是传递的热量 Q_{IHX}，回热器处于稳态时，毛细管与回气管的热量交换相等，其能量特性方程如式（4-25）所示：

$$Q_{IHX}=m_r(h_{SL,out}-h_{SL,in})=m_r(h_{cap,in}-h_{cap,out}) \tag{4-25}$$

式中，下标 SL 代表回气管，cap 代表毛细管。

回热器传递的热量 Q_{IHX} 与其四个端口（毛细管及回气管的进出口）间的换热平衡及热力学关系相关。其中，回气管的出口温度 T_1 可由式（4-26）求得。用回气管入口温度 T_5（蒸发器出口温度相关）、毛细管入口温度 T_3（冷凝器出口温度相关）以及 T_1 可求出焓 h_5、h_3 及 h_1，而毛细管出口端的焓 h_4 可由式（4-27）所示的回热器焓的平衡来求得。

$$T_1=T_5+\varepsilon_{IHX}(T_3-T_5) \tag{4-26}$$

$$h_4=h_3+h_5-h_1 \tag{4-27}$$

式中，ε_{IHX} 是回热器的换热效率，可以通过试验测得；毛细管中的制冷剂量较少一般忽略不计。根据系统出入口关系，回气管入口温度 T_5 为蒸发器的出口温度，且与蒸发器的蒸发温度 T_{evap} 及蒸发器过热度 ΔT_{sh} 有式（4-28）所示关系，同理，毛细管入口温度 T_3 为冷凝器出口温度，且与冷凝器的冷凝温度 T_{cond} 及冷凝器过冷度 ΔT_{sc} 有式（4-29）所示关系。

$$T_5 = T_{evap} + \Delta T_{sh} \tag{4-28}$$

$$T_3 = T_{cond} + \Delta T_{sc} \tag{4-29}$$

对电冰箱进行制冷系统设计时，可将回热器看作使流经的制冷剂产生焓变化的管路，因此在能量流分析方面关注的是其热量变化，即焓变化，其能量特性方程可由式（4-26）~式（4-29）组成。

ΔT_{sc} 和 ΔT_{sh} 可由式（4-30）、式（4-31）所示的半经验公式以及表 4-7 所示参数来确定。由于 ΔT_{sc} 和 ΔT_{sh} 在系统运行过程中易于检测，因此有利于实时修正模型的参数，获得较为可靠的仿真精度并避免大量的运算，也有助于模型建立初期某些经验系数的标定。一般企业对电冰箱进行设计时会依据经验把 ΔT_{sc} 和 ΔT_{sh} 控制在 1~4℃的范围内。

表 4-7　π 关系式无量纲参数说明

参数	π_A	π_B	π_C	π_D	π_E	π_F	π_G	π_H
定义	$\frac{L_{ct}}{d}$	$\frac{L_{hx}}{d}$	$\frac{p_c d^2}{\mu_1^2 v_1}$	$\frac{p_e d^2}{\mu_1^2 v_1}$	$\frac{c_{p,1}\Delta T_{sc} d^2}{\mu_1^2 v_1^2}$	$\frac{c_{p,1}\Delta T_{sh} d^2}{\mu_1^2 v_1^2}$	$\frac{W'}{d}$	$1-\frac{\mu_v}{\mu_1}$
影响项	结构	结构	入口压力	入口压力	入口状态	入口状态	流量	黏度

过冷状态下：

$$\pi_G = 0.07602\pi_A^{-0.4583}\pi_B^{0.07751}\pi_C^{0.7342}\pi_D^{-0.1204}\pi_E^{0.03774}\pi_F^{-0.04085}\pi_H^{0.1768} \tag{4-30}$$

饱和状态下：

$$\pi_G = 0.01960\pi_A^{-0.3127}\pi_C^{1.059}\pi_D^{-0.3662}\pi_E^{4.759}\pi_F^{-0.04965} \tag{4-31}$$

在回热器的结构设计方面，一般会已知 ΔT_{sc} 和 ΔT_{sh} 的值，并选用标准化尺寸的毛细管内径，通过系统匹配得出的状态参数计算得出毛细管长度（与回气管成对）。毛细管长度相对其他系统部件来说，对生产的影响最小，故也常被作为系统性能调节的设计变量。毛细管的长度主要由式（4-32）所示方程组求得。

$$\begin{cases} L_{cap} = L_{SC} + L_{TP} \\ L_{SC} = \dfrac{2D_{cap}\Delta p_{SC}}{G^2 f_{SC} v_{SC}} \\ L_{TP} = \sum \left[\dfrac{2D_{cap}}{G^2 f_m v_m}(\Delta p_{TP} - G^2 \Delta v_{TP}) \right] \end{cases} \tag{4-32}$$

式中，L_{SC} 为过冷区长度；L_{TP} 为两相区长度；D_{cap} 为毛细管内径；G 为质流密度；Δp 为制冷剂压差；v 为比体积；f 为沿程摩阻系数。

5. 空气循环系统 EFE 模型及其能量特性方程

空气循环系统主要包括风扇、风门和风道，其功能是将蒸发器间室产生的冷风输送分配到电冰箱各个有不同储藏温度要求的间室。

风扇提供空气压差，为风量的输送提供动力，家用电冰箱的风扇一般配置于蒸发器间室，协助蒸发器制冷换热，并实现低温空气循环流动的功能。部分管路较长或较复杂的多间室电冰箱也会在风道中配置风扇，起到风量引导作用。风门的功能是协助控制系统完成各箱体间室风量分配，实现间室空气温度控制。风门自身能量消耗小，其对制冷系统能量流的影响体现在风量分配比上。故风扇和风门的功能可视为将电能转化为流体的动能，其特征能量 E_c 为由电能转化为空气压差所做的功 W_{fan}，也可用风扇功率 $W_{fan,p}$ 与其效率 η_f 的乘积表示，或用因风扇做功而转换到空气的热能值 Q_{fan} 表示，或用风扇转动时气体的流动能量来表达，即如式（4-33）所示：

$$W_{fan}=W_{fan,p}\eta_f=Q_{fan}=\Delta p V_a \tag{4-33}$$

式中，$\Delta p=p_{a,out}-p_{a,in}$ 为风扇出口及入口的压差；V_a 为空气的体积流量。V_a 与 Δp 之间的关系可通过试验或供应商所提供的风扇曲线与系统阻力曲线匹配而得。

风道负责在蒸发器间室和各箱体间室之间引导和输送风量，其功能是将冷量从蒸发室转移到箱体间室内，故其特征能量 $E_{c,tube}$ 为输送到箱体间室的冷量，如式（4-34）所示。由于风道存在密封、隔热和管道风阻等问题，会有少许的能量耗散，因此输送过程中有能量耗散引起的热量损失 E_{loss}，即空气循环系统的能量变化量 ΔE。此能量的损失可由风道出入口温度差值来得出，如式（4-35）所示。

$$E_{c,tube}=m_a c_{pa} T_{aout,tube} \tag{4-34}$$

$$\Delta E=E_{loss}=m_a c_{pa}(T_{aout,tube}-T_{ain,tube}) \tag{4-35}$$

式中，m_a 为空气质量流量；c_{pa} 为空气热对流系数；$T_{aout,tube}$、$T_{ain,tube}$ 分别为风道出口、入口温度。空气质量流量 m_a 与体积流量 V_a 之间的关系如式（4-36）所示：

$$m_a=V_a\rho_a \tag{4-36}$$

式中，ρ_a 为空气密度。

基于式（4-33）~式（4-36）即可建立风量与风扇功率之间的关系。蒸发器也涉及空气质量流量 m_a，故由此也可在电冰箱设计阶段未经实际空气流量计探测风道风量前，由已知的风扇功率来推算风量，作为蒸发器性能设计的设计变量之一。

对于风道，因其结构各有不同，其空气流动分析多采用的是计算流体动力学（CFD）方法和有限元分析方法，以获得更详细的风道空气能量流动、分布及损失情况，也能进一步分析箱体内部空气流动状态及温度均匀性。如4.2.4节的图4-27所示，利用CFD，求出了该空气循环EFE在给定风量、入口温度以及换热边界条件下的出口空气温度、风扇功耗以及冷空气吸收热量（冷量损失）。这一方面的研究属于独立课题，在本书不做展开。

6. 箱体EFE模型及其能量特性方程

箱体属于电冰箱的存储模块，在制冷系统性能分析时可将其视为热负载，即制冷的目标热源。箱体的功能是通过热交换使存放物品温度 T_{item} 达到箱体内设定的空气温度，实现食物降温保鲜。因此其 E_c 为箱内物品与箱内空气间的换热量 Q_{cab}，即制冷系统的负载热量（热负荷），其能量特性方程根据功能描述可用式（4-37）表示。由于存放物随机性高，参数信息难以确定，为了支持箱体优化设计，其能量特性方程也可用箱体与外界的热交换关系表达，如式（4-38）所示，即箱体的热负载为其所含的 n 个间室热负载之和，且 $n \geqslant 1$。

$$Q_{cab} = U_{item} A_{item} (T_{item} - \overline{T}_{cab}) \tag{4-37}$$

$$Q_{cab} = \sum_{i=1}^{n} UA_{fi} (T_a - T_{fi}) \tag{4-38}$$

式中，U_{item} 和 A_{item} 分别为物品热交换时换热系数与换热面积；$\overline{T}_{cab}$ 为箱内平均温度；UA_{fi} 为间室与外界热交换时换热系数与换热面积的乘积；T_a 和 T_{fi} 分别为环境空气温度和间室平均温度。

箱体EFE特征能量 E_c 是箱内物品与箱内空气间的换热量 Q_{cab}，排除存放物品的影响，还受箱体间室的形状、个数和安装形式影响。分析箱体的能量传递界面，其类型有内部热传导面、门、对外耗散面三种，其中内部热传导面的传热量发生在箱体内部，可以用两间室间隔热层热阻的形式表示，影响两间室的空气温度；门可进一步细分为门体与箱体内腔接触的面以及门封条（图4-31）的环形能量传递界面，前者可视为一个对外热耗散的面，而门体与箱体接触位置之间存在的门封条，可近似为一个具有一定宽度及深度的矩形环，内侧与箱内空气接触，外侧则是环境空气，其环形面积也为存在热耗散的面。因此，对于一个没有放置物品的电冰箱箱体来说，其箱体EFE的特征能量应为箱体总热耗散量 $Q_{cab,empty}$。在电冰箱处于稳定运行状态时，箱体内空气温度也达到平衡，此时可认为箱体热负载等于蒸发器产生的制冷量减去空气循环系统引起的冷量损失。热耗散量可以表示为式（4-39）所示的通式。按照设计对箱体间室有效容积的定义$V_{cab}=l_{cab}w_{cab}h_{cab}$，以及隔热层的厚度，可推出每个箱体间室的热耗散量$Q_{cab,empty}$与其设计参量的关系，如式（4-40）所示。

图 4-31　电冰箱门封条

$$Q=\Delta T\lambda\frac{S}{d} \tag{4-39}$$

式中，Q为热耗散量；ΔT为温差；S为换热面积；d为隔热层厚度。

$$Q_{cab,empty}=(T_a-T_{cab})\left[\lambda_w\left(\frac{2l_{cab}h_{cab}}{d_{side}}+\frac{l_{cab}w_{cab}}{d_{top}}+\frac{h_{cab}w_{cab}}{d_{back}}+\frac{h_{cab}w_{cab}}{d_{btm}}\right)+\lambda_d\frac{h_{cab}w_{cab}}{d_d}+\lambda_{slip}\frac{g_{slip}w_{slip}}{d_{slip}}\right] \tag{4-40}$$

式中，λ_w和λ_d分别为箱体和门体使用的聚氨酯发泡材料的热导率；λ_{slip}为门封条所使用材料的热导率；g_{slip}、w_{slip}和d_{slip}分别为门封条的周长、宽度和厚度；l_{cab}、w_{cab}和h_{cab}为各内壁面的深度、宽度和高度；T_{cab}为该间室内空气温度；d_{top}、d_{btm}、d_{back}、d_{side}和d_d分别为箱体上部、底部、后部、侧面和门体的隔热层厚度。

对于多个间室电冰箱，各间室之间存在风量分配，间室之间也存在间层热阻。以含冷藏室和冷冻室的两间室电冰箱为例，设两个间室的风量分配比为r、两个间室之间的间层热阻为R_m^{-1}，则式（4-39）可变形为式（4-41）所示的方程组。

$$\begin{cases}r(Q_{evap}-E_{fan})=UA_{fz}(T_a-T_{fz})+R_m^{-1}(T_{ff}-T_f)\\(1-r)(Q_{evap}-E_{fan})=UA_{ff}(T_a-T_{ff})-R_m^{-1}(T_{ff}-T_{fz})\\R_m^{-1}=[r(1-r)m_ac_{pa}+UA_m]\end{cases} \tag{4-41}$$

式中，UA_{fz}和UA_{ff}分别为冷冻室、冷藏室与外界热交换时换热系数与换热面积的乘积；T_a为电冰箱外空气温度；T_{ff}和T_{fz}分别为冷藏室空气温度和冷冻室空气温度；UA_{m} 是两间室之间热交换时换热系数与换热面积的乘积；c_{pa} 为空气热对流系数；E_{fan} 为空气循环系统损失的能量，为风扇做功引发的热能与风道的能量损耗之和，$E_{fan}=Q_{fan}+E_{loss}$。

通过式（4-41）的分析计算，可以在已计算出制冷系统制冷量 Q_{evap} 的情况下将 T_{fz} 和 T_{ff} 作为设计目标，计算控制系统应设定的风量分配比 r；也可将风量分配比 r 作为可控的输入，计算不同风量分配比给各间室温度带来的变化，检测控制系统的设计是否能使间室温度达标。

箱体出风口到蒸发器间室的风道短，故可以忽略其间的温度变化，认为箱体的输出接口的空气温度就等于蒸发器的输入接口空气温度，其大小可由经匹配分析得出的一套参数得出，如式（4-42）所示：

$$T_{cab} = rT_{fz} + (1 - r)T_{ff} \tag{4-42}$$

另外，箱内空气温度如果因开关门、存放物品数量骤增或骤减等外来因素而突变，此温度变化所带来的箱体热负载变化就视为箱体 EFE 模型中的能量变化量 ΔE。这些外来热量变化会影响箱内的温度平衡，对控制系统固定的电冰箱来说，相当于需要花更长的时间才能使箱内温度再度稳定在目标水平；对能够随着箱内传感器对箱内状态变化而反馈来调整控制系统的电冰箱来说，为了尽快平衡 ΔE 所带来的影响，制冷系统的开机率、功耗等将会随控制指令而变化。不过，ΔE 对箱体甚至整个电冰箱所带来的影响属于电冰箱的温度动态平衡问题，在进行电冰箱稳态性能分析和匹配研究时可忽略。

4.3.3 仿真计算

本节在前文讨论的电冰箱能量流模型的基础上，将制冷系统和箱体的主要设计参数作为变量，建立了系统仿真流程。对能量流进行建模仿真的主要目的就是通过建模关联各个能量流元的能量特性方程，赋予模型参数运算联系。本案例通过对电冰箱系统稳定运行状态下的能量特性方程组仿真求解，可实现以性能参数为目标的设计参数求解，支撑产品设计。

在产品和系统稳定运行状态下的性能仿真分析，简称稳态仿真。稳态仿真主要通过模型运行下的数据，分析预测设计参数所表现的系统性能，也能以性能为目标进行零部件间设计参数的匹配，检验零部件间的耦合特性。从电冰箱能量流模型和能量特性方程看，其涉及的设计变量、接口参数众多，因此，为了减少设计工作量，现有的研究主要针对部分零部件进行性能匹配或只对部分状态参数进行匹配计算。要实现包含更多可控设计变量、接口参数的性能仿真，需要构建一套仿真流程。

电冰箱的仿真设计流程是在已知的运行工况（环境温度）下，在确定产品型号及其零部件组成之后，以已设计的结构参数（换热器内径、长度；压缩机转速、效率；箱体设计参数；毛细管内径等）和过热度、过冷度等参数为模型的设计变量，求解整机的接口状态参数（温度、压强等）、各能量流元（EFE）的特征能量、设计匹配参数（制冷剂充注量、毛细管长度）和性能参数（整机耗电量、能效比等）。

在仿真输出参数中，接口状态参数主要用于仿真与试验的对比工作，一般选择便于测量的参数，验证仿真模型的准确性；特征能量是各 EFE 功能实现能量流值的体现，可从中观察目标 EFE 的工作情况，也可作为该 EFE 的性能参数推算整机性能参数；设计匹配参数是由系统匹配得出的设计参数，在新产品设计时一般作为设计对象，这也说明了仿真模型能将若干个设计变量作为未知的待匹配设计结果输出；性能参数是体现整机性能的指标参数，可通过性能参数计算结果推算其他性能要求，如耗电量、能效系数、能效等级等。

根据图 4-28 所示的电冰箱能量流模型，其中涉及的主要参数见表 4-8。从表 4-8 中可以看出，电冰箱整机能量流模型进行稳态仿真时所考虑的各个设计变量、接口参数和能量，均可由前文所述的各 EFE 功能实现的原理及公式得出，可很好地将仿真模型和理论知识相互印证。

表 4-8 电冰箱整体系统能量流模型参数

能量流元	设计变量输入	输入接口参数	输出接口参数
压缩机	$n_{com}, V_{th}, \eta_V, \eta_i, U_{com}, A_{com}$	$T_{a,env}$，U，I，f	$T_{r,out}, p_{r,out}, m_r$
冷凝器	$l_{cond}, d_{cond}, m_a, S_r$，$\alpha, R_w$	$T_{r,in}, p_{r,in}, m_r$	$T_{r,out}, p_{r,out}, m_r$
回热器	l_{cap}, D_{cap}、ΔT_{sc}，$\Delta T_{sh}, \varepsilon_{ihx}$	$T_{r,in}, p_{r,in}$	$T_{r,out}, p_{r,out}$
蒸发器	l_{evap}, d_{evap}, S_r，α, R_w	$T_{r,in}, p_{r,in}, m_a, m_r$	$T_{r,out}, p_{r,out}, m_r$
箱体	l，w，h_{cab}，d，λ, R_m，r，U，A	$T_{a,env}$，$m_a, T_{cab,in}, p_{tube,out}$	$T_{a,env}, \overline{T}_{cab}$
空气循环系统	$W_{fan,p}, \eta_f, c_{pa}$	$T_{tube,in}, p_{tube,in}, m_a$	$m_a, p_{cab}, T_{tube,out}$

注：1. 表中数据为主要的参数，没有将对应能量特性方程中的参数罗列完全。
2. 对于接口参数，由于一个能量流元的输出可能是另一个能量流元的输入，此处做了简写。

不过，前面构建的能量流模型，只考虑了功能结构，有一个重要的要素没有考虑，就是制冷剂的充注量。电冰箱的制冷功能是靠制冷剂的相变实现的。在电冰箱稳定运行时，制冷剂在制冷系统的各个 EFE 之间稳定流动，因此，制冷系统内制冷剂充注量 M_{total} 的多少会直接影响制冷系统性能。如果充注量过多，那么蒸发温度和冷凝温度将上升，使蒸发器换热量降低，减少系统制冷量，制冷剂甚至以两相状态离开蒸发器，影响系统正常工作；如果充注量过少，那么流经蒸发器的制冷剂不足，制冷量降低，使过热区增大，制冷剂以较高温离开蒸发器，同样会影响整体系统的平衡及正常工作。在稳态仿真时，制冷剂在各个 EFE 间稳定流动，其充注量应等于各个 EFE 中的制冷剂质量之和（回热器中的制冷剂量较少一般忽略不计），如式（4-43）所示：

$$M_{total}=M_{r,com}+M_{r,cond}+M_{r,evap} \tag{4-43}$$

由于电冰箱整机的仿真运算涉及参数众多，且参数之间关系复杂，因此仿真流程的设计将注重整机能量流模型中的各个接口关系，采用输入参数迭代运算的方式对模型中各 EFE 进行定量求解，实现整机系统的仿真计算。电冰箱整机稳态仿真算法的具体流程如图 4-32 所示，这一流程能很好地解决各个 EFE 之间参数关系复杂的问题，也能为分析过程提供较强的逻辑性和因果关系。

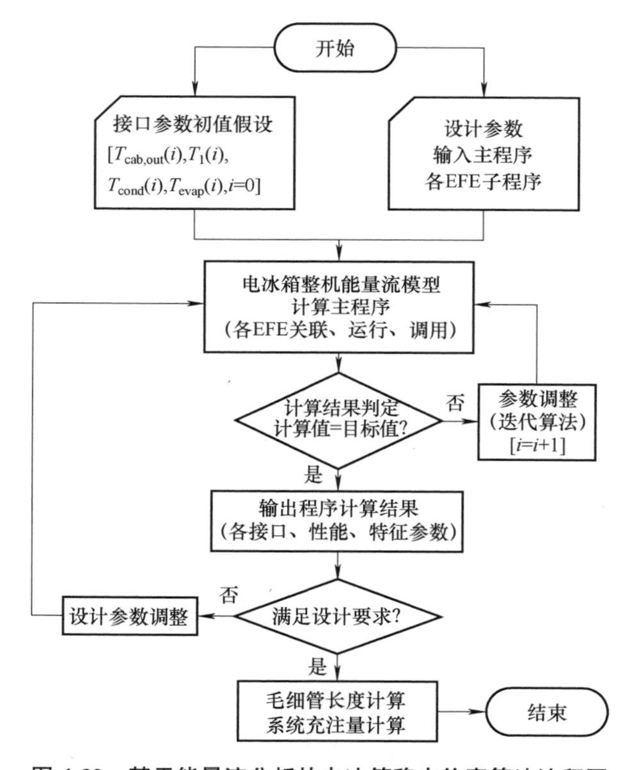

图 4-32　基于能量流分析的电冰箱稳态仿真算法流程图

图 4-32 中所示仿真流程以设计参数为输入值，将已知的结构设计参数输入至电冰箱整机计算模型中求解各项接口、性能及特征能量参数，并以接口参数

为中间参量进行参数修正，采用迭代算法将参数不断调整至最终的匹配参数。性能指标参数、设计匹配参数、特征能量是程序的输出，为产品的设计提供仿真分析支持。在仿真流程中，电冰箱整机能量流模型计算主程序是其核心，包含图4-28所示电冰箱整机的能量流模型中各EFE的性能分析子程序。能量流元性能子程序通过能量特性方程将设计变量、特征能量、接口参数和性能参数关联。仿真流程就是根据整机能量流模型关系将各EFE的子程序相互调用，通过接口关联各EFE的输入及输出参数，完成对电冰箱整机系统的仿真计算。

电冰箱整机能量流模型计算主程序如图4-33所示。主程序是根据电冰箱运行原理，基于图4-28所示的整机能量流模型，围绕各能量流元的能量特性方程的参数变量及其相互关系展开的。例如，根据电冰箱运行原理，制冷剂在系统内的运行动力来自压缩机，因而可以认为压缩机入口处为制冷剂循环的起点，

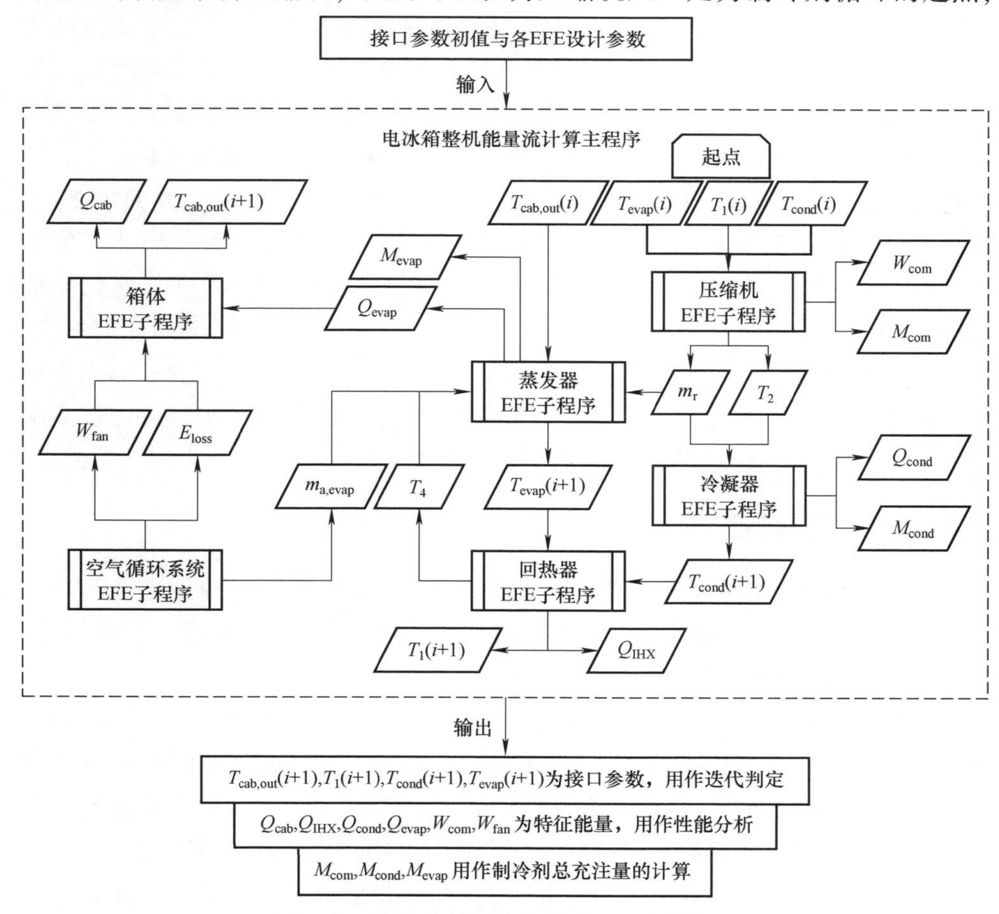

图4-33　电冰箱整机能量流模型计算主程序

因此迭代循环程序以压缩机 EFE 的计算为起点，以迭代参数初值为输入进行整机系统的迭代计算，直到迭代参数满足运算精度为止。

图 4-33 所示的主程序框图主要分为 EFE 子程序框和数据参数框两种图形，所表达的是各个 EFE 子程序之间的输入输出数据参数关系。根据电冰箱能量流模型原理，图 4-33 中六个 EFE 通过能量传递关系相联系，并体现为相应的接口状态参数。在电冰箱运行中，温度是重要的性能指标和接口参数。其中，箱体回风温度 $T_{cab,out}$、压缩机入口温度 T_1、冷凝温度 T_{cond} 和蒸发温度 T_{evap} 在每次迭代运算中都是重要的接口状态参数，也能由其判定电冰箱是否达到稳态运行，性能如何，而且这四项温度变量便于检测，因此在电冰箱整机仿真流程设计中，选取这四项温度变量作为系统仿真迭代参数。例如，蒸发器、箱体和空气循环系统三者之间存在做功量和热量等能量的传递关系。制冷剂流动于压缩机、冷凝器、回热器和蒸发器之间，可以制冷剂温度变化来表示制冷剂比焓和内能的变化，即能量的变化。因此，用压缩机入口温度 T_1，可求出其出口温度 T_2，制冷剂以温度 T_2 输入冷凝器，可求出冷凝温度 T_{cond}，并结合过冷度 ΔT_{sc} 求出其出口温度 T_3，将冷凝器出口温度 T_3 输入回热器毛细管，可求出其出口温度 T_4，回热器毛细管出口温度 T_4 输入蒸发器，可求出蒸发温度 T_{evap}，并结合过热度 ΔT_{sh}，求出其出口温度 T_5，蒸发器出口温度 T_5 输入回热器回气管，最终求出 T_1，完成一次制冷剂循环，并将其中匹配计算得出的温度值反馈至输入进行迭代循环（该例子中的下标序号 1～5 可参考图 2-5 电冰箱原理示意图）。就如此例一样，在仿真流程中，主程序通过能量传递关系关联各能量流元，并按程序调用各能量流元的子程序，完成相关能量流元的函数、参数及数值解的求解，通过多次迭代，最终实现电冰箱整机的能量流仿真运算。

4.3.4 试验验证

为了验证电冰箱能量流模型和仿真流程的有效性，选择某家电企业的三款不同设计规格的家用电冰箱作为试验样机，分别将其设计参数输入仿真程序，将仿真结果与实际测试数据做比较。

三款试验电冰箱均是拥有一个冷藏室和一个冷冻室的两间室风冷电冰箱，容积分别为 430L、248L 和 310L，箱体结构示意如图 4-34 所示，图中各部分明细对应表 4-9 中的内容。三款电冰箱的主要设计参数见表 4-10。按照企业样机测试时通常选择的测试参数，选择便于实际测量的压缩机运行功耗、蒸发温度、日耗电量、开机率、冷藏室入口温度和冷冻室入口温度六个变量作为仿真与试验测试的判定参数。在标准规定的 16℃ 及 32℃ 两种环境温度下，采用稳态仿真流程分别对三款电冰箱进行仿真计算，得到稳态匹配下六个判定参数的仿真值，并与相同环境温度下的三款测试电冰箱的测试值进行对比。下面重点以 430L 容积的测试电冰箱（BCD-4 ××××× B）为例进行介绍。

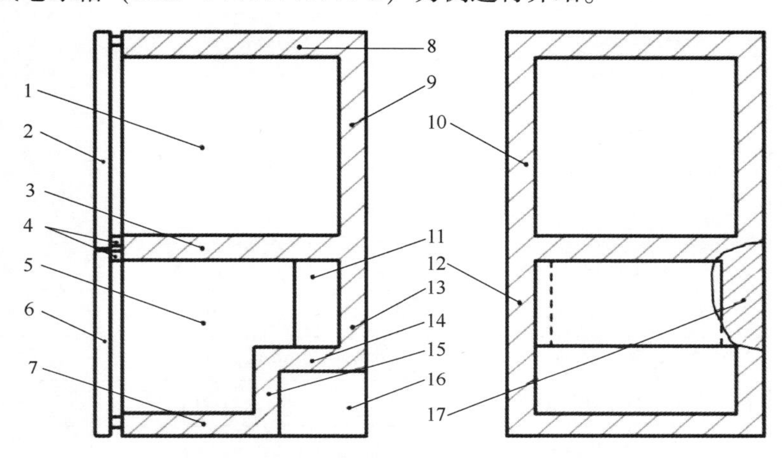

图 4-34　电冰箱样机箱体结构示意简图

表 4-9　电冰箱样机箱体明细对应

序　号	名　　称	序　号	名　　称
1	冷藏室	10	冷藏室侧部隔热层
2	冷藏室门	11	蒸发器腔室
3	两间室隔热间层	12	冷冻室侧部隔热层
4	门封条	13	蒸发器腔室背部隔热层
5	冷冻室	14	压缩机腔室顶部隔热层
6	冷冻室门	15	压缩机腔室背部隔热层
7	冷冻室底部隔热层	16	压缩机腔室
8	冷藏室顶部隔热层	17	顶部隔热层
9	冷藏室背部隔热层		

表 4-10　实际电冰箱产品样机主要设计参数

项目	序号	电冰箱型号	BCD-4 ××××× B	BCD-2 ××××× D	BCD-3 ××××× K
制冷系统设计参数	1	压缩机型号	VTH1113YA	VESA9C	VETY72
	2	压缩机理论容积输气量/m^3	8.9×10^{-6}	6.5×10^{-6}	7.2×10^{-6}
	3	压缩机转速/（r/min）	3000	3000	3000
	4	冷凝器管长/m	25	14.59	18
	5	冷凝器管径/mm	3	4	3

（续）

项目	序号	电冰箱型号	BCD-4 ××××× B	BCD-2 ××××× D	BCD-3 ××××× K
制冷系统设计参数	6	冷凝器过冷度	5	3	4
	7	蒸发器管长/m	15	12	9.5
	8	蒸发器管径/mm	3	4	4
	9	蒸发器过热度/℃	1	1	1
	10	风扇功率/W	4	4	4
	11	毛细管径/mm	0.60	0.60	0.60
	12	制冷剂类型	R600a	R600a	R600a
箱体设计参数	13	壁发泡热导率/[W/(m·K)]	0.0205	0.0205	0.0205
	14	门发泡热导率/[W/(m·K)]	0.0205	0.0205	0.0205
	15	门封条热导率/[W/(m·K)]	0.08	0.08	0.08
	16	门封条深度/mm	8	8	8
	17	门封条宽度/mm	20	20	20
	18	冷藏室深度/mm	537	505	505
	19	冷藏室宽度/mm	658	474	474
	20	冷藏室高度/mm	858.5	626	710
	21	冷藏室侧壁厚/mm	62.5	58	58
	22	冷藏室顶壁厚/mm	57	56	56
	23	冷藏室背壁厚/mm	47	40	40
	24	冷藏室门厚/mm	39	74	74
	25	冷冻室深度（上）/mm	381.5	403	403
	26	冷冻室深度（下）/mm	257	178	178
	27	冷冻室宽度/mm	590	424	424
	28	冷冻室高度/mm	647	640	691
	29	冷冻室侧壁厚/mm	97.5	84	84
	30	冷冻室底壁厚/mm	78.5	90	90
	31	冷冻室门厚/mm	89	92	92
	32	蒸发器室深度/mm	88	104	104
	33	蒸发器室宽度/mm	510	430	430
	34	蒸发器室高度/mm	437	427	427

（续）

项目	序号	电冰箱型号	BCD-4 ××××× B	BCD-2 ××××× D	BCD-3 ××××× K
箱体设计参数	35	蒸发器室侧壁厚/mm	115	112	112
	36	蒸发器室背壁厚/mm	79	78	78
	37	压缩机腔顶壁厚/mm	79	78	78
	38	压缩机腔背壁厚/mm	84	80	80
	39	冷藏/冷冻隔热间层厚/mm	77	68	68

图 4-35 和图 4-36 所示分别为该款测试电冰箱的测试曲线截取图，图中选取了电冰箱稳定运行状态下的运行时段，即在该时段内各运行状态参数有稳定的起停周期。图 4-35a 所示为电冰箱在 16℃工况下截取并放大的部分测试曲线。图 4-35a 中从上到下，第一条曲线为环境温度变化；第二条曲线为冷藏室冷空气入口温度变化；第三条曲线为冷冻室冷空气入口温度变化；第四条曲线为蒸发器蒸发温度变化；第五条曲线为压缩机功耗变化。由图 4-35a 可知，曲线大部分时间处于稳定的变化周期，压缩机运行时两间室冷空气入口温度逐渐降低，当温度达到设定要求时压缩机将停机，且各温度曲线因热负载平衡需要而逐渐上升。压缩机的开停机由控制系统开机率控制，与间室温度有关。图 4-35a 中有一段突变曲线，代表该时间段电冰箱不处在稳定运行状态，这表示在该时间段内冷冻室箱门被打开，冷冻室风口检测温度骤然升高，因此压缩机短暂开机，转速提升，压缩机功耗快速提升，以使箱内温度能尽快恢复设定值。此类突变问题属于电冰箱的动态平衡特性。为了研究稳态运行状态，截取图 4-35a 中的稳态部分并放大可获得图 4-35b。图 4-35b 可更好地观察各曲线对应的数值。从图 4-35b 中可看出，环境温度不变是合理的；由压缩机起停引起的冷藏室风口检测到的温度变化幅度最小，而蒸发温度的变化幅度最高，这是因为与环境温度相差越大则温度变化梯度越大，是合理的；蒸发器是制冷部件，产生的冷空气经风量分配控制输送至两间室，当蒸发器、冷藏室、冷冻室三个温度达到设定条件，压缩机停机，因此，由图 4-35b 中压缩机停机刻可看出三个温度的标准值。

图 4-36 所示为电冰箱在 32℃工况下截取并放大的部分测试曲线。图 4-36 中由上到下，第一条曲线为环境温度变化；第二条曲线为冷藏室冷空气入口温度变化；第三条曲线为冷冻室冷空气入口温度变化；第四条曲线为蒸发器蒸发温度变化；第五条曲线为压缩机功耗变化。所有曲线的变化趋势和现象都与图 4-35b 相同，不同的是由于环境温度较高，热负载平衡形成的影响较大，因此为了使间室温度能达到温度要求并减少波动幅度，压缩机开机率和功耗明显高

于环境温度为16℃的情况。此外，因压缩机运行时间加长，而使冷冻室冷空气入口温度和蒸发温度的曲线变化幅度明显趋缓。

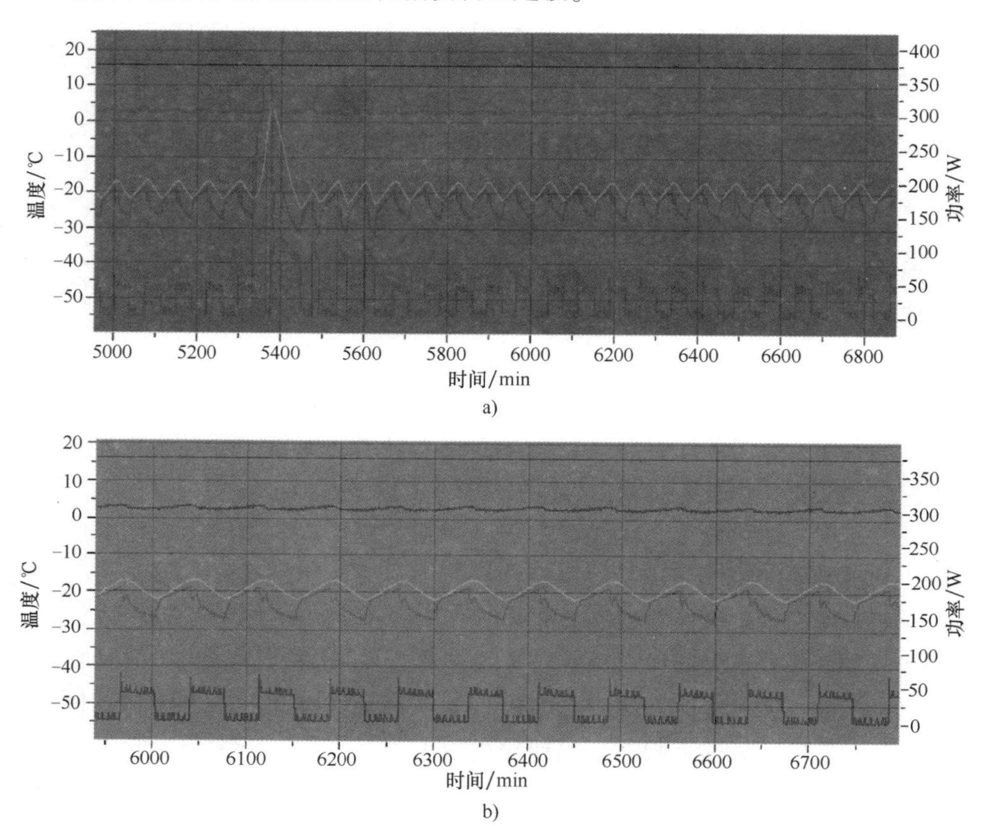

图4-35　电冰箱在16℃工况下部分测试曲线

a）16℃工况下截取并放大的部分测试曲线　b）稳定运行阶段的放大截图

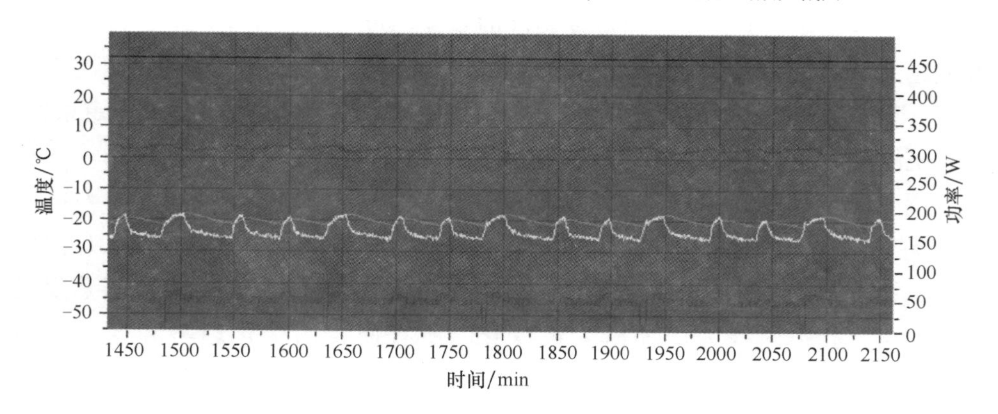

图4-36　电冰箱在32℃工况下部分测试曲线截图

为了更清晰地对比测试试验和仿真分析，表 4-11 给出了测试电冰箱 BCD-4×××××B 稳态运行时各判定参数的测试值、仿真值以及两者的偏差。表 4-11 中压缩机功耗和两种温度的实测值都由电冰箱样机测试系统输出的曲线及数据表得出；电冰箱日耗电量实测值是由测试系统直接检测得出的；开机率则是由压缩机起停比换算得出的。表 4-11 中数据显示，实测值和仿真值均比较接近，压缩机功耗偏差在 4W 以内，几项温度指标的偏差基本在 3℃以内，最大偏差不超过 5℃。偏差源自理想化物理仿真与现实的近似偏差，以及尺寸测量精度等因素，满足工程的要求。

表 4-11　电冰箱样机的测试值与仿真值对比（一）

判定参数	BCD-4×××××B					
	16℃			32℃		
	计算值	实测值	误差	计算值	实测值	误差
压缩机运行功耗/W	50.10	48.50	1.60	66.09	62.50	3.59
蒸发器蒸发温度/℃	-29.82	-27.00	2.82	-26.34	-26.00	0.34
冷凝器冷凝温度/℃	35.30	32.50	2.80	52.66	48.00	4.66
冷藏室空气入口温度/℃	1.53	2.50	0.97	0.04	3.25	3.21
冷冻室空气入口温度/℃	-24.64	-21.94	2.70	-24.62	-21.34	3.28
电冰箱日耗电量/[(kW·h)/24h]	0.649	0.555	0.094	1.384	1.255	0.129
电冰箱开机率	0.508	0.500	0.008	0.832	0.930	0.098

另外两台电冰箱样机则以环境温度 25℃为测试工况进行测试，其测试结果与仿真结果的对比见表 4-12。表 4-12 中测试电冰箱（BCD-2×××××D）的压缩机功耗偏差在 4W 以内；几项温度指标的偏差基本在 3℃以内，最大误差约 5℃。表 4-12 中测试电冰箱（BCD-3×××××K）的压缩机功耗偏差在 3W 以内；几项温度指标的偏差基本在 3℃左右，最大偏差不超过 5℃，满足工程要求。

表 4-12　电冰箱样机的测试值与仿真值对比（二）

判定参数	BCD-2×××××D			BCD-3×××××K		
	计算值	实测值	误差	计算值	实测值	误差
压缩机运行功耗/W	39.49	36.00	3.49	42.92	45.00	2.08
蒸发器蒸发温度/℃	-26.65	-27.50	0.85	-28.18	-26.50	1.68
冷凝器冷凝温度/℃	41.55	36.50	5.05	43.13	38.50	4.63
冷藏室空气入口温度/℃	-1.40	0	1.40	-0.36	3.50	3.86

（续）

判定参数	BCD-2×××××D			BCD-3×××××K		
	计算值	实测值	误差	计算值	实测值	误差
冷冻室空气入口温度/℃	-22.06	-21.00	1.06	-20.24	-20.00	0.24
电冰箱日耗电量/（kW·h/24h）	0.809	0.625	0.184	0.908	0.755	0.153
电冰箱开机率	0.770	0.660	0.110	0.806	0.766	0.040

由三款不同的测试电冰箱在各自工况下的试验对比可知，所提出的能量流分析概念及相关建模分析方法在电冰箱的稳态性能分析应用中是正确的，并具有一定的可靠性。

除了用于检测参数外，稳态仿真算法还能计算各 EFE 的特征能量，以及所关注性能和匹配的设计变量。表 4-13 给出了三台测试电冰箱在环境温度 25℃下，计算得到的特征能量，电冰箱开机率、日耗电量、能效比等所关注性能，以及毛细管长度和制冷剂充注量等匹配设计变量。

表 4-13　三台测试样机的稳态仿真结果

仿真结果		BCD-2×××××D	BCD-3×××××K	BCD-4×××××B
特征能量/W	压缩机W_{com}	39.4918	42.9230	59.7919
	蒸发器Q_{evap}	79.5660	81.8884	111.3122
	冷凝器Q_{cond}	80.4178	83.1028	117.8340
	回热器Q_{IHX}	22.8204	24.2526	32.0574
	箱体Q_{cab}	56.7333	60.8692	71.8879
性能	电冰箱开机率	0.7753	0.8062	0.6797
	日耗电量/（kW·h/24h）	0.8093	0.9079	1.0276
	整机能效比	1.8294	1.7452	1.7671
匹配设计	毛细管长度/m	2.8638	3.0168	2.6209
	制冷剂充注量/g	30.2030	21.8336	25.4825

按照特征能量的定义，其反映了产品实现功能的能量转移和转化大小，可以评价功能实现的好坏。因此，特征能量可用于表征产品的性能，即通过稳态仿真算法计算得到的特征能量能够推算出产品的性能指标参数。表 4-13 中，电冰箱开机率、日耗电量和整机能效比属于电冰箱性能参数，均可由各 EFE 的特征能量计算得出。

能效比是描述制冷系统制冷能力的重要指标。电冰箱属于制冷产品，其能效比（EER），是指电冰箱运行时，制冷量与有效输入功率之比。电冰箱制冷系统的EER可以用蒸发器的特征能量 Q_{evap} 与压缩机特征能量 W_{com} 的比值来表达，即如式（4-44）所示。EER数值越大，表示该产品能源转换效率越高，单位时间耗电量越少。

$$EER = Q_{evap} / W_{com} \tag{4-44}$$

开机率为制冷系统工作周期内压缩机运行时间的占比，用符号 R 表示。电冰箱工作周期内包括开机和停机。开机时压缩机运行，制冷剂在制冷系统内流动进行制冷；当电冰箱满足停机要求时，压缩机将暂停工作，电冰箱处于保温状态。开机率是影响能耗的重要指标，而且间冷式电冰箱还会在停机时起动化霜机制，对蒸发器进行加热化霜作业，所以开机率是电冰箱的重要性能指标。电冰箱开机率可由箱体特征能量（总热负载 Q_{cab}）与制冷系统特征能量（供至箱体的总制冷量 Q_{ref}）之比得出，如式（4-45）所示。家用电冰箱开机率一般为0.3~0.95。

$$R = Q_{cab} / Q_{ref} \tag{4-45}$$

日耗电量顾名思义就是电冰箱在一天24h内工作所消耗的电量，其单位是kW·h/24h，可用符号EC表示，是评价耗能产品节能程度最直观的指标之一。日耗电量可以由产品开机率与总能耗的乘积，再以每天为计算单位得出。电冰箱的总能耗为压缩机特征能量 W_{com} 与风扇特征能量 W_{fan} 之和，日耗电量计算如式（4-46）所示。

$$EC = 0.024R(W_{com} + W_{fan}) \tag{4-46}$$

表4-13给出了这些性能指标的仿真结果。以电冰箱能效比为例，上述三种电冰箱的稳态仿真值分别为1.8294、1.7452和1.7671，均在常见电冰箱的合理范围值内，能证明该组设计参数匹配性能结果合理，也可作为对电冰箱产品设计的性能验证。

4.3.5 基于能量流建模仿真的设计参数分析

从电冰箱稳态建模仿真可以观察到各项设计变量的变化对系统特征能量、运行状态和性能指标的影响关系。下面以测试电冰箱BCD-4×××××B作为研究对象，讨论设计参数与性能之间的相关性。

1. 制冷系统设计参数分析

这部分结合制冷系统的主要能量流元及其工作环境，从环境温度、压缩机、冷凝器和蒸发器等方面，讨论其设计参数对电冰箱性能的影响。

（1）环境温度　箱外环境温度 T_a 是电冰箱最重要的运行工况。国家标准 GB 12021.2—2015 中电冰箱的检测工况要求从原来的环境温度 25℃ 调整为了 16℃ 和 32℃。环境温度的调整有助于直观反映产品在相对高温和低温下的性能表现，也说明环境温度对电冰箱性能有重要影响。通过仿真计算，可以得出 T_a 从 16~32℃ 之间温度每升高 2℃，对电冰箱各能量流元的特征能量及主要性能指标的影响，见表 4-14。其数据变化趋势和幅度如图 4-37~图 4-40 所示。

表 4-14　环境温度 T_a 对性能的影响

T_a/℃	16	18	20	22	24	26	28	30
W_{com}/W	50.105	52.378	54.587	56.726	58.790	60.771	62.656	64.435
Q_{cond}/W	110.788	112.851	114.621	116.102	117.323	118.277	118.944	119.343
Q_{evap}/W	106.147	107.810	109.165	110.232	111.020	111.536	111.781	111.750
Q_{IHX}/W	25.703	27.170	28.609	30.017	31.388	32.714	33.986	35.193
Q_{cab}/W	51.053	55.683	60.313	64.943	69.573	74.203	78.833	83.463
T_{evap}/℃	−29.823	−29.171	−28.587	−28.066	−27.605	−27.201	−26.856	−26.570
T_{cond}/℃	35.303	37.654	39.951	42.194	44.389	46.534	48.627	50.669
EER	1.991	1.940	1.889	1.839	1.791	1.744	1.697	1.652
EC_{day}/(kW·h/24h)	0.649	0.726	0.807	0.892	0.981	1.075	1.173	1.276
R	0.508	0.545	0.582	0.620	0.660	0.700	0.742	0.786
l_{cap}/m	2.215	2.293	2.378	2.470	2.569	2.675	2.790	2.914
Mass/g	24.796	24.943	25.093	25.248	25.404	25.562	25.725	25.889

从数据变化中能看出，在 16~32℃ 之间的环境温度与能效比以外的参数变化的整体趋势都是正相关的，这跟环境温度升高后，电冰箱在更高的室温下对箱体进行低温制冷需要更大的制冷量，从而提升了系统内所有 EFE 的特征能量值的设想是相符的。更大的压缩机功耗和开机率会带来更大的日耗电量，同时降低了能效比。根据毛细管长度和制冷剂充注量这两项电冰箱设计的匹配结果可以得到一个结论：不同气候类型的电冰箱有不同的设计要求，均与环境温度有正相关关系且毛细管长度影响较大。详细的参数变化趋势和说明可见图 4-37~图 4-40 中的数据拟合曲线内容。

图 4-37 描绘了环境温度 T_a 在 16~32℃ 范围内的变化对蒸发温度 T_{evap} 和冷凝温度 T_{cond} 的影响。其中，环境温度和蒸发温度之间的关系取二次拟合，是一条斜率渐缓的曲线，在 16℃ 时斜率为 0.3364，在 32℃ 时为 0.0964，平均斜率为

0.2164；环境温度和冷凝温度之间的关系是一条斜率为1.0847的直线，可认为环境温度对冷凝温度的影响较大。图4-37a显示，在设计变量不变的情况下，蒸发器的蒸发温度会随着环境温度的升高而升高。也就是说，若电冰箱设计不当，在高温环境可能会出现不能达到低温制冷的性能要求。图4-37b显示，环境温度与冷凝温度正相关。由于冷凝器的功能是直接与环境进行热交换，因此受环境温度变化的影响较大。环境温度 T_a 对能量流元特征能量的影响如图4-38所示。

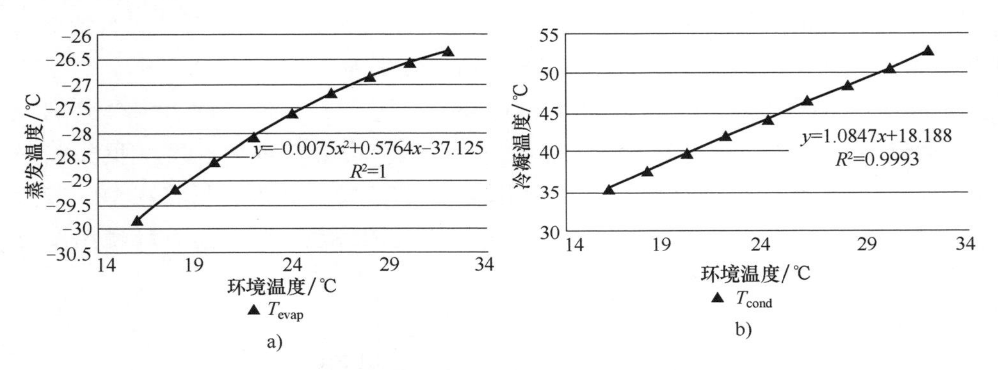

图4-37 环境温度对蒸发温度和冷凝温度的影响

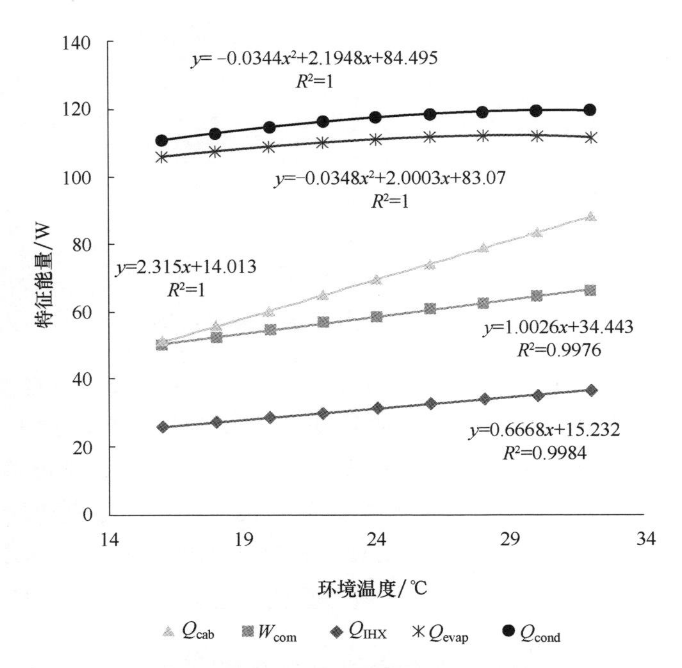

图4-38 环境温度 T_a 对能量流元特征能量的影响

图 4-38 描绘了环境温度 T_a 在 16～32℃范围内变化对各 EFE 特征能量的影响。由图 4-38 可知，Q_{cab}、W_{com} 和 Q_{IHX} 随温度上升呈线性上升趋势，曲线斜率分别为 2.315、1.0026 和 0.6668。箱体特征能量 Q_{cab} 变化最显著的原因是环境温度 T_a 直接影响箱体间室内外温差，对箱体的总热负载量有直接的影响。压缩机特征能量 W_{com} 的提升，与冷凝温度变化较蒸发温度变化大有关，如图 4-37 所示，环境温度 T_a 升高，将使冷凝温度与蒸发温度之间的温差增大，即使压缩机出入口制冷剂比焓增大。而冷凝温度、蒸发温度分别与毛细管入口温度、回气管入口温度呈正相关，温度差距越大，回热器热交换量就会越高。另外，Q_{cond} 和 Q_{evap}的数据变化为二次拟合曲线，平均斜率分别为 0.5436 和 0.3299。当温度为 16℃时，两者斜率分别为 1.094 和 0.8867，而在 32℃时，两者斜率分别为 -0.0068 和-0.229，可见到了 32℃，Q_{cond} 和 Q_{evap} 均会与环境温度呈负相关关系，且后者下降更快，这表示该电冰箱冷凝器和蒸发器的换热量将在 16～32℃之间存在峰值，也就是说，该电冰箱在高温工况的换热表现较差。环境温度对整机性能参数的影响如图 4-39 所示。

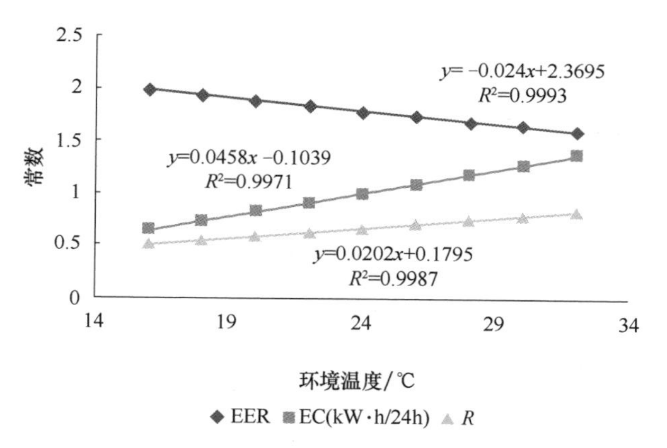

图 4-39 环境温度对整机性能参数的影响

图 4-39 描绘了环境温度 T_a 在 16～32℃范围内变化对整机性能参数的影响。由图 4-39 可知，该电冰箱日耗电量和开机率会随环境温度 T_a 的上升而线性增长，斜率分别为 0.0458 和 0.0202，这表示高的环境温度将使电冰箱为了满足制冷要求而提升开机率，并表现为日耗电量的增加。由于压缩机功耗的提升速率远高于蒸发器制冷量，因此能效比呈现线性减小的变化趋势，斜率为-0.024。日耗电量、开机率和能效比这三项性能参数曲线也印证了该电冰箱在高温工况下的换热表现较差的推断。

图 4-40 所示为测试电冰箱匹配参数毛细管长度 l_{cap}、制冷剂充注量（Mass）

随环境温度 T_a 变化的曲线。由图 4-40 可知，两项参数的匹配趋势均为正相关。其中，毛细管长度取二次拟合的曲线斜率随环境温度上升而增大，平均斜率为 0.0528，制冷剂充注量与环境温度呈线性关系，斜率为 0.0788。这是由于环境温度高意味着箱体内外温差大，箱体热负载大，为了配合更大的回热器换热量需求，毛细管长度也就需要增加，且为了满足更大的蒸发器和冷凝器换热量，制冷剂充注量也需要增加。

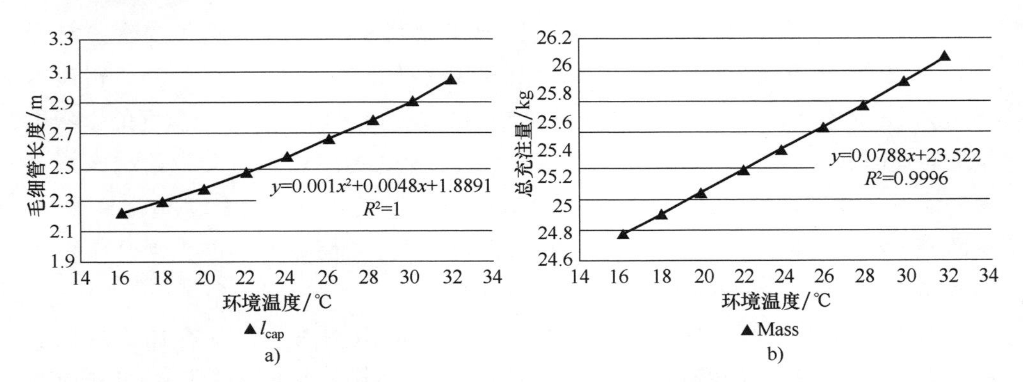

图 4-40　环境温度对毛细管长度、制冷剂充注量的影响

显然，环境温度对电冰箱的性能匹配有较显著的影响，这也是电冰箱存在气候类型设计的原因。另外，由于篇幅限制，后续对各 EFE 设计变量的性能分析将选择环境温度为 16℃的测试工况。

（2）压缩机设计参数　压缩机转速范围一般为 1200～4500r/min。图 4-41～图 4-44 给出了压缩机转速在 1200～4500r/min 范围内变化对各能量流元的特征能量、性能参数产生的影响。

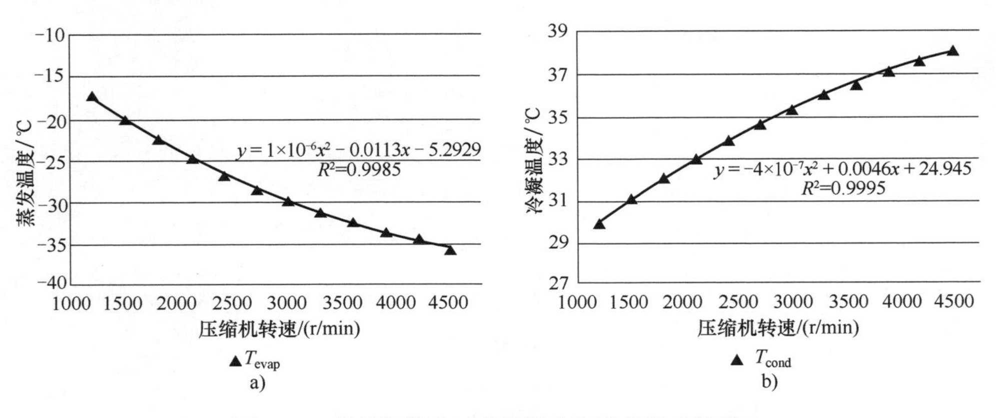

图 4-41　压缩机转速对蒸发温度和冷凝温度的影响

图 4-41 描绘了压缩机转速在 1200～4500r/min 范围内变化对蒸发温度 T_{evap}、冷凝温度 T_{cond} 的影响，两者均是一条斜率渐缓的二次拟合曲线。对于图 4-41a，当转速为 1200r/min 时蒸发温度变化曲线的斜率为-0.0089，转速为 4500r/min 时斜率为-0.0023，平均斜率为-0.0056，可见转速对蒸发温度的影响整体呈现负相关关系，且在低转速时影响较大。在电冰箱其他设计参数不变的情况下，压缩机转速越大，制冷剂的流速和流量就越大，从而获得更多的制冷量和更低的蒸发温度。也就是说，提升压缩机转速可获得更低温度的制冷要求。对于图 4-41b，当转速为 1200r/min 时冷凝温度变化曲线的斜率为 0.00364，转速为 4500r/min 时斜率为 0.001，平均斜率为 0.00232，可见转速对冷凝温度的影响也是低转速时较大，整体呈现正相关关系。其原理是更高的转速会带给制冷剂更多的能量，使进入冷凝器的制冷剂比焓升高，冷凝温度与环境温度的温差变大，从而增大温度下降速率，增加换热量，即冷凝器特征能量。因此，提升压缩机转速能弥补高温工况下冷凝器换热量不足的问题。

图 4-42 描绘了压缩机转速在 1200～4500r/min 范围内变化对各 EFE 特征能量的影响，由于箱体的特征能量 Q_{cab} 是箱体的热负载，其值不随压缩机转速变化而变化，因此图中并无显示。图 4-42 显示：Q_{cond} 和 Q_{evap} 均随转速的提升而增加，这与图 4-41 中的分析内容吻合，可认为压缩机转速的提升带来了更高的冷凝器散热量和蒸发器制冷量。Q_{cond} 和 Q_{evap} 的数据变化均为二次拟合曲线。

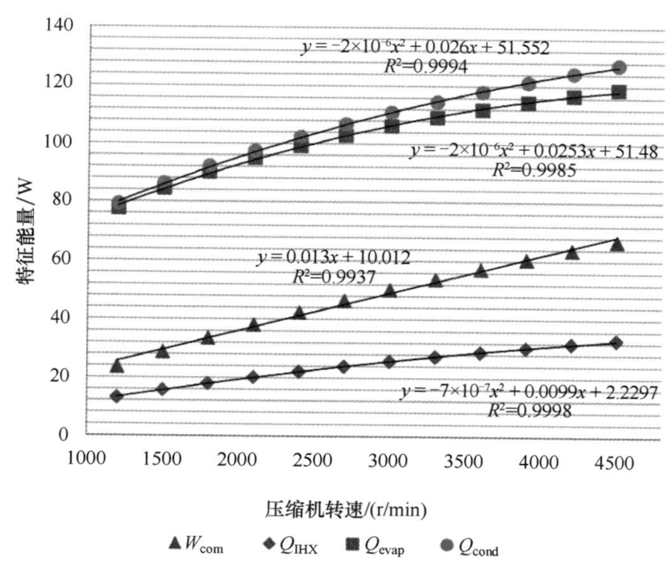

图 4-42　压缩机转速对各 EFE 特征能量的影响

1200r/min 时，两者斜率分别为 0.0212 和 0.0205，而 4500r/min 时，两者斜率分别为 0.008 和 0.0073，平均斜率分别为 0.0146 和 0.0139。相比之下，Q_{cond} 受转速的影响较大，且在低转速时更明显。Q_{IHX} 变化的二次拟合平均斜率为 0.00591，其值与图 4-41 中的冷凝温度 T_{cond} 和蒸发温度 T_{evap} 有关，这两个温度的差距越大，回热器的换热量就越高。压缩机的特征能量 W_{com} 随转速增加而线性增加，斜率为 0.013，在所有 EFE 特征能量中受影响最大。

图 4-43 描绘了压缩机转速在 1200~4500r/min 范围内变化对整机性能指标的影响。由图 4-43 可知，开机率随转速的上升而降低，二次拟合平均斜率为 -8.6×10^{-5}，相对较小，说明转速对开机率的影响不大。但与转速升高开机率降低相对应的是整机日耗电量却上升，这说明转速提升会大幅增加压缩机的耗电量，致使开机率降低也不能减少日耗电量。转速对日耗电量的影响可由二次曲线拟合，其平均斜率为 1.43×10^{-4}。整机能效比也随转速增加而降低，其二次拟合平均斜率为 -3.3×10^{-4}，也就是说，并非压缩机转速越高电冰箱能效比就越高，而应该根据设计需要及测试工况适当地选择转速。

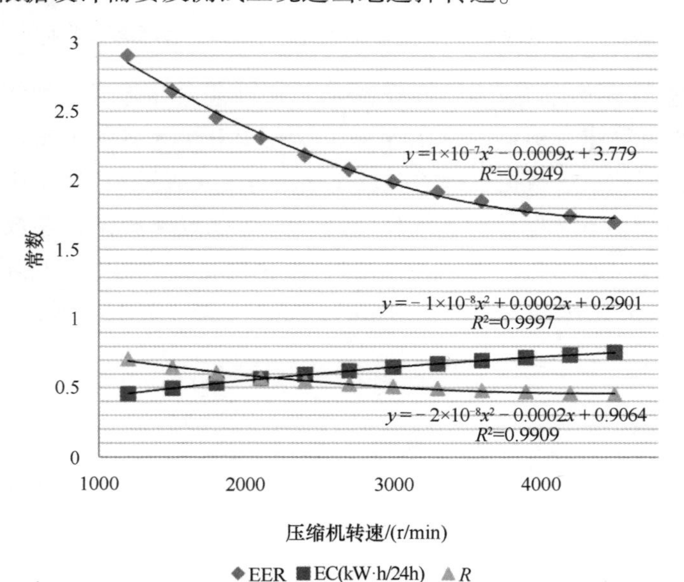

图 4-43　压缩机转速对整机性能参数的影响

图 4-44 所示为测试电冰箱匹配参数毛细管长度、制冷剂充注量随压缩机转速变化的曲线。由图 4-44 可知：毛细管长度、制冷剂充注量与压缩机转速之间均为负相关关系。图 4-44a 中的数据变化可用三次曲线拟合，平均斜率为 -2.947×10^{-4}，图 4-44b 中的数据变化可用二次曲线拟合，平均斜率为 -7.6×10^{-4}。虽然

回热器的换热量随转速的提升而增大，但是蒸发温度和冷凝温度之间的温度差也随转速的提升而变大，如图 4-41 所示，因此，流入毛细管和回气管的制冷剂温度差也会变大，使得热交换速率提升，所以毛细管长度会因压缩机转速升高而减小。而制冷剂充注量减少则是因为压缩机转速的提升可提供更大的制冷剂流速和流量所致。

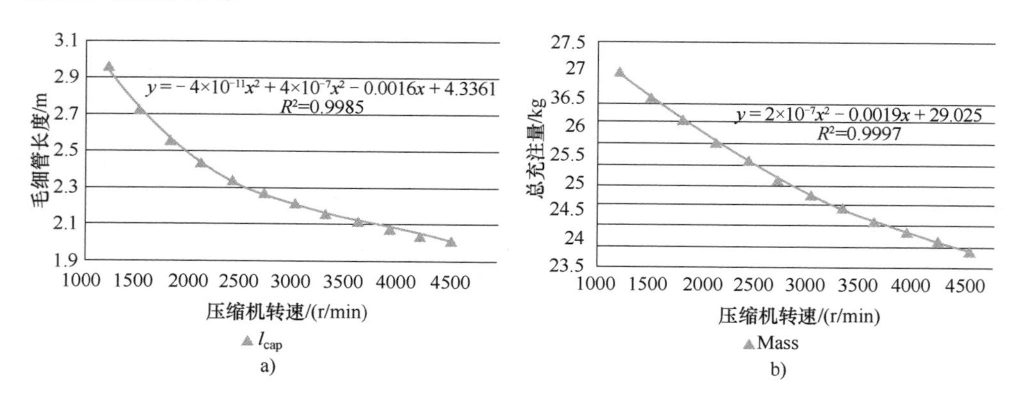

图 4-44　压缩机转速对毛细管长度和制冷剂充注量的影响

综上所述，压缩机转速能够提升各 EFE 的性能，并降低毛细管长度及制冷剂充注量的设计需求，但同时会因压缩机功耗提升带来日耗电量增加和能效比降低的问题，因此，应根据设计需要及实际运行工况来选择和控制压缩机转速。

除了转速外，不同型号的压缩机，其气缸容积也不相同，参数上表现为理论输气量。电冰箱压缩机的理论输气量为 6.5~12m³，故也可分析压缩机理论输气量在 6.5~12m³ 范围内变动产生的影响，如图 4-45~图 4-48 所示。

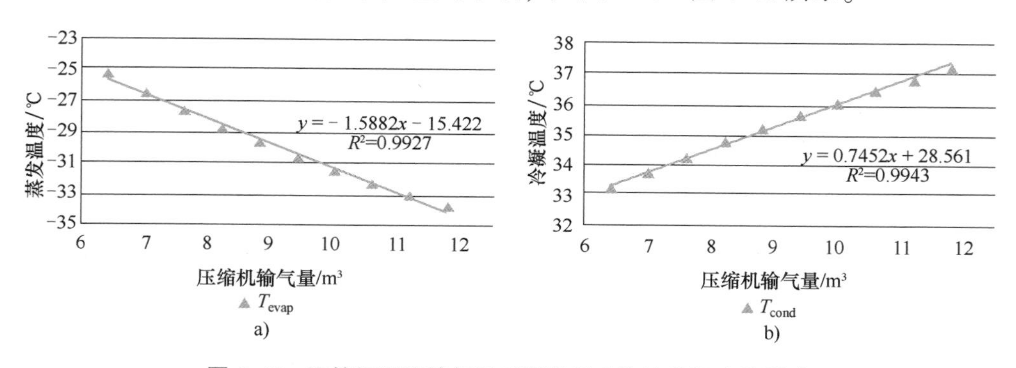

图 4-45　压缩机理论输气量对蒸发温度和冷凝温度的影响

图 4-45 描绘了压缩机理论输气量在 6.5~12m³ 范围内变化对蒸发温度 T_{evap} 和冷凝温度 T_{cond} 的影响，两者均与理论输气量有线性关系。图 4-45a 描绘的压

缩机理论输气量对蒸发温度的影响曲线为线性递减，斜率为-1.5882，图 4-45b 描绘的压缩机理论输气量对冷凝温度的影响曲线为线性递增，斜率为 0.7452。两组数据的变化趋势均与图 4-41 中转速所引起的变化趋势相似，这是因为理论输气量的提升同样意味着压缩机会输出更高的制冷剂流量。

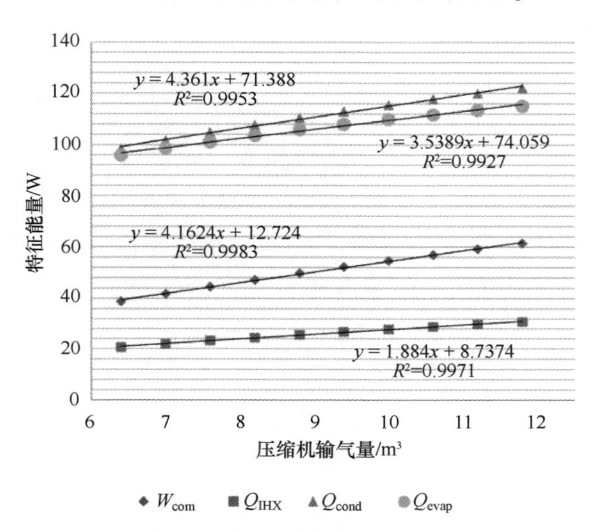

图 4-46　压缩机理论输气量对各 EFE 特征能量的影响

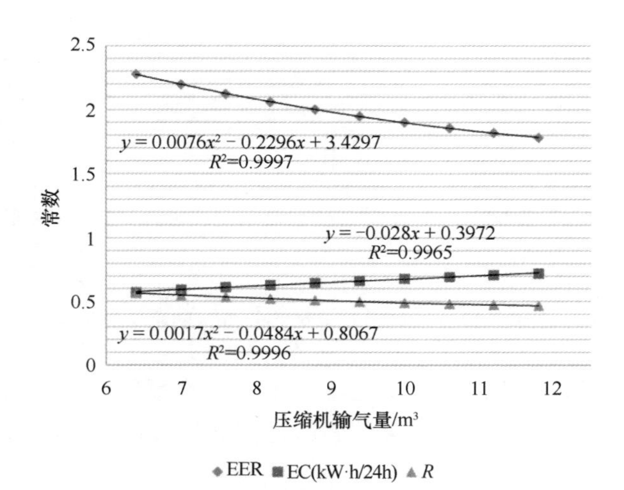

图 4-47　压缩机理论输气量对整机性能参数的影响

图 4-46 描绘了压缩机理论输气量在 6.5~12m³ 范围内变化对各 EFE 特征能量的影响。可以看出，W_{com}、Q_{evap}、Q_{IHX} 和 Q_{cond} 影响曲线线性增长的斜率分别为 4.1624、3.5389、1.884 和 4.361。各个特征能量线性递增的变化趋势与图 4-42

中转速所引起的变化趋势相同，数据变化的缘由分析类似，均由于压缩机的输出增加而使制冷系统内其余能量流元特征能量增加。与转速的影响不同的是，理论输气量的增加对冷凝器换热量的影响比压缩机自身功耗大，且相比其他 EFE 的特征能量，压缩机功耗的增长并不突出，这说明转速是影响压缩机功耗的主要因素而理论输气量的影响则相对较小。

图 4-47 描绘了压缩机理论输气量在 6.5~12m^3 范围内变化对整机性能参数的影响。理论输气量与 EER、EC_{day} 和 R 之间关系曲线的拟合斜率分别为 -0.09128、0.028、-0.01746。图中曲线的变化趋势与图 4-43 中转速所引起的变化趋势相同，不同之处在于能效比的下降幅度及平均斜率较低。这表示理论输气量对压缩机特征能量的影响不如转速对其他能量流元特征能量的影响突出。同样地，从图 4-47 中也能得出并非压缩机理论输气量越大电冰箱的能效比就越高的结论。

图 4-48 所示为测试电冰箱匹配参数毛细管长度、制冷剂充注量随压缩机理论输气量变化的曲线。图 4-48 中毛细管长度、制冷剂充注量与理论输气量之间的关系均呈负相关，其拟合斜率分别为 -0.06208 和 -0.28222，且其趋势也与图 4-44 中转速所引起的变化趋势相同，其中的分析也均同理。

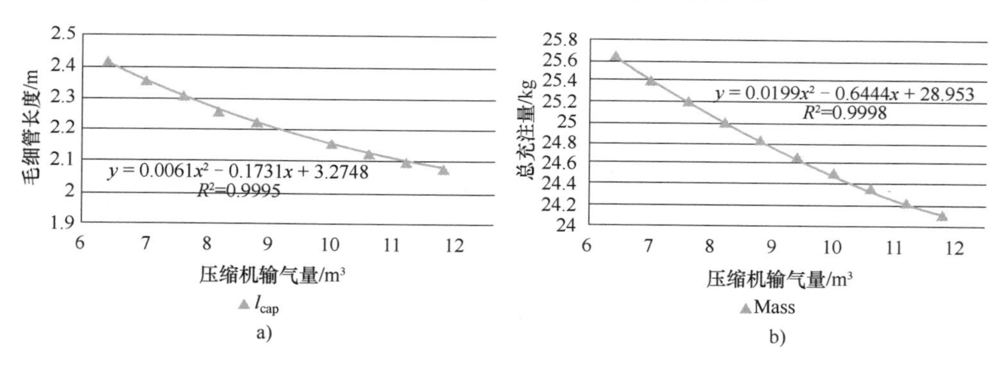

图 4-48　压缩机理论输气量与毛细管长度、制冷剂充注量的关系

综上所述，压缩机理论输气量与转速都对制冷系统各 EFE 的性能有影响，且影响类似，不同的是理论输气量对各能量流元性能的影响比较均衡，不如转速明显。

（3）冷凝器设计参数　冷凝器的设计主要考虑制冷剂流经冷凝器时的换热面积 A_i 和冷凝器的类型。冷凝器的类型确定后，设计变量中的管壁热阻 R_w 和管件换热面积比 S_r 也就固定了。此时主要的设计变量就是能影响制冷剂换热面积的冷凝器管长 l_{cond} 和管内径 $d_{i,cond}$。冷凝器管内径一般为 3~4mm，管长则受电冰箱容积大小和制冷量需求等因素影响，通常为10~25m不等。若管长过短，制冷剂将无法充分换热并以两相状态离开冷凝器；若管长过长，则过冷区过长，需要与之匹配更大的制冷剂充注量，否则制冷剂过冷度过高，制冷剂可能以过低温离开冷凝器，因此，冷凝器管长过长或过短均会影响制冷系统的性能。也就是说，冷凝器管长的设计不仅受冷凝器换热面积的设计要求影响，还与制冷剂充注量和冷凝器过冷度等因素有关。因此本节将首先研究管长和过冷度对制冷系统各EFE特征能量及性能的影响。

以BCD-4×××××B测试电冰箱为对象，设定冷凝器实际管长为基准值，利用仿真程序计算与此电冰箱性能匹配的管长设计范围。仿真结果显示：在16℃环境温度下，管长不能低于13m；在32℃环境温度下，管长不能低于18m。下面以16℃环境温度为例，讨论管长从13m开始每递增2m，管长对各能量流元的特征能量和性能参数的影响，其稳态仿真结果如图4-49~图4-52所示。

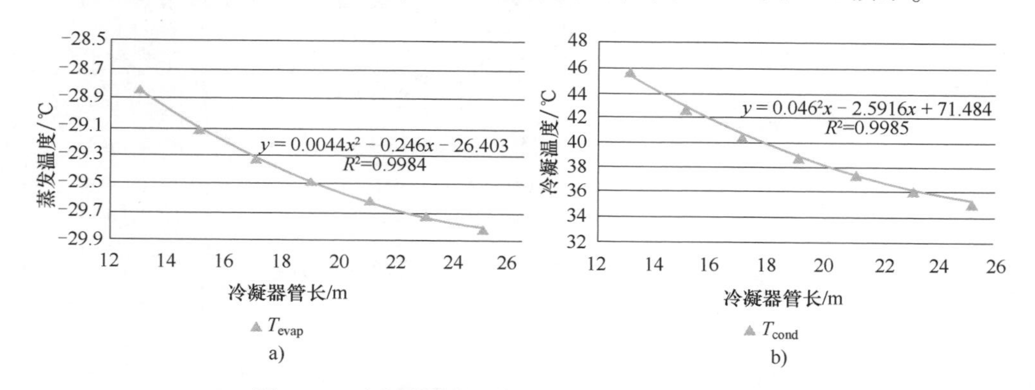

图4-49　冷凝器管长对蒸发温度和冷凝温度的影响

图4-49描绘了冷凝器管长在13~25m范围内变化对蒸发温度和冷凝温度的影响。由图4-49可看出，蒸发温度和冷凝温度均与冷凝器管长有二次拟合递减关系，且在区间内均呈渐缓趋势，平均斜率分别为−0.0788和−0.8436。可见冷凝器管长对冷凝温度有显著影响，这表示在制冷剂充注量充分的情况下，管长越长，流经的制冷剂换热越充分并可以更低的温度进入下个循环，这将使下个循环冷凝温度的匹配结果变低而趋于稳定，也就相当于间接使整体系统内的制冷剂温度变低，因此，蒸发温度也会受其影响而间接出现较小幅度的降低。

图4-50描绘了冷凝器管长在13~25m范围内变化对各EFE特征能量的影响。图中渐缓递增的Q_{cond}拟合曲线可说明图4-49分析的正确性。冷凝器换热量因管长的增加而增大，平均斜率为0.394。同样渐缓递增的还有蒸发器换热量Q_{evap}，平均斜率为0.1766，这一现象也与蒸发温度匹配结果递减有关，更低的

蒸发温度自然能形成更多的制冷量。压缩机功耗 W_{com} 降低则是因整体系统中的制冷剂温度降低，使压缩机出入口比焓减小所致，其平均斜率为-0.6226。而对于回热器换热量 Q_{IHX}，在制冷剂充注量合理的情况下，由于管长的增加会使冷凝器和蒸发器的换热量增加，并且较低的冷凝温度使流入回热器的制冷剂温度变低，因此减少了回热器换热需要，平均斜率为-0.4。

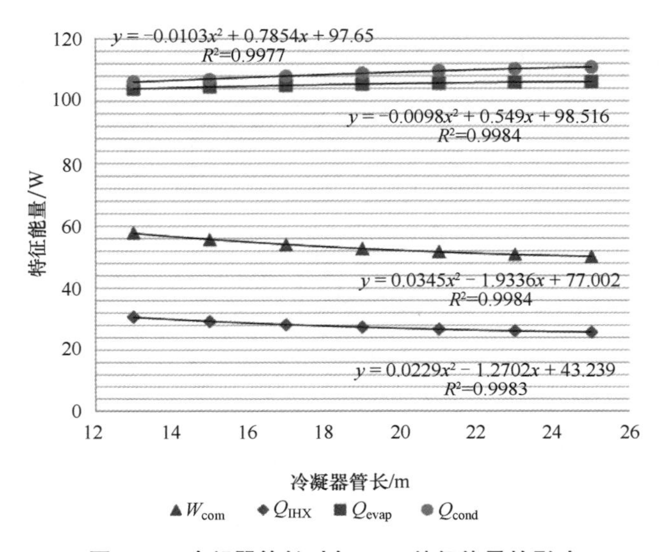

图 4-50　冷凝器管长对各 EFE 特征能量的影响

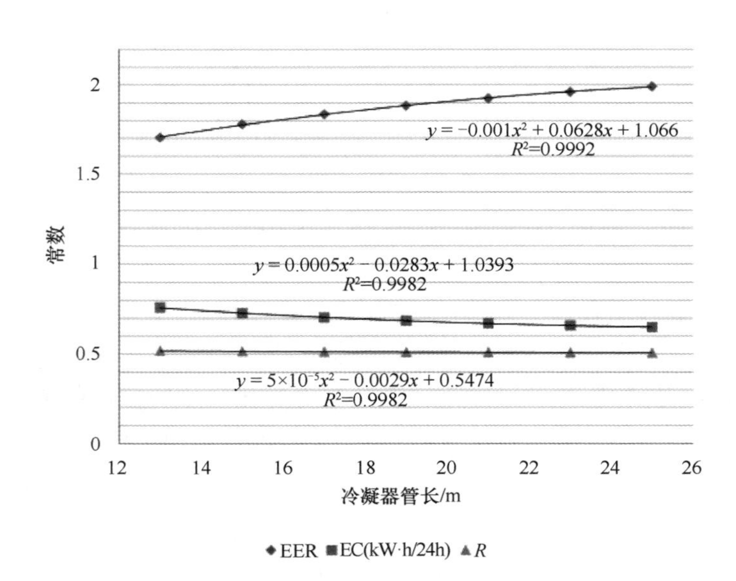

图 4-51　冷凝器管长对整机性能参数的影响

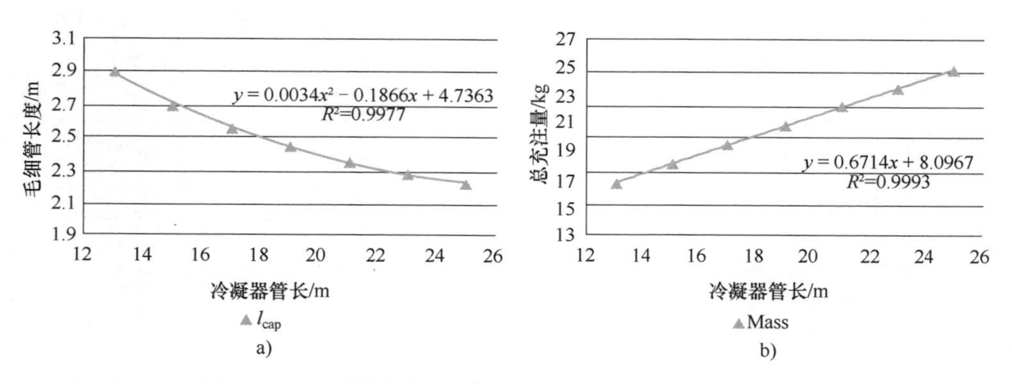

图 4-52　冷凝器管长对毛细管长度和制冷剂充注量的影响

图 4-51 描绘了冷凝器管长在 13～25m 范围内变化对整机性能参数的影响。由图 4-51 可知：冷凝器管长变化对开机率影响较小，二次拟合平均斜率仅为 -0.001。开机率和压缩机功耗均呈现负相关递减趋势，因此电冰箱日耗电量也呈渐缓递减趋势，二次拟合平均斜率为-0.0093。而在制冷量提升与压缩机功耗减小的共同影响下，电冰箱能效比呈现渐缓上升趋势，二次拟合平均斜率为 0.0248。

图 4-52 为测试电冰箱匹配参数毛细管长度、制冷剂充注量随冷凝器管长变化的曲线。与图 4-50 中回热器换热量分析一致，毛细管管长与冷凝器管长呈负相关关系，二次拟合平均斜率为-0.0574。而为了满足较长的冷凝器，使流经的制冷剂能充分换热且不影响系统正常稳定运行，制冷剂充注量需与管长配合而线性递增，斜率为 0.6714，这也与前文分析内容吻合。

从图 4-49～图 4-52 中可看出，冷凝器管长增加使压缩机功耗降低、换热量增加、耗电量降低且能效比上升，对电冰箱性能有利。那么，冷凝器管长不断增加是否会带来负面影响？可以通过仿真模型，以冷凝器特征能量、制冷剂充注量和能效比作为判断依据，进一步计算冷凝管管长持续增加对冷凝器特征能量、制冷量、能效比和制冷剂充注量的影响，其结果如图 4-53 所示。

从图 4-53 中可以看出，管长的增加会提高冷凝器和整机性能，但是由此带来的性能增长将在管长增加到约 30 米之后减缓，而制冷剂充注量随着冷凝器管长增加线性增加。因此，综合性能变化和管长材料、制冷剂充注量等带来的成本与环境问题，原设计中采用约 25m 管长（图 4-53 中曲线上较大方框位置）是合理的。

冷凝器除了管长外，管内径也对性能有直接影响，而且两者对性能的影响是综合的。冷凝器管长 l_{cond} 和管内径 $d_{\text{i,cond}}$ 对各能量流元特征能量、能效比和制冷剂充注量的影响分析，如图 4-54 所示。为了更清楚地分析管长和管内径的影响，设管长为 x、管内径为 y，将图 4-54a～f 所示的曲面进行拟合，如下：

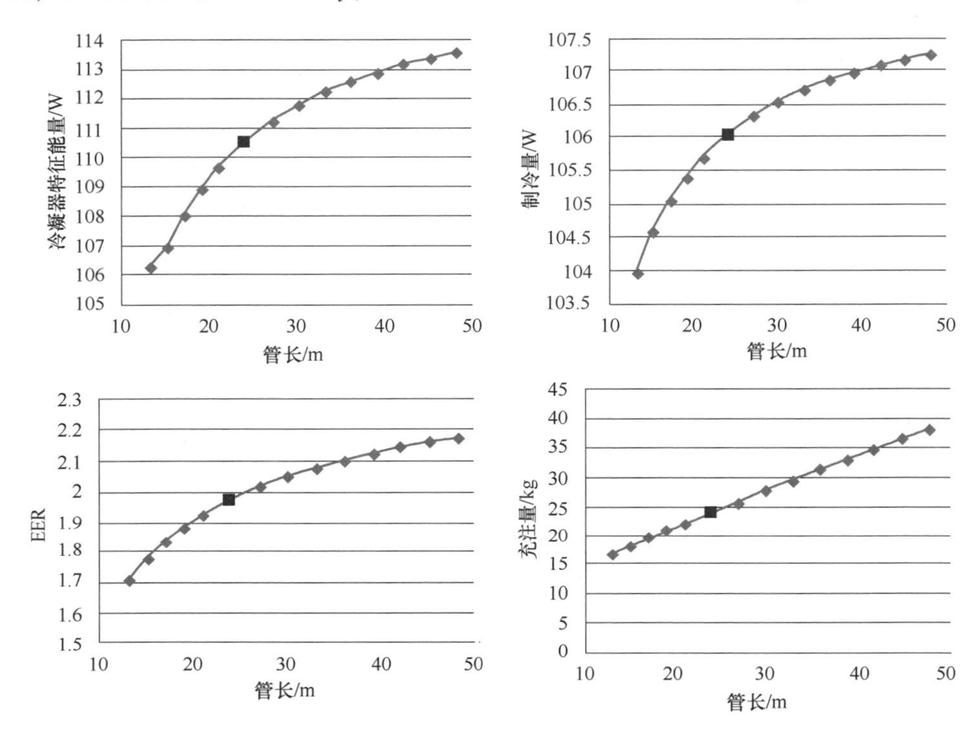

图 4-53 冷凝器管长持续增加的影响

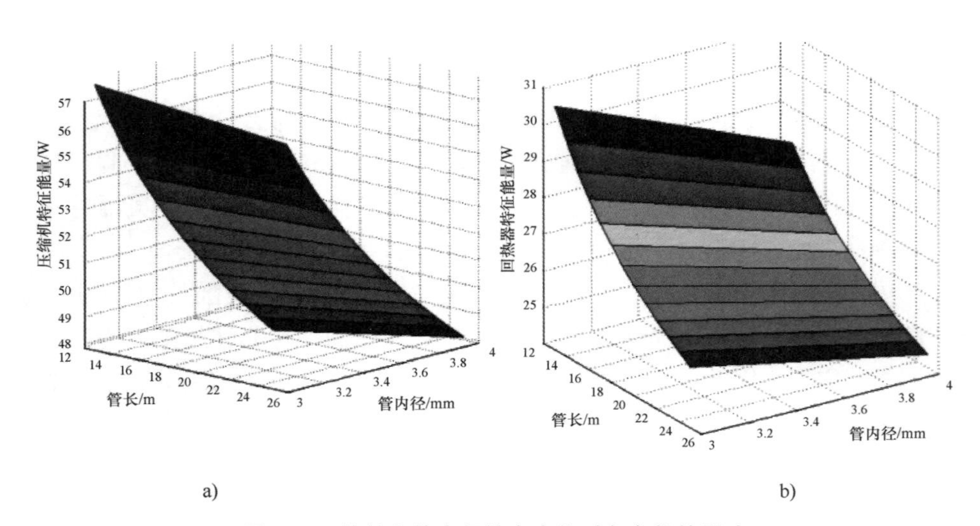

图 4-54 管长和管内径综合变化对各参数的影响

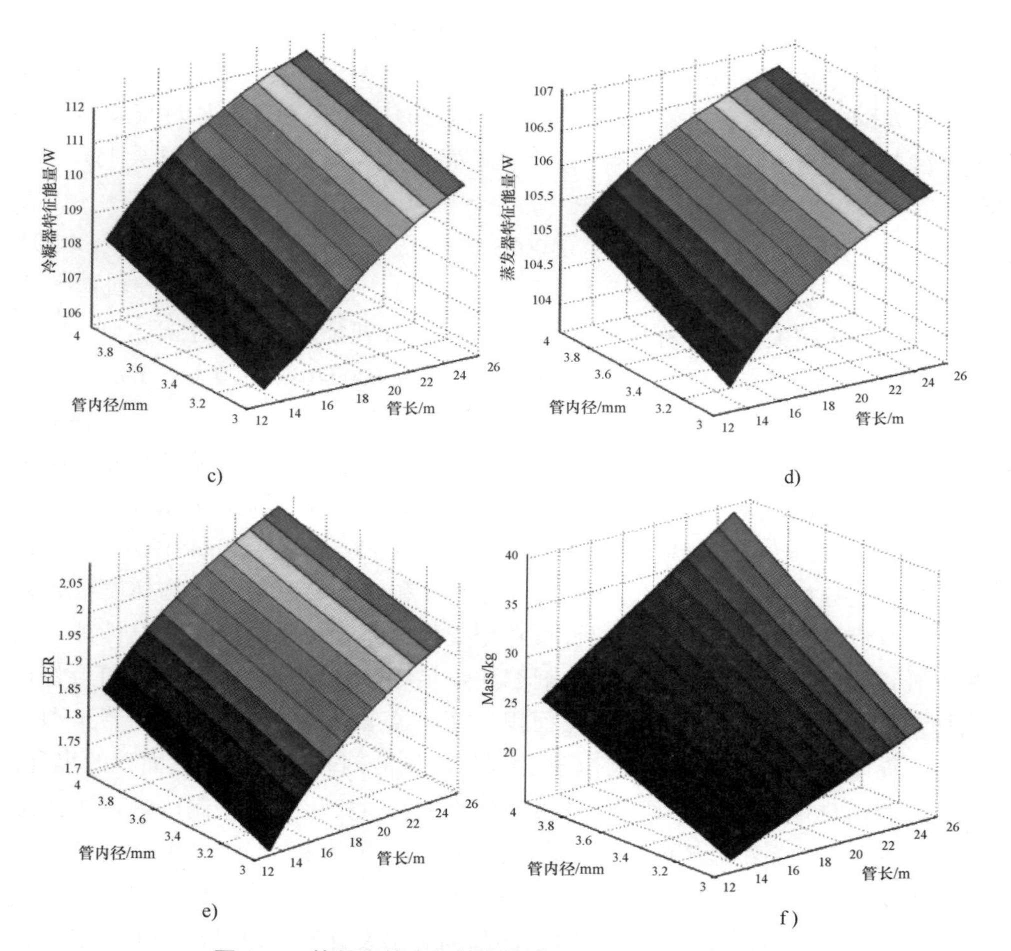

图 4-54　管长和管内径综合变化对各参数的影响（续）

图 4-54a 所示曲面的多项式拟合见式（4-47），管长和管内径对压缩机特征能量的影响均为负相关。随着管长和管内径的递增，压缩机功耗均会下降。

$$f(x,y) = 114.6 - 5.247x - 8.944y + 0.1602x^2 + 0.5034xy - 0.001726x^3 - 0.009254x^2y \tag{4-47}$$

图 4-54b 所示曲面的多项式拟合见式（4-48），管长和管内径对回热器特征能量的影响均为负相关。随着管长和管内径的递增，回热器换热量均会下降。

$$f(x,y) = 68.51 - 3.53x - 6.017y + 0.1082x^2 + 0.3491xy - 0.001161x^3 - 0.006495x^2y \tag{4-48}$$

图 4-54c 所示曲面的多项式拟合见式（4-49），管长和管内径对冷凝器特征能量的影响均为正相关。随着管长和管内径的递增，冷凝器换热量均会上升。

$$f(x,y)=97.58-0.134x+0.488y+0.02611x^2+0.2251xy-0.0002463x^3-0.007581x^2y \tag{4-49}$$

图4-54d所示曲面的多项式拟合见式（4-50），管长和管内径对蒸发器特征能量的影响均为正相关。随着管长和管内径的递增，蒸发器换热量均会上升。

$$f(x,y)=87.84+1.491x+2.545y-0.04551x^2-0.1437xy+0.0004895x^3+0.002647x^2y \tag{4-50}$$

图4-54e所示曲面的多项式拟合见式（4-51），管长和管内径对整机能效比的影响均为正相关。随着管长和管内径的递增，整机能效比均会上升。

$$f(x,y)=0.5451+0.07057x+0.1848y-0.0009461x^2-0.003769xy \tag{4-51}$$

图4-54f所示曲面的多项式拟合见式（4-52），管长和管内径对制冷剂充注量的影响均为正相关。随着管长和管内径的递增，总充注量需求均会上升。

$$f(x,y)=-0.7848-0.569x+2.343y-0.005427x^2+0.4819xy \tag{4-52}$$

从上述分析可以看出：①管长对特征能量和性能参数等的影响梯度较管内径大，且设计生产时管内径不如管长容易变化，因此一般电冰箱的设计都会选择以管长作为设计变量；②在制冷剂充注量足够的情况下，管内径增加与管长增加一样有助于增加制冷剂的换热面积，这反过来也说明若一味增加管长和管内径，而制冷剂充注量不变，则流经冷凝器的制冷剂并不会有换热面积的提升，相反会因换热相变后管路太长而使过冷区增大，过冷度升高，制冷剂以更低温进入回热器，使系统循环内各部件能量流值升高，功耗提升甚至影响平衡。

为了防止产生上述现象，设计中一般会将过冷度 ΔT_{sc} 作为设计参数控制在一定范围内。冷凝器过冷度 ΔT_{sc} 的设计范围是由设计经验总结出来的。根据企业设计经验，过冷度一般在4℃左右，因此选取过冷度 ΔT_{sc} 变化范围为2.5~5.5℃，观察过冷度每上升0.5℃对整机性能产生的影响，仿真结果见表4-15和表4-16。

表4-15　冷凝器过冷度对各能量流元特征能量和性能参数的影响

ΔT_{sc}/℃	2.5	3	3.5	4	4.5	5	5.5
W_{com}/W	50.154	50.143	50.132	50.123	50.113	50.105	50.097
Q_{cond}/W	109.596	109.838	110.080	110.320	110.549	110.788	111.025
Q_{evap}/W	105.691	105.783	105.875	105.966	106.056	106.147	106.237
Q_{IHX}/W	26.728	26.521	26.315	26.110	25.906	25.703	25.501
T_{evap}/℃	−29.618	−29.660	−29.701	−29.741	−29.782	−29.823	−29.863

（续）

ΔT_{sc}/℃	2.5	3	3.5	4	4.5	5	5.5
T_{cond}/℃	35.005	35.063	35.122	35.182	35.241	35.303	35.367
EER	1.981	1.983	1.985	1.987	1.989	1.991	1.993
EC_{day}/[(kW·h)/24h]	0.653	0.652	0.651	0.651	0.650	0.649	0.649
R	0.510	0.509	0.509	0.508	0.508	0.508	0.507
l_{cap}/m	1.949	2.002	2.056	2.109	2.162	2.215	2.268
Mass/g	23.170	23.480	23.797	24.122	24.455	24.796	25.144

表 4-16　冷凝器过冷度对关注参数影响的拟合曲线方程及对应的斜率

参　数	随 ΔT_{sc} 变化的数据拟合曲线方程	拟合平均斜率
W_{com}	$y=-0.0189x+50.199$	-0.0189
Q_{cond}	$y=0.4752x+108.41$	0.4752
Q_{evap}	$y=0.182x+105.24$	0.182
Q_{IHX}	$y=-0.409x+27.478$	-0.409
T_{evap}	$y=-0.0816x-29.415$	-0.0816
T_{cond}	$y=0.1204x+34.702$	0.1204
EER	$y=0.0041x+1.9707$	0.0041
EC_{day}	$y=-0.0014x+0.6563$	-0.0014
R	$y=-0.0009x+0.5121$	-0.0009
l_{cap}	$y=0.1064x+1.6833$	0.1064
Mass	$y=0.658x+21.506$	0.658

由表 4-15 和表 4-16 可看出，过冷度 ΔT_{sc} 的变化对冷凝器、回热器和充注量的影响相对较大。另外，过冷度 ΔT_{sc} 的提升意味着制冷剂将以较低温度状态离开冷凝器，冷凝器换热量会因此增加，带来电冰箱压缩功耗降低、蒸发器制冷量提升、能效比提高等影响，但前提是必须合理匹配管长及制冷剂充注量，且需要匹配设计更长的毛细管，以便在回热器部分能充分对较低温的（冷凝器出口的）制冷剂进行热交换。

（4）蒸发器设计参数　蒸发器设计与冷凝器的设计同理且类似，其主要设计变量有蒸发器管长 l_{evap}、管内径 $d_{i,evap}$ 和过热度 ΔT_{sh}。蒸发器的设计同样一般将管内径作为标准值，与冷凝器一样，其管内径一般为 3~4mm。蒸发器的管长则需根据电冰箱大小、制冷量需求等因素设计，一般为 5~16m 不等。蒸发器管长若过短，制冷剂将无法充分换热并以两相状态离开蒸发器；若过长，则过热区过长，制冷剂过热度过高，制冷剂可能以过高温离开蒸发器，所以蒸发器管过短或过长均会影响制冷系统性能。针对 BCD-4 ××××× B 测试电冰箱进行仿真计算，当蒸发器管长低于 7m 时将无法与制冷系统其他部件的设计匹配，实现电冰箱稳定运行；而当管长超过 17m 时，也会出现匹配数据错误的情况。因此经仿真可以认为此型号电冰箱的蒸发器管长设计范围为 7~17m。在此范围内，管长变化对各特征能量和性能的影响如图 4-55~图 4-58 所示。由于蒸发器将直接影响电冰箱制冷量，影响输送至箱体间室的空气温度，因此仿真分析增加了冷藏室和冷冻室的入口空气温度（$T_{ff,in}$ 和 $T_{fz,in}$），并将管长的仿真区间扩大到 6.5~17m，以观察管长低于设计范围的表现。

图 4-55 描绘了蒸发器管长在 6.5~17m 范围内变化对蒸发温度 T_{evap}、冷凝温度 T_{cond}、冷藏室入口空气温度 $T_{ff,in}$ 和冷冻室入口空气温度 $T_{fz,in}$ 的影响。图中曲线均采用二次拟合，其平均斜率分别为 0.4402、0.3334、−0.2664 和−0.749。由图 4-55 可知，蒸发器管长变化对冷冻室入口空气温度的影响较大，这与经蒸发器制冷的冷空气以更高的风量分配比送往冷冻室有关。另外，当管长为 6.5m 时，冷藏室和冷冻室的入口空气温度（$T_{ff,in}$ 和 $T_{fz,in}$）已高于要求的设定温度，即该温度的冷风无法对间室进行制冷，因此该电冰箱的管长设计不能低至 6.5m。由于蒸发器管长增加会使流经蒸发器的制冷剂更加充分地进行热交换，所以两间室的入口空气温度会随之递减，即获得更多的制冷量。同时，充分的热交换可使制冷剂以较高的温度离开蒸发器，使制冷剂在系统内的运行温度相对升高并再次进入平衡，因此可认为增加管长可以使制冷系统的制冷剂在较高

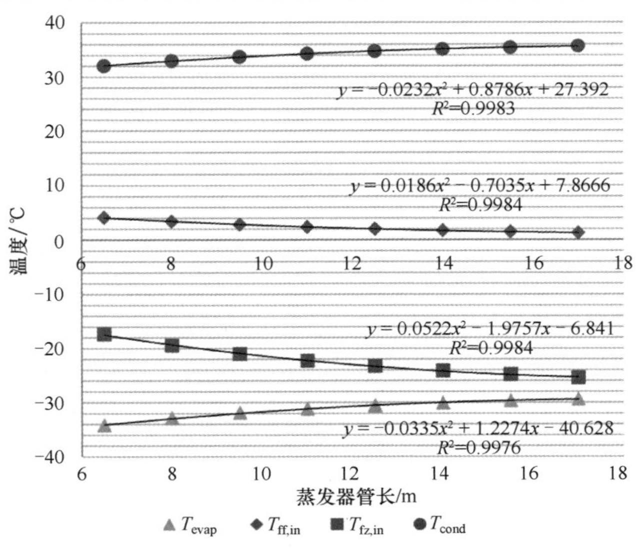

图 4-55　蒸发器管长对各类温度的影响

比焓状态下循环，从而使各 EFE 的特征能量也会有不同程度的提升，如图 4-56 所示。

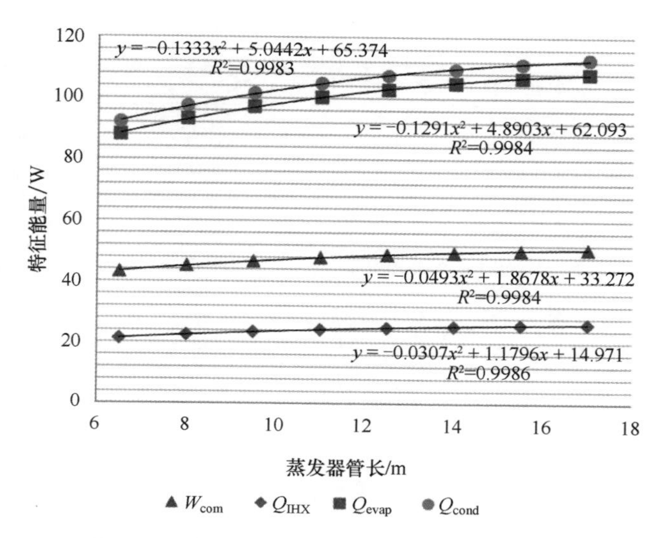

图 4-56　蒸发器管长对各 EFE 特征能量的影响

图 4-56 描绘了蒸发器管长在 6. 5～17m 范围内变化对各 EFE 特征能量的影响。图 4-56 中管长对压缩机、回热器、蒸发器和冷凝器等能量流元特征能量的影响关系的二次拟合曲线均呈现渐缓递增的正相关变化趋势，其平均斜率分别为 0. 7093、0. 4582、1. 8565 和 1. 9117，这是制冷系统内循环的制冷剂温度和比焓相对升高的缘故。相比之下，蒸发器管长对蒸发器制冷量和冷凝器换热量的影响更显著，因为蒸发器和冷凝器是直接参与制冷剂与空气相变换热的能量流元。

图 4-57 描绘了蒸发器管长在 6. 5～17m 范围内变化对整机性能参数的影响。由图 4-57 可知，蒸发器管长增加可以使得电冰箱开机率降低，而开机率降低（平均斜率−0. 0106）能够让耗电量在压缩机特征能量提升的情况下依然呈现下降趋势（平均斜率−0. 0028）。管长带来的制冷量显著提升使整机能效比也处于上升趋势（平均斜率 0. 0088）。显然，在制冷剂充注量合理的情况下，蒸发器管长增加对性能是有利的，但并不显著。

图 4-58 所示为测试电冰箱匹配参数毛细管长度、制冷剂充注量随蒸发器管长变化的曲线。毛细管管长与蒸发器管长呈负相关趋势，二次拟合平均斜率为−0. 0454。为了满足较长的蒸发器，使流经的制冷剂能充分换热且不影响系统正常稳定运行，制冷剂充注量需与管长配合而线性递增，斜率为 0. 3317。这一部

分的分析结果与冷凝器管长的分析类似，只是冷凝器管长对充注量的影响程度相对较高。

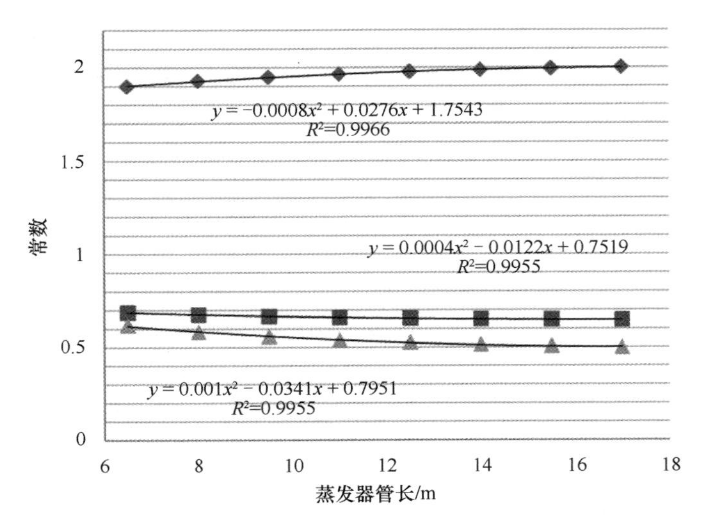

图 4-57　蒸发器管长对整机性能参数的影响

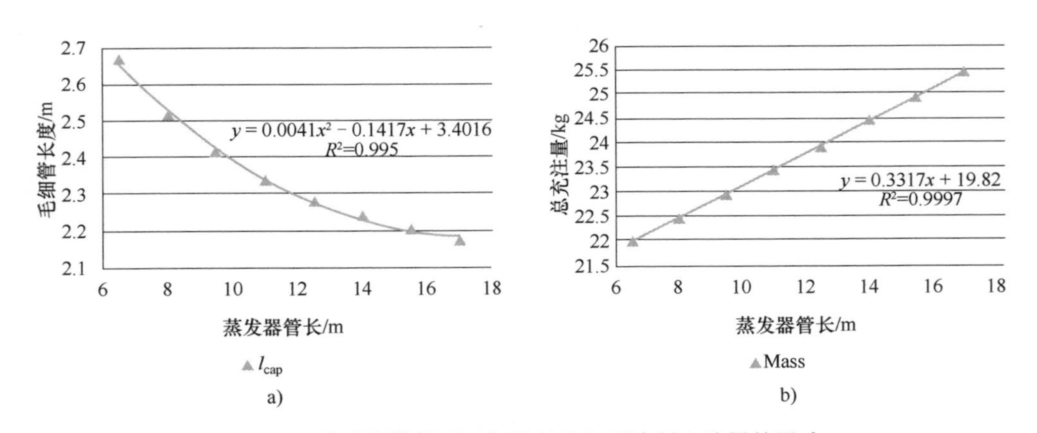

图 4-58　蒸发器管长对毛细管长度和制冷剂充注量的影响

综上所述，作为向箱体提供冷量的蒸发器，其管长对制冷量的影响较明显，这体现在蒸发器特征能量（制冷量）、箱体入口温度和开机率上。虽然管长增加对制冷量和性能有益，但代价是需要更多的制冷剂充注量以进行匹配换热，从而使压缩机功耗增大和冷凝温度升高，以致蒸发温度的再匹配值升高。因此，综合考虑电冰箱所需制冷量、制冷剂充注量、蒸发温度等因素，家用电冰箱蒸发器的管长一般不宜过长。

与冷凝器同理，蒸发器过热度 ΔT_{sh} 也属于蒸发器设计参数之一，其设计范围与冷凝器过冷度相同，来源于设计经验。根据企业设计经验，过热度一般在1℃左右，且越小越好，因此选取 0.5~3℃ 作为分析范围，观察过热度每上升 0.5℃ 对整机性能的影响。仿真结果见表 4-17 和表 4-18。

表 4-17　蒸发器过热度 ΔT_{sh} 对能量流元特征能量和性能参数的影响

ΔT_{sh}/℃	0.5	1	1.5	2	2.5	3
W_{com}/W	66.115	66.094	66.071	66.047	66.022	65.995
Q_{cond}/W	119.508	119.454	119.397	119.337	119.275	119.209
Q_{evap}/W	111.457	111.440	111.421	111.400	111.376	111.349
Q_{IHX}/W	36.571	36.326	36.079	35.832	35.583	35.334
T_{evap}/℃	−26.335	−26.344	−26.353	−26.363	−26.373	−26.384
T_{cond}/℃	52.669	52.659	52.648	52.637	52.625	52.613
EER	1.608	1.608	1.608	1.609	1.609	1.609
EC_{day}/（kW·h/24h）	1.384	1.384	1.383	1.383	1.383	1.383
R	0.832	0.832	0.832	0.832	0.832	0.833
l_{cap}/m	3.046	3.048	3.050	3.052	3.054	3.056
Mass/g	26.086	26.055	26.024	25.992	25.960	25.927

表 4-18　过热度对关注参数影响的拟合曲线方程及对应的斜率

关注参数	随 ΔT_{sh} 变化的数据拟合曲线方程	拟合平均斜率
W_{com}	$y=-0.0478x+66.141$	−0.0478
Q_{cond}	$y=-0.1193x+119.57$	−0.1193
Q_{evap}	$y=-0.0429x+111.48$	−0.0429
Q_{IHX}	$y=-0.4949x+36.82$	−0.4949
T_{evap}	$y=-0.0195x-26.325$	−0.0195
T_{cond}	$y=-0.0225x+52.681$	−0.0225
EER	$y=0.0005x+1.6077$	0.0005
EC_{day}	$y=-0.0004x+1.384$	−0.0004
R	$y=0.0003x+0.8316$	0.0003
l_{cap}	$y=0.004x+3.0436$	0.004
Mass	$y=-0.0637x+26.119$	−0.0637

由表 4-17 和表 4-18 可知，过热度 ΔT_{sh} 的变化对所有参数的影响均可用线性拟合曲线方程回归，且都比冷凝器过冷度变化带来的影响小，对能效比、日耗电量和开机率三项性能参数的影响几乎为零。与冷凝器过冷度不同的是，过热度的增加对蒸发器和冷凝器的特征能量和制冷剂充注量的影响是负相关的。这意味着制冷剂以更高的温度离开蒸发器进入压缩机会降低压缩机的功耗，从而减少了冷凝器换热量。这样一来制冷剂充注量需求就会减少，通过开机率的提升弥补整体能量流量的减少，最终匹配得到的蒸发温度会升高。无论蒸发温度升高还是制冷量减少对于电冰箱性能来说都是有害的，因此，蒸发器过热度应尽量低，但需注意蒸发器过热度必须存在，以保证制冷剂以过热态离开蒸发器。

与冷凝器相同，合理的制冷剂充注量与蒸发器的管长和管径匹配可以避免过热度设计不合理的问题。一般电冰箱设计会以经验确定合理的蒸发器过热度和冷凝器过冷度，再以之来匹配制冷剂充注量。因此，分析蒸发器过热度和冷凝器过冷度对制冷剂充注量的综合影响是有价值的。过热度和过冷度对制冷剂充注量的综合影响如图 4-59 所示，该曲面可以拟合为式（4-53）中的多项式。对多项式中 x（x 轴为冷凝器过冷度）求偏导数的梯度较对 y（y 轴为蒸发器过热度）求偏导数的梯度大，这说明过冷度对制冷剂充注量的影响较过热度大。

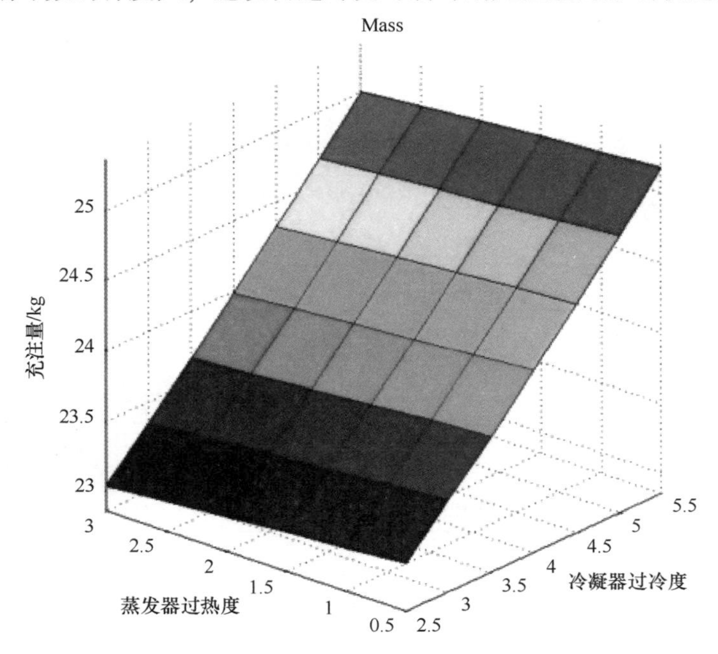

图 4-59　过热度和过冷度对制冷剂充注量的综合影响

$$f(x,y) = 21.51 + 0.6579x - 0.06633y \tag{4-53}$$

2. 空气循环系统设计参数分析

空气循环系统的设计主要有三个内容：一是选择为蒸发器室冷量的输送提供动力的风扇功率；二是设计输送冷量的风道结构；三是设置控制系统中的风量分配比。其中，风道结构设计主要是基于 CFD 的流场建模。在能量流稳态建模仿真计算中，风道结构设计对电冰箱带来的影响主要体现为冷空气流经风道引起的冷量损失，在建模仿真分析中可将该冷量损失的因变量——风量作为变量关联至风扇设计中以进行分析。

（1）风扇功率对电冰箱性能的影响　按照功能，风扇被划分在空气循环系统中，实际上其位于蒸发器室，负责为蒸发器冷量的输送提供动力。风扇直接影响流经蒸发器的空气流速与流量，从而对制冷系统性能带来影响。功率和效率是风扇的主要设计变量。根据风机类产品测试经验，风扇效率一般为 0.7~0.9，而小型风扇的效率偏低。电冰箱风扇功率一般为 4~6W。由风扇功率和效率可计算出风扇对制冷系统做功大小，即风扇特征能量 W_{fan}。可以直接将 W_{fan} 作为对制冷系统性能产生影响的变量进行参数敏感性分析。根据式（4-33）所示关系，将 W_{fan} 取值范围定为 2.8W（4W×0.7）~5.6W（6W×0.9），仿真计算 W_{fan} 变化对各 EFE 的特征能量和性能参数的影响。风扇做功对各能量流元特征能量和性能参数的影响见表 4-19。

表 4-19　风扇做功对各能量流元特征能量和性能参数的影响

W_{fan}/W	2.8	3.2	3.6	4	4.4	4.8	5.2	5.6
W_{com}/W	50.020	50.105	50.189	50.272	50.353	50.437	50.518	50.600
Q_{cond}/W	110.559	110.788	111.014	111.237	111.459	111.680	111.899	112.117
Q_{evap}/W	105.925	106.147	106.367	106.584	106.800	107.015	107.228	107.440
Q_{IHX}/W	25.647	25.703	25.758	25.813	25.868	25.922	25.976	26.029
Q_{ref}/W	100.789	100.591	100.393	100.194	99.995	99.795	99.594	99.394
T_{evap}/℃	-29.873	-29.823	-29.773	-29.724	-29.676	-29.628	-29.580	-29.532
T_{cond}/℃	35.264	35.303	35.343	35.382	35.421	35.459	35.497	35.535
EER	2.005	1.991	1.977	1.964	1.951	1.937	1.924	1.912
EC_{day}/(kW·h/24h)	0.642	0.649	0.656	0.664	0.671	0.678	0.685	0.693
R	0.507	0.508	0.509	0.510	0.511	0.512	0.513	0.514
l_{cap}/m	2.220	2.215	2.211	2.206	2.202	2.198	2.194	2.189
Mass/g	24.797	24.796	24.794	24.793	24.791	24.790	24.789	24.788

对表 4-19 中的数据进行线性拟合，拟合结果见表 4-20。风扇是驱动蒸发器空气流动的零部件。风扇的特征能量 W_{fan} 增大，会导致空气流量增加，蒸发器换热更充分。W_{fan} 的变化会改变蒸发器制冷量 Q_{evap} 和箱体所接受的冷量 Q_{ref} 之间的差，即空气在风道中的能量流失会因风量增大而增大。Q_{evap} 和 Q_{ref} 随 W_{fan} 的变化关系及梯度如图 4-60 所示，两条曲线一增一减，且 Q_{evap} 的上升梯度较 Q_{ref} 的下降梯度略大。由于风扇做功的增加会使箱体接受的制冷量 Q_{ref} 降低，且风扇做功也有损耗，从而导致电冰箱耗电量上升，能效比下降。因此，风扇的选择需综合考虑结构和风量等因素，此测试电冰箱选择的风扇的 W_{fan} 为 4W（图 4-60 中较大的矩形框位置处），便是权衡诸因素的结果。

表 4-20　各项参数变化的拟合曲线方程及对应的斜率

参　数	随 W_{fan} 变化的数据拟合曲线方程	拟合平均斜率
W_{com}	$y=0.2071x+49.442$	0.2071
Q_{cond}	$y=0.5561x+109.01$	0.5561
Q_{evap}	$y=0.5406x+104.42$	0.5406
Q_{IHX}	$y=0.1365x+25.266$	0.1365
Q_{ref}	$y=-0.4983x+102.19$	-0.4983
T_{evap}	$y=0.1217x-30.212$	0.1217
T_{cond}	$y=0.0969x+34.993$	0.0969
EER	$y=-0.0334x+2.0982$	-0.0334
EC_{day}	$y=0.0181x+0.5914$	0.0181
R	$y=0.0025x+0.4994$	0.0025
l_{cap}	$y=-0.0108x+2.2495$	-0.0108
Mass	$y=-0.0032x+24.806$	-0.0032

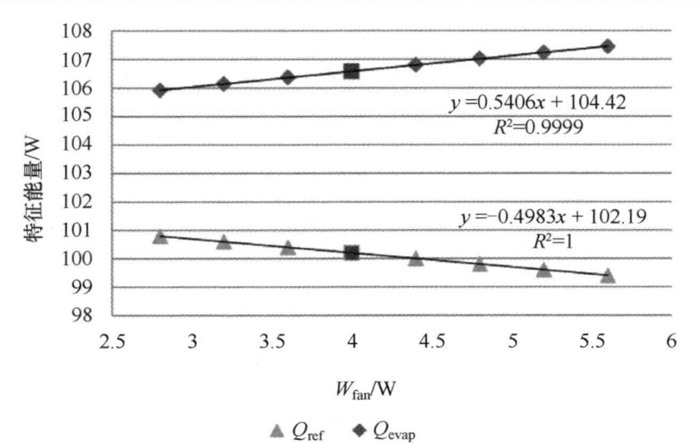

图 4-60　风扇做功对 Q_{evap} 和 Q_{ref} 的影响关系

（2）风量分配比对电冰箱性能的影响　风量分配比 r 是指分配至冷冻室的风量与总送风量之比，其大小由控制系统决定。由于风量分配比 r 的设定结果直接影响着输送至两间室的冷量，影响电冰箱性能，因此，对其进行仿真计算，仿真结果见表 4-21。对表 4-21 中的数据进行拟合，可得到各参数对风量分配比 r 变化的拟合曲线方程，见表 4-22，其中影响较大的日耗电量、开机率、蒸发温度、冷冻室入口空气温度和冷藏室入口空气温度的拟合曲线如图 4-61 所示。

表 4-21　风量分配比对各能量流元特征能量和性能参数的影响

r	0.3	0.35	0.4	0.45	0.5	0.55	0.6	0.65
W_{com}/W	53.652	54.347	54.716	54.741	54.421	53.773	52.830	51.637
Q_{cond}/W	120.289	122.141	123.122	123.189	122.337	120.611	118.092	114.898
Q_{evap}/W	115.388	117.191	118.146	118.211	117.381	115.702	113.251	110.144
Q_{IHX}/W	28.065	28.534	28.784	28.801	28.584	28.147	27.513	26.717
T_{evap}/℃	−27.794	−27.411	−27.210	−27.196	−27.371	−27.727	−28.254	−28.932
T_{cond}/℃	36.959	37.282	37.454	37.456	37.317	37.016	36.577	36.020
EER	2.030	2.036	2.040	2.040	2.037	2.031	2.021	2.009
EC_{day}/(kW·h/24h)	0.634	0.632	0.630	0.630	0.631	0.634	0.637	0.642
R	0.465	0.457	0.453	0.453	0.457	0.464	0.474	0.488
l_{cap}/m	2.046	2.017	2.002	2.001	2.014	2.041	2.083	2.138
Mass/g	24.813	24.818	24.821	24.822	24.819	24.814	24.807	24.800
$T_{ff,in}$/℃	−17.752	−16.049	−14.051	−11.797	−9.337	−6.735	−4.056	−1.364
$T_{fz,in}$/℃	−4.442	−7.785	−11.018	−14.063	−16.847	−19.314	−21.426	−23.164

表 4-22　各项数据组的变化拟合曲线方程及对应的斜率

参　数	随 r 变化的数据拟合曲线方程	拟合平均斜率
W_{com}	$y=-39.799x^2+26.289x+51.364$	−25.4497
Q_{cond}	$y=-108.2x^2+72.435x+113.53$	−68.225
Q_{evap}	$y=-104.95x^2+70.092x+108.92$	−66.343
Q_{IHX}	$y=-25.045x^2+15.677x+27.108$	−16.8815
T_{evap}	$y=-26.161x^2+19.308x-30.429$	−14.7013
T_{cond}	$y=-18.848x^2+12.612x+35.785$	−11.8904

（续）

参　　数	随 r 变化的数据拟合曲线方程	拟合平均斜率
EER	$y=-0.5903x^2+0.4857x+1.9422$	−0.28169
EC_{day}	$y=0.2515x^2-0.2153x+0.6761$	0.11165
R	$y=0.6965x^2-0.5894x+0.577$	0.31605
l_{cap}	$y=2.8584x^2-2.4625x+2.531$	1.25342
Mass	$y=0.3774x^2-0.5877x+25.023$	−0.09708
$T_{ff,in}$	$y=52.974x-35.84$	52.974
$T_{fz,in}$	$y=73.769x^2-127x+28.217$	−31.1003

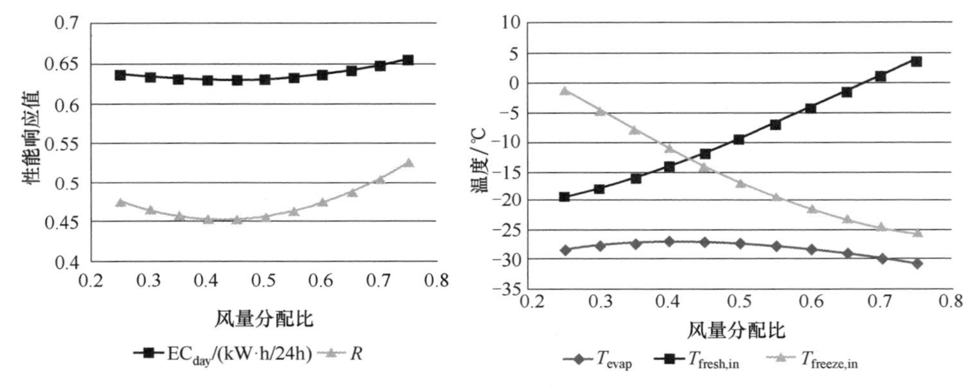

图 4-61　风量分配比对温度和性能的影响

由表 4-21、表 4-22 和图 4-61 可知，受风量分配比变化影响最大的是冷冻室和冷藏室的入口空气温度。由于冷冻室所要求的温度较冷藏室更低，因此，冷冻室分配的风量比冷藏室多，电冰箱风量分配比一般为 0.55～0.75。如果冷藏室的风量分配较多，就可能因冷藏室保温隔热较差而出现漏热量增大的现象，从而使回送至蒸发器的空气温度升高，导致电冰箱开机率增高、耗电量变大等联锁问题。当风量分配比大于 0.75 时，冷藏室会因为被分配到的冷量不足而难以达到设定温度，从而导致开机率、耗电量增加，如图 4-61 所示。因此，风量分配比不能过小也不能过大，必须结合箱体热负载的需求来确定。

3. 箱体设计参数分析

箱体的功能是储物保鲜。对箱体设计来说，箱体容积、隔热设计、结构类型（包括间室数量、组装结构等），及箱内温度要求都是影响其热负载量的设计因素。测试电冰箱 BCD-4 ××××× B 是家用电冰箱常见的两间室、上下组合结构，下面从容积和隔热两方面进行讨论。

（1）箱体容积设计分析　箱体的有效容积为箱体各个储物间室的内腔容积之和，是电冰箱储物能力的指标之一。箱体容积的设计就是对其间室进行内腔结构设计。箱体容积可以简化为两个长方体间室内腔的容积（容积为间室宽度、深度和高度的乘积）之和减去蒸发器和压缩机腔室的体积。因此，容积的主要设计参数就是各个内腔的设计尺寸。图4-62给出了在壁厚和发泡系数等隔热设计不变的情况下，间室宽度、深度和高度变化与日耗电量、压缩机功耗以及蒸发器特征能量（制冷量）、箱体特征能量（热负载）的关系。显然，箱体尺寸对电冰箱性能有显著的影响。

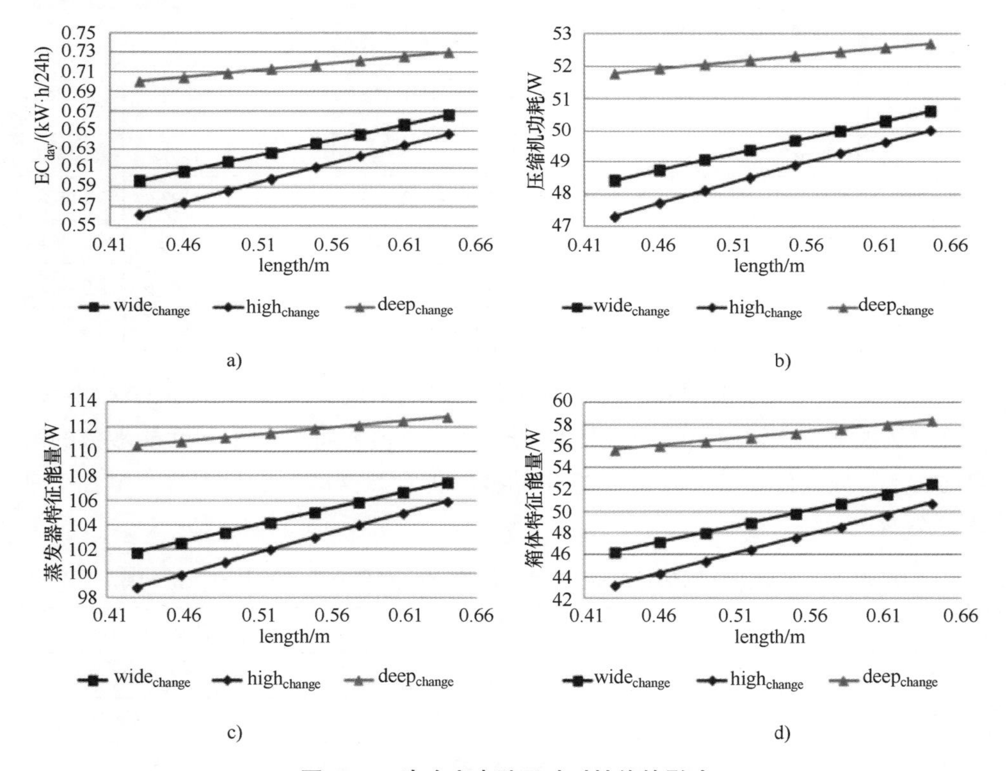

图4-62　冷冻室内腔尺寸对性能的影响

（2）箱体隔热设计分析　箱体的隔热主要跟隔热层厚度及其使用的隔热材料有关。根据式（4-39）和式（4-40），同一面积下的漏热量大小与隔热材料的热导率成正比，与壁厚成反比。箱体设计时需要权衡壁厚、隔热材料的热导率、发泡工艺和成本等诸多因素，隔热材料的热导率 λ_w 是其中重要的设计因素。为此，将隔热材料的热导率 λ_w 作为设计变量进行相关的仿真分析，可得到其对各能量流元特征能量和性能参数的影响，见表4-23。

表 4-23 隔热材料的热导率 λ_w 对能量流元特征能量和性能参数的影响

λ_w/[W/(m·K)]	0.0205	0.0255	0.0305	0.0355	0.0405	0.0455	0.0505	0.0555
W_{com}/W	59.792	64.416	68.387	71.844	74.885	77.591	80.010	82.193
Q_{cond}/W	117.834	128.689	137.944	145.936	152.895	159.049	164.497	169.393
Q_{evap}/W	111.312	121.627	130.404	137.972	144.571	150.382	155.538	160.146
Q_{IHX}/W	32.057	35.288	38.126	40.644	42.893	44.920	46.755	48.426
Q_{cab}/W	71.888	86.707	101.525	116.344	131.163	145.982	160.801	175.620
EER	1.767	1.799	1.822	1.839	1.851	1.861	1.869	1.875
EC_{day}/(kW·h/24h)	1.028	1.212	1.397	1.582	1.768	1.954	2.141	2.328
R	0.680	0.747	0.813	0.879	0.944	1.008	1.072	1.136
l_{cap}/m	2.621	2.406	2.255	2.142	2.055	1.986	1.929	1.882
Mass/g	25.483	25.510	25.548	25.591	25.637	25.680	25.724	25.764
$T_{ff,in}$/℃	0.992	3.106	4.875	6.335	7.603	8.704	9.670	10.525
$T_{fz,in}$/℃	-23.765	-19.532	-16.011	-13.028	-10.465	-8.236	-6.277	-4.541

由表 4-23 可知，热导率对箱体热负载的影响是成比例的，这也跟式（4-39）相符。从数据变化幅度可看出隔热材料对各能量流元特征能量和性能参数的影响远大于一般设计变量。对表 4-23 中的各项仿真数据结果进行拟合，拟合结果见表 4-24。

表 4-24 各参数随隔热材料的热导率 λ_w 变化的拟合曲线方程及对应的斜率

参　数	随 λ_w 变化的数据拟合曲线方程	拟合平均斜率
W_{com}	$y=-7918.3x^2+1233.8x+37.979$	632.0092
Q_{cond}	$y=-19372x^2+2925.1x+66.389$	1452.828
Q_{evap}	$y=-18500x^2+2782x+62.42$	1376
Q_{IHX}	$y=-5094.5x^2+850.38x+16.849$	463.198
Q_{cab}	$y=2963.8x+11.131$	2963.8
T_{evap}	$y=-4466.9x^2+608.67x-37.882$	269.1856
T_{cond}	$y=-3370x^2+509.01x+36.515$	252.89
EER	$y=-79.421x^2+8.994x+1.6188$	2.958
EC_{day}	$y=37.157x+0.2644$	37.157

（续）

参　数	随λ_w变化的数据拟合曲线方程	拟合平均斜率
R	$y=13.021x+0.415$	13.021
l_{cap}	$y=510.94x^2-58.961x+3.5953$	-20.1296
Mass	$y=8.3047x+25.301$	8.3047
$T_{ff,in}$	$y=-4041.9x^2+574.7x-8.9973$	267.5156
$T_{fz,in}$	$y=-8035.2x^2+1150.5x-43.794$	539.8248

由表4-24可以看出，隔热材料的热导率对箱体特征能量Q_{cab}、耗电量EC、开机率R和制冷剂充注量Mass的影响都是线性的，其中影响最大的是Q_{cab}。而蒸发器和冷凝器的换热量提升说明在箱体热负载大的情况下需要更大的换热量才能尽量确保箱内供冷量，这一点从开机率和耗电量的增加得到了反映。开机率和耗电量的增加表明隔热材料热导率增大会提高制冷系统的工作负荷。另外，从特征能量来看，受热导率影响较大的参数均是与温度直接相关的特征能量。因此，可判定隔热材料热导率的增大会减弱箱体的隔热保温效果，使两间室热耗散量增大，循环至蒸发器的箱内空气温度升高，从而增加蒸发器换热量，提升各EFE的特征能量。

由式（4-39）能看出，箱体间室与外界的温差是其隔热需求的决定因素之一，温差越大表示需要越好的隔热设计。因此，冰箱箱体结构设计时冷冻室的壁会比冷藏室厚，且由于电冰箱侧面贴有冷凝器，箱内外温差较大，壁厚也会较厚。

除了隔热材料的热导率外，门封条作为箱体和门体的接合部，也是热耗散的主要环节。门封条除了需要满足低热导率外，也要考虑其密封性、韧性、弹性等力学物理特性。门封条现主要由软质聚氯乙烯（SPVC）外套和磁性胶条组成，热导率约为0.08W/（m·K）。表4-25中列出了门封条热导率对各能量流元特征能量和性能参数的影响，表4-26为数据的拟合曲线方程及平均斜率。

表4-25　门封条热导率λ_{slip}对各能量流元特征能量和性能参数的影响

λ_{slip}［W/（m·K）］	0.065	0.070	0.075	0.080	0.085	0.090	0.095	0.100
W_{com}/W	49.490	49.697	49.902	50.105	50.305	50.504	50.701	50.897
Q_{cond}/W	109.136	109.692	110.243	110.788	111.327	111.861	112.390	112.914
Q_{evap}/W	104.542	105.083	105.618	106.147	106.671	107.191	107.705	108.214
Q_{IHX}/W	25.299	25.435	25.570	25.703	25.835	25.967	26.097	26.226

（续）

λ_{slip} [W/(m·K)]	0.065	0.070	0.075	0.080	0.085	0.090	0.095	0.100
Q_{cab}/W	49.453	49.986	50.520	51.053	51.587	52.120	52.653	53.187
EER	1.984	1.987	1.989	1.991	1.994	1.996	1.998	2.000
EC_{day}/(kW·h/24h)	0.632	0.638	0.643	0.649	0.655	0.661	0.667	0.673
R	0.500	0.502	0.505	0.508	0.510	0.513	0.515	0.518
l_{cap}/m	2.248	2.237	2.226	2.215	2.205	2.194	2.184	2.174
Mass/g	24.795	24.795	24.795	24.796	24.796	24.796	24.797	24.798
$T_{ff,in}$/℃	1.242	1.339	1.435	1.529	1.622	1.713	1.803	1.892
$T_{fz,in}$/℃	−25.433	−25.164	−24.900	−24.639	−24.382	−24.129	−23.880	−23.634

表 4-26　各项参数随门封条导热系数 λ_{slip} 变化的拟合曲线方程及对应的斜率

参　数	随λ_{slip}变化的数据拟合曲线方程	拟合平均斜率
W_{com}	$y=40.176x+46.886$	40.176
Q_{cond}	$y=107.92x+102.14$	107.92
Q_{evap}	$y=104.9x+97.742$	104.9
Q_{IHX}	$y=26.46x+23.583$	26.46
Q_{cab}	$y=106.69x+42.518$	106.69
T_{evap}	$y=23.651x-31.719$	23.651
T_{cond}	$y=18.808x+33.797$	18.808
EER	$y=0.4655x+1.954$	0.4655
EC_{day}	$y=1.1683x+0.5558$	1.1683
R	$y=0.5288x+0.4652$	0.5288
l_{cap}	$y=-2.1026x+2.3839$	−2.1026
Mass	$y=1.402x^2-0.152x+24.799$	0.07933
$T_{ff,in}$	$y=18.564x+0.0402$	18.564
$T_{fz,in}$	$y=51.392x-28.76$	51.392

由表 4-25 和表 4-26 可知，虽然门封条对所有性能的影响趋势与壁面热导率相同，但是影响程度明显较小。应该指出的是，这一结论是在不考虑门封条密封性的情况下做出的，实际上密封是门封条隔热设计的重要内容。

综上所述，本章主要以电冰箱为对象讨论了能量流建模方法和仿真分析过程。从电冰箱的例子可以看出，基于能量流模型的设计方法不仅可以量化设计变量对特征能量和性能参数的影响程度，而且可以从各 EFE 特征能量的变化，弄清楚设计变量是以何种方式，对某个或某些能量流元，产生何种程度的影响，从而影响产品性能的。因此，基于能量流模型的设计方法为单纯的仿真计算赋予了因果关系和更强的逻辑性，使设计及优化工作更有方向性。同时应该强调的是，能量流模型以能量为纽带在设计变量与产品功能和性能之间构建了一座桥梁，使得原来在概念设计中的流集（能量流、物质流和信息流）能够与详细设计中的设计变量和接口参数紧密联系起来，从而更有效地支撑性能设计。

4.4 基于能量流的耗能机电产品性能匹配方法

从前面关于能量流模型构建和仿真分析的论述中可以看到，产品的功能和性能由可控的设计变量和接口参数决定，而设计变量和接口参数又通过能量作用实现功能和性能。能量流模型虽然在设计变量与功能、性能之间构建了能量这个桥梁，但是对于复杂耗能机电产品来说，其设计变量众多，且设计变量与性能之间的关系并非都具有独立性，而是具有复杂的相关性，这一点在4.3.5节中以电冰箱为例分析设计参数与性能之间的关系时已经充分体现。因此，本节主要讨论利用能量流模型实现性能匹配和设计优化的方法。

性能匹配是产品开发中的重要工作。工程实际中多采用经验加试验的方法进行性能匹配，但由于设计变量多，且与性能之间作用关系复杂，因此，经验加试验的性能匹配方法耗时耗力。为此，本节首先分析设计变量、特征能量和性能之间的关系，在此基础上提出基于能量流的性能匹配原理及流程；然后采用因果模型分析方法在同一个模型中建立设计变量、特征能量及性能三个因子之间的作用关系，利用路径分析技术和试验设计得出上述因子之间的定量作用程度；定义性能关重度指标来描述设计变量对性能的综合影响程度，利用效应分解方法分析设计变量通过不同路径对性能的总效应，求得性能关重度。通过比较性能关重度，可得出在当前关注性能下存在匹配关系的一组关键设计变量，对其进行优化，实现产品的性能匹配。

4.4.1 基于能量流模型的性能匹配方法与流程

耗能机电产品的性能匹配指的是在多个存在交互作用的零部件之间取得平衡，使性能得到优化。性能匹配一直是机电产品开发的重要内容，特别是在节能降耗目标加入以后，性能匹配的内容又增加了能耗、能效等要求，设计的难度更大了。

耗能机电产品的性能匹配问题可表述成所关注性能下的设计优化问题，其一般形式如式（4-54）所示。

$$
\begin{aligned}
&\text{minimize} && f(\boldsymbol{v}),\boldsymbol{v}=(\boldsymbol{v}_1,\boldsymbol{v}_2,\cdots,\boldsymbol{v}_n)' \\
&\text{subject to} && g_j(\boldsymbol{v})\leqslant 0, j=1,2,\cdots,J \\
& && h_k(\boldsymbol{v})=0, k=1,2,\cdots,K \\
&\text{and} && v_i^{(L)}\leqslant v_i\leqslant v_i^{(U)}, i=1,2,\cdots,n
\end{aligned}
\tag{4-54}
$$

式中，f 为以标量形式表达的目标函数；$\boldsymbol{v}$ 为设计变量；g_j 和 h_k 分别为不等式形式和等式形式的约束函数；$v_i^{(L)}$ 和 $v_i^{(U)}$ 分别为第 i 个设计变量 v_i 取值的下限和上限；节能降耗需求可体现为与能耗相关的目标函数或约束函数。

求解式（4-54）所示模型的优化问题的基础和关键是构建一组合理的设计变量。这组设计变量要求能够同时反映传统性能和能耗目标。对于复杂耗能机电产品而言，数目众多的设计变量，与传统性能以及能耗目标之间存在不同性质不同程度的相关性，且目标函数和约束函数常常难以用函数形式来表达。因此，在实际的设计过程中，需要一种有效的途径来选择合适的设计变量以构建式（4-54）所示模型。

能量是耗能机电产品主要功能和性能实现的关键，因此，其与传统性能以及能耗目标均有较强的关联程度。各种设计理论，无论是 TRIZ 中的物场理论，还是基于功能基的功能分析方法，都明确指出耗能机电产品的功能和性能是由零件和作用于零件上的能量共同决定的，即耗能机电产品的能量流动形式和状态对性能有较强的影响。因此，以能量作为切入点，分析零部件的设计变量对能量流动以及性能的影响是求解式（4-54）所示模型优化问题的关键思路，这也是本书构建能量流模型的原因。

在 4.1 节和 4.2 节建立的耗能机电产品能量流模型中，产品以 EFE 的形式来表达，能够反映能量在 EFE 间的作用形式以及状态，4.3 节的模型验证案例表明可以用特征能量和能量变化量来评价功能和性能实现的程度。从详细设计的角度审视能量流模型，设计变量 $\boldsymbol{v}$ 是产品及其能量流元的设计对象，接口状态参数初值 q_0 是产品及其能量流元的边界条件或初始条件，两者构成了能量流元功能和性能实现的设计输入。当设计变量 $\boldsymbol{v}$ 确定了，能量流元的零部件的具体形式和参数也就确定了。设计变量 $\boldsymbol{v}$ 与接口状态参数 q 共同决定了产品能量流元的运行状态，即能量流元的响应。能量流元的响应体现为输出的接口参数、特征能量和能量变化量，这些都可以通过能量特性方程来表征。多个相互作用的能量流元构建起实现耗能机电产品功能和性能的能量流模型，能量流元之间相互作用的关键就是用能量特性方程表达的特征能量和能量变化量。

虽然能量在耗能机电产品的性能实现中起关键作用，但是仅靠能量流模型仍然无法直接得出设计变量对性能目标实现的重要程度，原因是众多设计变量、特征能量和性能之间存在相互关系，且其中不少难以通过严格的数学表达式来获得。此外，能量流模型中各 EFE 之间通过能量流相互影响，各能量流元特征能量对其性能实现存在不同程度的贡献，因此，设计变量、能量和性能之间存在着网状的复杂关系。如何构建三者之间的复杂关系，是得出设计变量对性能的影响程度的难点。

由于能量流模型应用流集构建能量流元之间的关系，各个能量流元之间存在一定的因果关系。因此，可以借助分析因素之间相互影响关系的因果模型方法，来构建设计变量、能量和功能、性能之间的相互作用关系，并基于此，定义和计算表达设计变量对性能影响程度的性能关重度。耗能机电产品基于能量流的性能匹配的设计流程，如图 4-63 所示：首先，设定性能目标及约束，确定

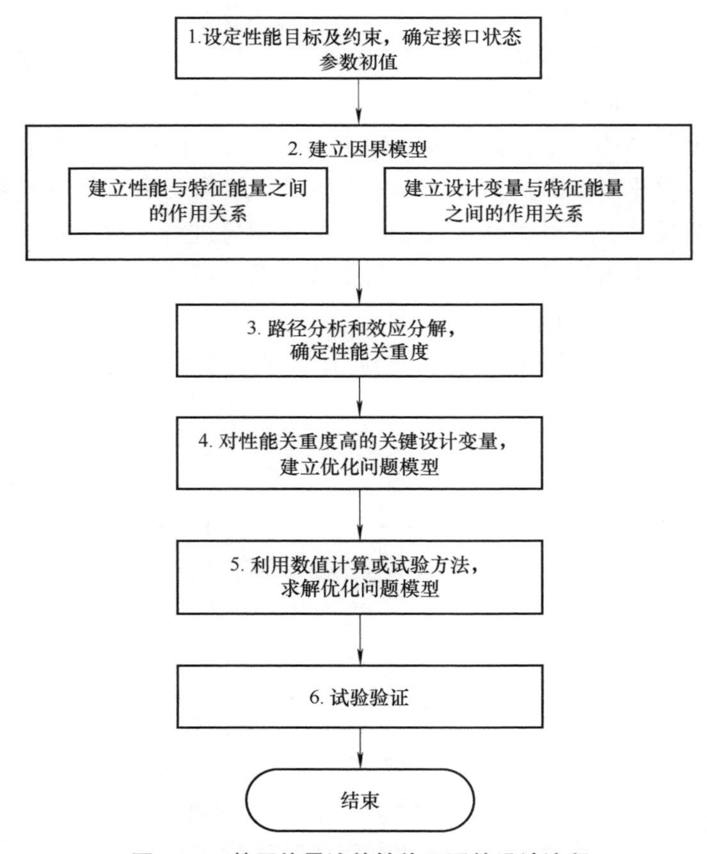

图 4-63　基于能量流的性能匹配的设计流程

能量初始状态参数作为系统边界；其次，利用因果模型建立设计变量、特征能量和性能之间的相互关系，建立设计变量到特征能量以及特征能量到性能之间的作用路径；然后，通过路径分析和效应分解计算设计变量通过多个特征能量间接作用于性能的性能关重度，确定对性能有显著影响的关键设计变量；最后，通过优化设计迭代，将关键设计变量初值带入能量流模型当中进行仿真或试验，不断修正设计变量的值，直到满足性能目标及约束，完成设计任务。下面对流程中的关键环节建立因果模型和确定性能关重度的方法进行说明。

4.4.2 基于因果模型的性能关重度分析

本小节采用因果模型分析设计变量、特征能量和性能三者之间的相关性，并利用路径分析和效应分解确定设计变量对性能的影响程度。

1. 因果模型及其构建方法

（1）因果模型的概念　因果模型是一种利用路径分析技术，分析变量或因素之间因果关系的分析方法，其基本思路为通过可观测的数据对变量间假设的关系进行验证。与回归分析不同的是，回归分析多用于探讨一个因变量与若干个自变量之间的结构关系，而因果模型用于分析多个因变量与多个自变量之间的结构关系。这里所谓因变量与自变量之间的“结构关系”代表了变量之间预先假定的因果关系，这种关系可通过变量的观测值进行抽取，并得到验证。因果模型的特点是不需要了解变量之间的函数关系，而可通过对变量数据之间的相关性分析获取相互影响。

因果模型的形式可用路径分析中的路径图来表达。图 4-64 所示为一个包含五个变量的路径图示例。

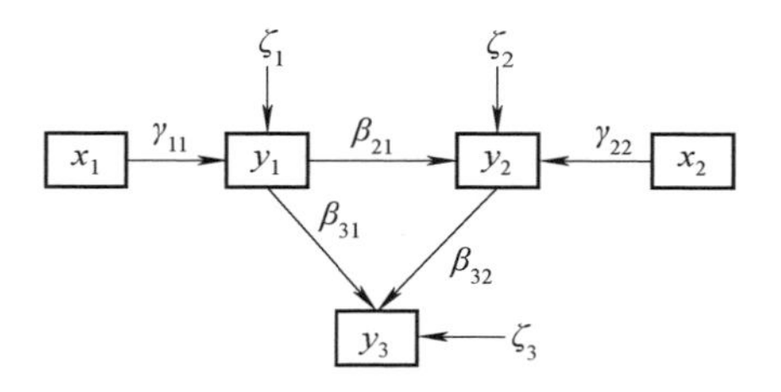

图 4-64　一般形式的路径图

在路径图中，方框代表变量，箭头代表变量之间的因果关系，例如 x_1 对 y_1 存在影响，则画一条由 x_1 指向 y_1 的箭头。箭头上的数字称作路径系数，表示变量之间的影响程度；路径系数下标的顺序是结果变量在前，原因变量在后。变量之间的关系可分为外生变量和内生变量。只产生作用而不受影响的变量称为外生变量，如图4-64中的x_1、x_2；受到其他变量影响的变量称为内生变量，如图4-64中的y_1、y_2、y_3。内生变量之间也可能存在相关性。一般从外生变量到内生变量的路径系数用γ表示，内生变量之间的路径系数用β表示。

由图4-64可知，路径图可用于表达和分析多个变量之间的关系，包括分析变量间存在的间接影响关系。通常，因果模型的一般形式可表达为式（4-55）所示的结构方程组：

$$\boldsymbol{Y} = \boldsymbol{BY} + \boldsymbol{\Gamma X} + \boldsymbol{\zeta} \tag{4-55}$$

式中，$\boldsymbol{X}$为由q个外生变量组成的矢量；$\boldsymbol{Y}$为由p个内生变量组成的矢量；$\boldsymbol{B}$是由内生变量指向外生变量的路径系数组成的矩阵；$\boldsymbol{\Gamma}$为由外生变量指向外生变量的路径系数组成的矩阵；$\boldsymbol{\zeta}$为内生变量的误差矢量。

对于图4-64所示的由2个外生变量和3个内生变量组成的因果模型，其路径系数矩阵分别为：$\boldsymbol{B}=\begin{bmatrix} 0 & 0 & 0 \\ \beta_{21} & 0 & 0 \\ \beta_{31} & \beta_{32} & 0 \end{bmatrix}$，$\boldsymbol{\Gamma}=\begin{bmatrix} \gamma_{11} & 0 \\ 0 & \gamma_{22} \\ 0 & 0 \end{bmatrix}$。假设内生变量各个误差之间相互独立，即其两两之间协方差为0，则此时的误差协方差阵$\boldsymbol{\Psi}$可表示为一个对角阵：$\boldsymbol{\Psi}=\begin{bmatrix} \psi_{11} & 0 & 0 \\ 0 & \psi_{22} & 0 \\ 0 & 0 & \psi_{33} \end{bmatrix}$。类似图4-64形式的因果模型，即$\boldsymbol{B}$为下三角阵且$\boldsymbol{\Psi}$为对角阵的因果模型称为递归模型。下文会指出，能量流模型中设计变量、特征能量和性能之间的关系满足递归模型的条件，能够采用最小二乘法对路径关系进行识别。

递归模型有以下两项优点：

1）递归模型都是可识别的，可识别的模型能够通过建立结构方程确定路径系数的解。

2）递归模型允许采用最小二乘法得到结构方程中各个系数的无偏估计。可对每一个结构方程进行基于最小二乘法的估计，估计所得的回归系数即为变量之间的路径系数。

（2）因果模型构建方法　因果模型的建立及分析方法主要步骤如下：

1）模型设定与参数估计。首先，确定模型中涉及的变量，并区分定义外生变量和内生变量。然后，建立外生变量和内生变量之间的路径图及其结构模型。之后，根据样本参数估计每条路径的路径系数，即路径图中每一根箭头上的系数。对递归模型可对每个方程采用最小二乘法，估计出所有的路径系数。

2）模型检验与评价。模型检验与评价是根据参数估计的结果，检验预设的因果关系是否成立。与回归分析类似，需要检验的是参数对零是否有显著性。一般可采用回归分析中的 t 检验标准，计算路径系数的临界比和显著性概率，再通过 t 分布检验显著性水平。

此外，路径系数分为标准化与非标准化，在实际分析中各有用途。通过参数估计直接得到的系数是非标准化系数，这类系数有单位，能反映原因变量和结果变量精确的量化关系，但是不便于比较不同的原因变量对同一结果变量的相对影响程度。标准化系数是在非标准化系数的基础上经过数学处理得到的，通过消除量纲对相互关系的影响，可在同一模型中比较若干原因变量对同一结果变量的效用大小。

3）效应分解。在路径分析中，效应指的是原因变量对结果变量的影响，其数学表达是变量之间的协方差，可用变量之间的标准化路径系数表达。效应可分为直接效应和间接效应，直接效应反映原因变量直接作用于结果变量产生的影响，间接效应反映原因变量通过若干中间变量间接对结果变量产生的影响，等于从原因变量经过所有中间变量到达结果变量的路径系数乘积之和。总效应是直接效应和间接效应之和，如式（4-56）所示：

$$\text{总效应} = \text{直接效应} + \text{间接效应} \tag{4-56}$$

例如，在图 4-64 中，变量 y_1 对 y_3 的直接效应是 β_{31}，通过 y_2 产生的间接效应是 $\beta_{21}\beta_{32}$，y_1 对 y_3 的总效应可表达为直接效应与间接效应之和，即 $\beta_{31}+\beta_{21}\beta_{32}$。

2. 基于因果模型的性能关重度计算

为了计算 EFE 设计变量对性能的影响程度，将因果模型方法引入能量流模型，建立设计变量、特征能量和性能之间的作用关系，通过路径分析和效应分解确定设计变量对性能的影响程度。

（1）建立能量流模型的路径图　在能量流模型中，设计变量、特征能量和性能之间存在作用关系，可作为路径分析中的变量。三者关系中，设计变量是产生特征能量和性能的原因，是外生变量；特征能量是由设计变量产生的，是内生变量；性能是由特征能量作用产生的结果，也是内生变量。因此，可建立描述设计变量、特征能量和性能之间作用关系的路径图如图 4-65 所示，图中，圆圈里的 e 表示内生变量的误差。

该模型是针对耗能机电产品性能实现的能量流模型特点，在因果模型建模理论基础上构建的，因此具有如下假定：

1）递归形式。该模型假设设计变量、特征能量和性能三者之间是单向作用关系，无回路或反馈关系；同时特征能量和性能的误差之间不存在相关性，故满足递归模型的假设。递归模型假设的依据是耗能机电产品性能实现中，能量流模型构建了设计变量到性能之间的桥梁，其中的特征能量是从能量角度解释设计变量对性能实现程度的影响，因此是逐层递进的关系。

2）设计变量间无相关性。设计变量是外生变量。在一般形式的因果模型中，外生变量之间可能存在相关性，即某一外生变量的变化可能会引起其他外生变量的变化，这在统计社会、人文等相关因素影响时较为常见。在耗能机电产品性能实现的能量流模型中，设计变量是由设计人员确定的，虽然设计变量之间可能存在几何约束等方面的相关性，但仍然可认为各个设计变量各自在某一范围内能够进行无约束的取值。设计变量无相关性的假设有利于建立准确反映设计变量对特征能量和性能影响的结构方程，对于分析设计变量变化时的特征能量和性能响应具有重要意义。

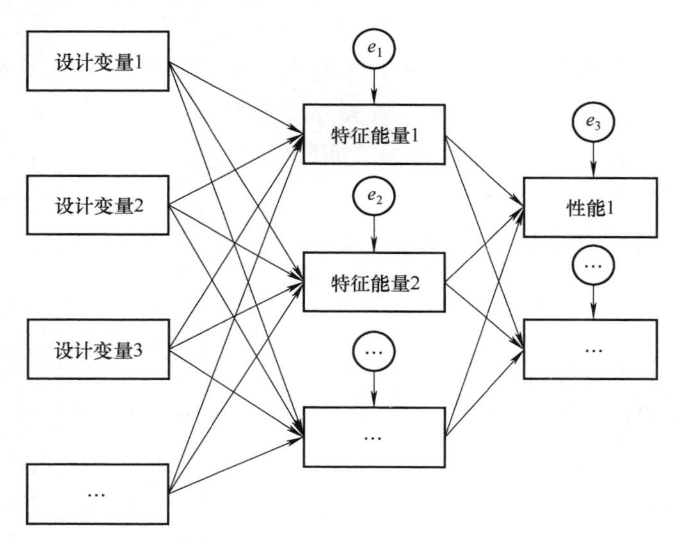

图 4-65　能量流模型的路径图

3）路径假定。图 4-65 所示的因果模型中设计变量、特征能量和性能之间带箭头的线段代表三者之间的作用路径，所谓作用路径指的是设计变量对特征能量的影响，或特征能量对性能的影响。在两个因素之间用带箭头的线段进行连接代表两者之间存在假设的因果关系。从该定义可看出，因果模型方法并不是发掘变量之间存在的相关关系，而是预先假定变量之间存在相关关系，再通过可观测的数据进行校验。因此，在一般意义上可建立设计变量、特征能量和性能之间的全关系模型，即假设设计变量对所有特征能量存在影响，特征能量对所有性能存在影响，再通过路径检验技术检验路径关系是否成立。这种方法的缺陷在于当设计变量、特征能量和性能的数目较多时需要进行大量的校验试验和计算。不过，此时可根据对产品的先验知识假定某些路径的存在或不存在，以减少模型估计和验证的工作量。例如，可假定电冰箱的压缩机理论容积输气量、蒸发器长度对蒸发器 EFE 的特征能量（换热量）存在路径关系，但是两者对风扇 EFE 的特征能量（风量）不存在影响；同理，可认为压缩机 EFE 的特征能量（压缩功）和蒸发器 EFE 的特征能量（吸热量）对能耗存在显著的影响，蒸发器 EFE 的特征能量（吸热量）和风扇 EFE 的特征能量（风量）对制冷速率有较大影响；但是可假定蒸发器 EFE 的特征能量（吸热量）对产品的噪声不存在影响。总之，路径假定是高效建立设计变量、特征能量和性能之间相关关系的重要环节。

（2）参数估计　参数估计指的是分析图 4-65 中变量之间的影响程度，并将这种影响用路径系数来表示。经过标准化的路径系数越大，表明该原因变量对结果变量的相对影响程度越大。由于能量流模型的路径图满足递归模型假设，所以是可识别的，即可采用最小二乘法分别获得每一个路径系数的无偏估计。对结构方程组中的每一个方程进行多元回归，所得的（偏）回归系数即相应的路径系数。

假设某个结果变量为 y，与 y 存在结构关系的原因变量包括 $x_1,x_2,\cdots,x_n$，则 y 与 $x_1,x_2,\cdots,x_n$ 之间的结构关系如式（4-57）所示：

$$y=\beta_0+\beta_1x_1+\beta_2x_2+\cdots+\beta_nx_n \tag{4-57}$$

式中，$\beta_1,\beta_2,\cdots,\beta_n$ 为路径系数，β_0 为常数项。

由式（4-57）可知，要确定路径系数 $\beta_1,\beta_2,\cdots,\beta_n$ 和常数项 β_0 的取值，需要 p 组观测值（$x_1^{(1)},x_2^{(1)},\cdots,x_n^{(1)},y^{(1)}$），（$x_1^{(2)},x_2^{(2)},\cdots,x_n^{(2)},y^{(2)}$），…，（$x_1^{(p)},x_2^{(p)},\cdots,x_n^{(p)},y^{(p)}$）。由路径系数的确定方法也可看出，基于因果模型来建立能量流模型中设计变量、特征能量和性能之间的关系依靠的是产品的实际状态，并不需要建立三者之间的函数关系，完全是对系统特性的模拟和解释，其最终关注的是不同因素之间的影响程度，因此，该方法可在计算量和结果精度之间取得较好的平衡。

为了建立由 p 组观测值组成的样本，对于复杂耗能机电产品的不同设计阶段可采用不同的方式。在新产品开发和验证阶段，可建立产品的数值仿真模型并采用代数方法或有限元方法求解，求出设计变量在不同取值下的特征能量及性能响应；在产品的改进阶段，因有需要改进的产品存在，故可针对现有产品，对不同的零部件及其设计变量进行组合，通过样机测试得到相应的特征能量及性能响应。

在建立样本时，设计变量的取值可通过试验设计开展。在试验设计中变量一般称作因素，变量可能的取值称作水平。当因素较少时，可采用全面试验的方式对因素间的所有水平组合进行试验。当因素数目增加时，进行全面试验就耗时耗力了。此时最常用的试验设计方法包括正交设计和均匀设计。正交设计是一种部分因子设计方法，其特点是从全面试验中挑选出具有“整齐”和“均匀”特点的一组特征点，这些局部点可反映所有点的特性。在因素较多水平较少时，可优先选择正交试验设计方法，当因素的水平增加时，正交试验需要的试验组数也大幅上升，此时可采用另一种设计方法即均匀设计。与正交试验相比，均匀设计基于数论中的一致分布理论，考虑试验点在试验范围内均匀分布的情况，能够用较少的试验次数来反映变量的特性。

均匀设计和正交设计均采用试验表格的形式。例如，表4-27为一个4因素、3水平的正交设计表，该表的符号$L_9(3^4)$中的数字4代表有4个因素，数字3代表每个因素各取3水平，数字9代表共需要进行9组试验，均匀设计表也类似。正交试验表和均匀试验表都可在常见的试验设计教材中查阅。

表4-27　正交表$L_9(3^4)$

试验号	因素			
	A	*B*	*C*	*D*
1	1	1	1	1
2	1	2	2	2
3	1	3	3	3
4	2	1	2	3
5	2	2	3	1
6	2	3	1	2
7	3	1	3	2
8	3	2	1	3
9	3	3	2	1

考虑到两种试验设计方法的特点以及性能匹配设计各个阶段的设计特点，本书在性能关重度分析阶段的路径分析环节优先采用正交设计，以期在较少的变量水平下重点研究原因变量的变化对结果变量的影响程度；在优化设计阶段对性能关重度较高的设计变量采用均匀设计或全面试验。通过对设计变量的多

个水平进行试验，以在较大的范围中寻找满足优化问题的解。

试验设计确定之后，通过仿真或试验等方法获得式（4-57）所示的结构方程的 p 组观测值（$x_1^{(1)},x_2^{(1)},\cdots,x_n^{(1)},y^{(1)}$），（$x_1^{(2)},x_2^{(2)},\cdots,x_n^{(2)},y^{(2)}$），…，（$x_1^{(p)},x_2^{(p)},\cdots,x_n^{(p)},y^{(p)}$）。于是，式（4-57）可写成式（4-58）所示的矩阵形式：

$$\begin{bmatrix} y^{(1)} \\ y^{(2)} \\ \vdots \\ y^{(p)} \end{bmatrix} = \begin{bmatrix} 1 & x_1^{(1)} & x_2^{(1)} & \cdots & x_n^{(1)} \\ 1 & x_1^{(2)} & x_2^{(2)} & \cdots & x_n^{(2)} \\ \vdots & \vdots & \vdots & & \vdots \\ 1 & x_1^{(p)} & x_2^{(p)} & \cdots & x_n^{(p)} \end{bmatrix} \begin{bmatrix} \beta_0 \\ \beta_1 \\ \beta_2 \\ \vdots \\ \beta_n \end{bmatrix} \tag{4-58}$$

设 $\hat{\boldsymbol{y}}=(y^{(1)},y^{(2)},\cdots,y^{(p)})'$，$\boldsymbol{X}=\begin{bmatrix} 1 & x_1^{(1)} & x_2^{(1)} & \cdots & x_n^{(1)} \\ 1 & x_1^{(2)} & x_2^{(2)} & \cdots & x_n^{(2)} \\ \vdots & \vdots & \vdots & & \vdots \\ 1 & x_1^{(p)} & x_2^{(p)} & \cdots & x_n^{(p)} \end{bmatrix}$，$\hat{\boldsymbol{\beta}}=(\beta_1,\beta_2,\cdots,\beta_n)'$，则路径系数 $\beta_1,\beta_2,\cdots,\beta_n$ 的无偏估计采用最小二乘法来获得，如式（4-59）所示。由式（4-59）求出的 $\hat{\boldsymbol{\beta}}$ 即为变量 x 对 y 的路径系数的无偏估计。

$$\hat{\boldsymbol{\beta}}=(\boldsymbol{X}^{\mathrm{T}}\boldsymbol{X})^{-1}\boldsymbol{X}^{\mathrm{T}}\hat{y} \tag{4-59}$$

通过最小二乘法求取的路径系数是非标准化的，反映了原因变量和结果变量之间的量纲关系，即单位原因变量的变化会引起相应单位结果变量的变化。非标准路径系数因为不同变量的量纲差异，不便于进行变量之间相对重要性的比较，因此，在耗能机电产品设计中适宜采用标准化的路径系数。在式（4-59）求出的路径系数基础上，可采用式（4-60）进行路径系数的标准化：

$$\beta_j'=\beta_j S_{\beta_j}/S_y \tag{4-60}$$

式中，β_j 为变量 x_j 的系数估计值；S_{β_j} 为系数 β_j 的估计标准误差；S_y 为变量 y 的估计标准差。最小二乘估计以及路径系数的标准化过程都可通过数理统计学科的商用软件（例如 AMOS 软件）来实现。

（3）模型检验　模型检验是对因果模型中假设的结构关系进行验证，以检验回归方程是否真正描述了变量 y 与 $x_1,x_2,\cdots,x_n$ 之间的相关规律。根据显著性分析结果，去掉原因果模型假设中某些不显著的路径，以使模型能够更加有效地反映真实系统的特性。本书采用 t 检验标准进行显著性检验。

构造 t 统计量，如式（4-61）所示：

$$t_j=\frac{\hat{\beta}_j}{\sqrt{c_{jj}}\,\hat{\sigma}} \tag{4-61}$$

式中，$\hat{\beta}_j$ 为对 β_j 的估计值；c_{jj} 可通过矩阵 $\boldsymbol{c}_{ij}=(\boldsymbol{X}'\boldsymbol{X})^{-1}$，$i, j=0,1,2,\cdots,p$ 来得到；$\hat{\sigma}$ 为回归标准差，可通过式（4-62）得到：

$$\hat{\sigma}=\sqrt{\frac{1}{n-p-1}\sum_{i=1}^{n}e_i^2}=\sqrt{\frac{1}{n-p-1}\sum_{i=1}^{n}(y_i-\hat{y}_i)^2} \tag{4-62}$$

式中，$\hat{y}_i$ 为各变量值的平均数。

双侧检验临界值 $t_{\alpha/2}$，当 $|t_j| \geq t_{\alpha/2}$ 时认为 β_j 显著不为零，原因变量对结果变量的作用显著；反之，当 $|t_j| < t_{\alpha/2}$ 时认为 β_j 为零，原因变量对结果变量的作用不显著。其中，α 为显著性水平，通常取 $\alpha=0.05$ 或 $\alpha=0.01$，表明当做出接受原假设的决定时，其正确的可能性（概率）为95%或99%。

为了便于判断，引入显著性概率，即通常称的 P 值。检验统计量 t 值与 P 值的关系如式（4-63）所示：

$$P(|t| > |t\text{检验值}|) = P\text{值} \tag{4-63}$$

式中，P 值表示 t 值大于其检验值的概率。P 值可采用 AMOS 等数理统计学科的商用软件进行参数估计得到。当 P 值 $\leqslant \alpha$ 时，$|t| \geq t_{\alpha/2}$，回归效果显著；当 P 值 $>\alpha$ 时，$|t| < t_{\alpha/2}$，回归效果不显著。

可见，用 P 值代替 t 可直接与显著性水平 α 相比，省去了查 t 分布表的操作；而且用 P 值可比较不同的变量影响的显著性相对大小，便于对模型进行检验和修正。例如，图 4-66 所示左侧的路径系数显著性检验结果显示 γ_{11} 的 P 值 >0.05，可知路径系数在 0.05 的显著性水平下不显著，说明从 x_1 到 y_1 的作用路径及路径系数并不能真正反映两者之间的因果关系，仅仅是由于统计关系而存在的量化关系。因此，可以去掉不显著的路径，对模型进行修正，得到右侧的模型形式。这里要强调的是，在去掉不显著的路径之后，需要对路径模型重新进行参数估计和显著性检验。一般情况下，可在对初始模型进行显著性检验后依次去除 P 值最大的路径，直至各个路径均满足显著性条件。

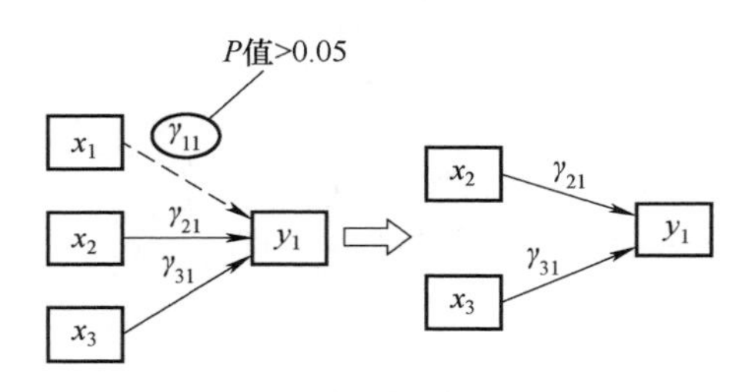

图 4-66　路径系数的显著性检验及修正

（4）性能关重度定义及计算　基于以上因果模型的路径分析，可得出设计变量对特征能量和性能的作用路径以及影响程度。为了定量评价设计变量对性能（包括能耗、能效等）的影响程度，构造性能匹配优化问题，定义性能关重度的概念如下：

定义 4.3：性能关重度是指设计变量对关注性能的影响程度，即设计变量存在某一相对变化量时性能产生的相对变化。

由性能关重度的定义可知，设计变量的性能关重度越高，则其变化对性能的影响越大；性能关重度高的设计变量之间的匹配关系是构建和解决性能匹配问题的关键。为了计算设计变量通过特征能量反映到性能上的重要程度，可采用路径图中的效应分解方法。

假设能量流模型包含的设计变量为（v_1，v_2，…，v_n），特征能量为（E_{c1}，E_{c2}，…，E_{cm}），性能为（P_1，P_2，…，P_l），设计变量 v_i 对特征能量 E_{cj} 的标准化路径系数为 γ_{ji}，特征能量 E_{ci} 对性能 P_j 的标准化路径系数为 β_{ji}，特别地若某条路径不存在，则其相应的路径系数取 0。由性能关重度的定义知设计变量 v_i 对性能 P_j 的性能关重度即为 v_i 对 P_j 的总效应，等于 v_i 通过所有的 E_c 间接作用于 P_j 的路径的路径系数乘积之和，如式（4-64）所示：

$$PP_{ji} = \sum_{k=1}^{m} \gamma_{ki}\beta_{jk} \tag{4-64}$$

式中，k 为设计变量 v_i 实现性能 P_j 的路径数量。

以图 4-67 所示的能量流模型的路径图模型为例，其路径系数为通过显著性检验的标准化路径系数。设计变量 v_1、v_2、v_3 对性能 P_1 的性能关重度计算可分别写为式（4-65）、式（4-66）和式（4-67）。

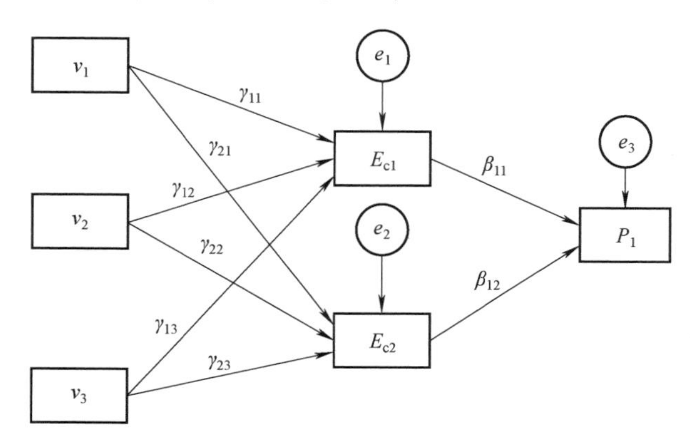

图 4-67　通过效应分解计算性能关重度

$$PP_{11}=\gamma_{11}\beta_{11}+\gamma_{21}\beta_{12} \tag{4-65}$$

$$PP_{12}=\gamma_{12}\beta_{11}+\gamma_{22}\beta_{12} \tag{4-66}$$

$$PP_{13}=\gamma_{13}\beta_{11}+\gamma_{23}\beta_{12} \tag{4-67}$$

应该指出的是，由于路径系数有正负之分，路径系数为正代表正相关，为负代表负相关，故由式（4-64）计算出的性能关重度也有正有负。因此，根据式（4-64），可计算出设计变量对单个性能的性能关重度，性能关重度绝对值较大的设计变量则对该性能存在较强的影响，应该作为匹配设计的重点。

计算出设计变量对某一关注性能的性能关重度之后，还需综合考虑诸如传统性能和能耗等不同的性能目标之间的关系或冲突。根据对产品性能的关注程度对不同性能设定相应的权重，将设计变量对不同性能的性能关重度按照权重进行加权，即可得到设计变量对所有关注性能的性能关重度。这里需要注意的是，为了避免对不同性能目标的性能关重度正负消解，需要将对不同性能目标的性能关重度加上绝对值，这样得出的性能关重度将不再有正负相关的信息。例如，引入权重矢量 $\boldsymbol{w}=(w_1,w_2,\cdots,w_l)'$，$\sum w_j=1$，则设计变量 v_i 对所有性能目标的性能关重度如式（4-68）所示。

$$PP_i=\sum_{j=1}^{l}|PP_{ji}|w_j \tag{4-68}$$

通过对总体性能关重度的计算，可从整体上得出对传统性能以及能耗等绿色性能影响较大的设计变量，以这部分设计变量构建性能匹配问题可有效平衡传统性能与能耗等绿色性能之间的矛盾，实现产品性能的综合匹配优化。

4.4.3 基于能量流的电冰箱制冷系统性能匹配实例分析

1. 电冰箱制冷系统性能匹配的问题描述

电冰箱的原理前面已经描述过，这里重点针对其主要耗能部件——制冷系统开展性能匹配。常见的家用电冰箱采用蒸气压缩式制冷系统，包含压缩机、冷凝器、蒸发器和回热器（毛细管-吸气管组件）四大部件，如图 4-68 所示。制冷系统通过制冷剂实现制冷功能。制冷剂在四大部件中流动，并发生着压

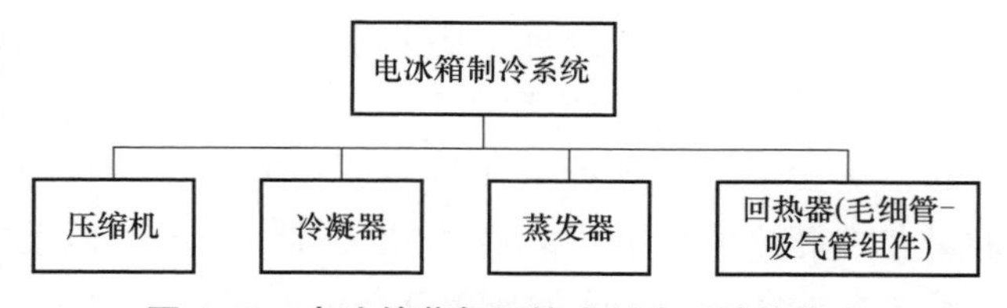

图 4-68 电冰箱蒸气压缩式制冷系统的构成

缩、吸热、放热、相变和摩擦损耗等多种复杂形式的能量作用，这些能量作用与制冷系统的性能强烈相关，因此在家用电冰箱的设计中，对制冷系统的四大部件进行匹配设计占据了电冰箱开发的绝大多数时间，是电冰箱开发的核心任务。

随着电冰箱能效等级要求日益严格，制冷系统的匹配，除了要考虑现有的性能目标以外，还要考虑能耗、能效方面的性能要求。在本实例中，以电冰箱的传统性能目标开机率（R）和能耗因素日耗电量（EC_{day}）为匹配所关注的性能。开机率是指压缩机的“开机时间/循环周期”，是一个评价制冷系统与箱体及负载匹配程度的综合指标，开机率太高容易造成压缩机频繁运转，影响压缩机运行寿命；开机率过低则使得制冷速率较快，容易造成食品的急冷现象，不利于食品保鲜。所以一般电冰箱设计的开机率范围为30%~75%，具体电冰箱企业对开机率会有更具体的要求。

制冷系统的四大部件对开机率（R）和日耗电量（EC_{day}）均有影响，例如采用更大输气量的压缩机可显著降低电冰箱的开机率，但是可能会增加电冰箱的能耗；又如增大蒸发器的面积对于日耗电量的影响是显著的，但是对开机率的影响尚无相应研究；同时，蒸发器的管径也是一个设计变量，其对性能及能耗会造成影响，但是对各自的影响程度有待比较。这些影响在4.3节中已有较为详细的分析。可见，制冷系统的匹配设计问题在于如何选取进行性能匹配的零部件，以及对这些零部件的哪些设计变量进行匹配设计。

2. 构建制冷系统能量流模型

将制冷系统的四大部件作为系统的EFE，建立其能量流模型如图4-69所示。

基于图4-69所示的能量流模型，便可建立图中各能量流元的能量特性方程和特征能量。由于本案例只是为了说明基于因果模型的性能关重度分析流程和方法，故只在压缩机EFE、冷凝器EFE、蒸发器EFE和回热器EFE四个能量流元中各取一个设计变量来分析其对性能的影响程度，具体参数见表4-28。

3. 基于因果模型的性能关重度计算

（1）构建因果模型，进行路径分析　基于图4-69所示制冷系统的能量流模型，建立模型中表达设计变量、特征能量和性能关系的路径图。在建立路径图时，根据设计经验，认为毛细管的特征能量对于性能的影响较小；而剩余的设计变量、特征能量和性能之间则假设均存在相关性，再通过后续的显著性检验进行修正。制冷系统性能实现因子间的作用路径图如图4-70所示。

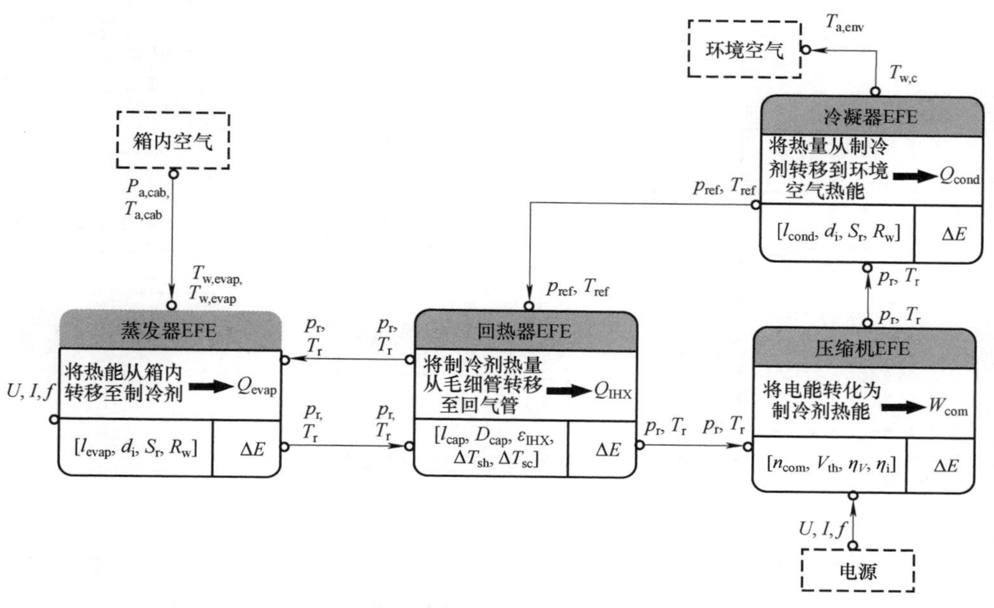

图 4-69 制冷系统的能量流模型

表 4-28 制冷系统性能匹配中考虑的设计变量、特征能量及性能响应

类 型	因 子	含 义	单 位
设计变量	V_{th}	压缩机理论输气量	cm^3
	l_{cond}	冷凝器长度	m
	l_{evap}	蒸发器长度	m
	l_{cap}	毛细管长度	m
特征能量	W_{com}	压缩机压缩功	W
	Q_{cond}	冷凝器散热量	W
	Q_{evap}	蒸发器吸热量	W
性能	EC_{day}	日耗电量	kW · h/24h
	R	开机率	—

（2）路径系数计算，构建路径图　为了获得路径图中变量之间的路径系数，采用正交试验的方法进行采样，然后利用回归分析获得路径系数值。根据原有电冰箱的设计变量取值，在其初值附近对 4 个主要设计变量各自设置 3 水平，见表 4-29。

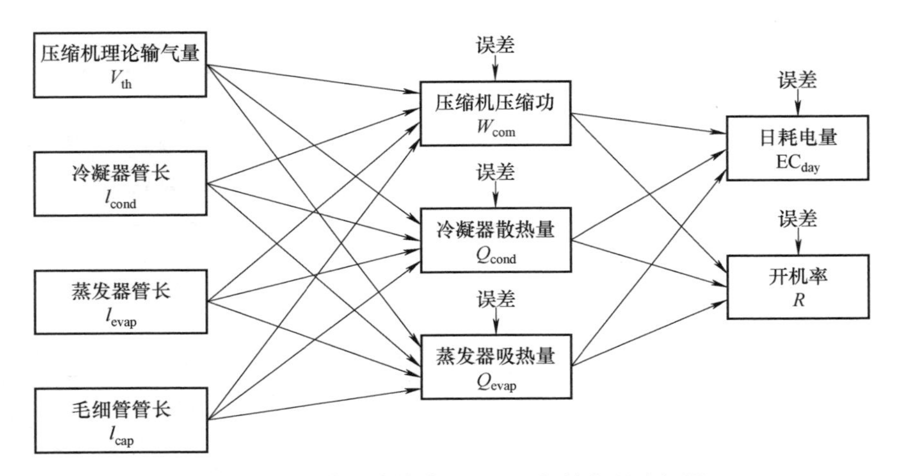

图 4-70　制冷系统性能实现因子间的作用路径图

表 4-29　制冷系统设计变量的水平设置

水　平	因　素			
	V_{th}/cm^3	l_{cond}/m	l_{evap}/m	l_{cap}/m
1	8. 25	9. 6	7. 2	2. 4
2	8. 75	12	8. 4	2. 7
3	9. 05	14. 4	9. 6	3. 0

据此建立如表 4-27 所示的正交试验表 $L_9(3^4)$。通过仿真方法确定设计变量的不同组合下的特征能量和性能的响应值，建立参数估计的样本。利用样本对路径系数进行估计并检验其显著性，估计及检验结果见表 4-30。

表 4-30　制冷系统因果模型参数估计结果

作用路径			路径系数估计值	标准误差 S. E.	P 值
W_{com}	←	V_{th}	2. 861	0. 016	* * *
Q_{cond}	←	V_{th}	2. 162	0. 017	* * *
Q_{cond}	←	l_{cap}	-3. 675	0. 751	* * *
Q_{evap}	←	V_{th}	1. 715	0. 022	* * *
Q_{evap}	←	l_{evap}	0. 765	0. 263	0. 004
W_{com}	←	l_{cond}	-0. 822	0. 158	* * *
Q_{cond}	←	l_{cond}	-0. 558	0. 178	0. 002

（续）

作用路径			路径系数估计值	标准误差 S. E.	P 值
Q_{evap}	←	l_{cond}	0. 010	0. 238	0. 968
W_{com}	←	l_{evap}	0. 395	0. 183	0. 031
Q_{cond}	←	l_{evap}	0. 411	0. 203	0. 043
W_{com}	←	l_{cap}	-1. 075	0. 682	0. 115
Q_{evap}	←	l_{cap}	-0. 377	0. 969	0. 698
EC_{day}	←	W_{com}	0. 013	0. 001	* * *
EC_{day}	←	Q_{evap}	-0. 008	0. 001	* * *
R	←	Q_{evap}	-0. 010	0. 000	* * *
R	←	W_{com}	0. 001	0. 000	0. 040
EC_{day}	←	Q_{cond}	0. 000	0. 001	0. 751
R	←	Q_{cond}	0. 000	0. 000	0. 818

注：P 值列中 * * * 代表在 0. 001 的显著性水平下显著，即 P 值小于 0. 001。

表 4-30 中，可通过 P 值检验图 4-70 中各个路径系数的统计显著性，例如 V_{th} 对 W_{com} 的路径系数为 2. 861，P 值小于 0. 001，所以可认为该路径系数在 0. 001 的显著性水平下显著，即 V_{th} 对 W_{com} 存在显著的影响。而 l_{cond} 对 Q_{evap} 的 P 值为 0. 968>0. 1，可知路径系数在 0. 1 的显著性水平下都不显著，可认为 l_{cond} 对 Q_{evap} 没有显著的相关性。可见，图 4-70 中的路径并非每条都真实反映了原因变量对结果变量的影响。为了使模型更加精确地反映实际系统，需按照非显著程度依次删除不显著的路径，逐次修正系统。首先去掉表 4-30 中最不显著的 l_{cond} 到 Q_{evap} 的路径和 Q_{cond} 到 R 的路径，然后去掉不显著的 l_{cap} 到 Q_{evap} 的路径，得到的路径系数及显著性检验结果见表 4-31。

表 4-31　修正后的制冷系统因果模型参数估计结果

作用路径			路径系数估计值	标准化估计值	标准误差 S. E.	P 值
W_{com}	←	V_{th}	2. 860	1. 000	0. 014	* * *
Q_{cond}	←	V_{th}	2. 161	0. 999	0. 015	* * *
Q_{cond}	←	l_{cap}	-3. 399	-0. 031	0. 143	* * *
Q_{evap}	←	V_{th}	1. 714	0. 999	0. 019	* * *
Q_{evap}	←	l_{evap}	0. 833	0. 034	0. 264	0. 002

（续）

作用路径			路径系数估计值	标准化估计值	标准误差 S. E.	P 值
W_{com}	←	l_{cond}	-0.816	-0.014	0.037	* * *
Q_{cond}	←	l_{cond}	-0.547	-0.012	0.068	* * *
W_{com}	←	l_{evap}	0.451	0.011	0.188	0.016
Q_{cond}	←	l_{evap}	0.469	0.015	0.206	0.023
W_{com}	←	l_{cap}	-0.819	-0.006	0.055	* * *
EC_{day}	←	W_{com}	0.013	1.504	0.000	* * *
EC_{day}	←	Q_{evap}	-0.008	-0.509	0.001	* * *
R	←	Q_{evap}	-0.010	-1.184	0.001	* * *
R	←	W_{com}	0.001	0.184	0.000	0.001
EC_{day}	←	Q_{cond}	0.001	0.004	0.000	0.042

注：P 值列中 * * * 代表在 0.001 的显著性水平下显著，即 P 值小于 0.001。

根据表 4-31 中的计算结果，各路径系数皆至少在 0.05 的显著性水平下显著。将得到的标准化路径系数标在模型上，如图 4-71 所示。图 4-71 中，路径系数的大小表示原因变量对结果变量影响的大小，路径系数为正表示正相关，为负代表负相关。可见，路径系数可用于比较不同原因变量对同一结果变量的相对重要程度，从而在一个模型中完整地表达了设计变量、特征能量和性能之间的关系。

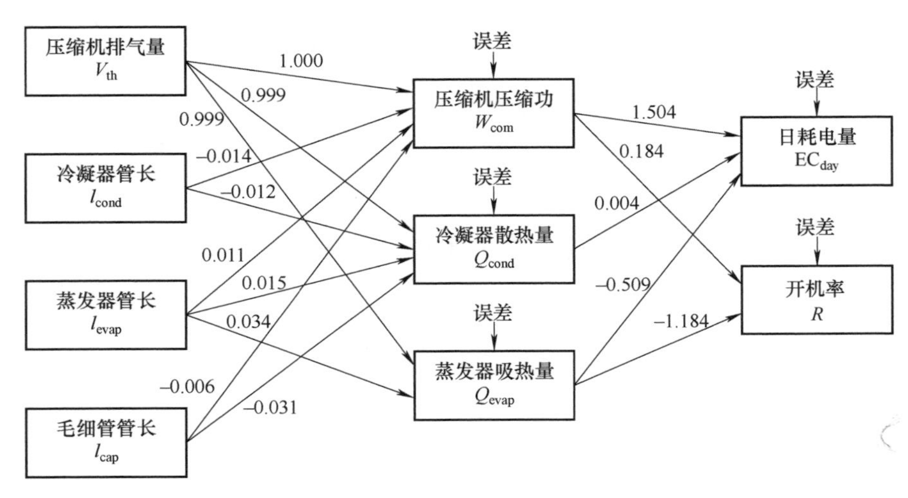

图 4-71　制冷系统性能影响因素关系图

（3）计算性能关重度　根据图中的路径关系对设计变量和性能之间的作用效应进行分解，分析设计变量通过特征能量影响性能的所有间接效应，求出设计变量对性能的总效应即性能关重度。然后，根据企业的设计要求，采用 EC_{day} ：R=0.6：0.4 的权重计算综合性能关重度，得到的结果见表 4-32。

表 4-32　制冷系统性能关重度计算

设计变量	性能关重度		
	对 EC_{day}	对 R	综合
压缩机理论输气量 V_{th}/cm^3	0.1000	−0.9900	0.4600
冷凝器管长 l_{cond}/m	−0.0210	−0.0026	0.0136
蒸发器管长 l_{evap}/m	−0.0007	−0.0382	0.0153
毛细管管长 l_{cap}/m	−0.0092	−0.0011	0.0059

由表 4-32 所知，V_{th} 对制冷系统的性能关重度最大，说明其对性能具有绝对主导作用，这与电冰箱行业公认的压缩机是电冰箱设计的“心脏”的认识相符。在剩下的设计变量中，l_{evap} 相较剩下的两个设计变量具有更大的性能关重度。同时可看出，在案例样机的设计值附近，V_{th} 增加会增大日耗电量，l_{cond}、l_{evap}、l_{cap} 增加会减少日耗电量；同理，四个设计变量增加时都能够减少开机率。

（4）优化设计　根据性能关重度分析，选取性能关重度较大的 V_{th} 和 l_{evap} 作为优化设计的对象，以日耗电量 EC_{day} 为目标性能，对具有不同输气量的压缩机和不同管长的蒸发器进行匹配，构建优化问题模型如式（4-69）：

$$\begin{aligned} \text{minimize} \quad & EC_{day}(V_{th}, l_{evap}) \\ \text{subject to} \quad & R(V_{th}, l_{evap}) \leqslant R_{constraint} \\ \text{and} \quad & V_{th}^{(L)} \leqslant V_{th} \leqslant V_{th}^{(U)} \\ & l_{evap}^{(L)} \leqslant l_{evap} \leqslant l_{evap}^{(U)} \end{aligned} \tag{4-69}$$

案例电冰箱的性能指标为耗电量 0.75kW·h/24h，开机率 63%。根据性能关重度的分析结果，选取压缩机输气量 V_{th} 和蒸发器管长 l_{evap} 作为设计变量，对若干组已有规格或型号的零部件进行匹配设计。由于设计变量可取的数值较少，即试验的水平较少，故可采用全面试验法，对所有可能的组合进行试验。保持其他零部件参数不变，在原有产品压缩机型号和蒸发器规格附近，选取四款压缩机和四种规格的蒸发器，设置 4 组水平，见表 4-33。

表 4-33　用于匹配设计的压缩机和蒸发器规格

水　平	因素 A	因素 B
	压缩机理论输气量 V_{th}/cm^3	蒸发器管长 l_{evap}/m
1	8.34	8.1
2	8.75	8.4
3	9.05	8.7
4	9.56	9.0

设计全面试验，利用仿真模型对设计变量组合代表的制冷系统进行计算，得出性能响应值，见表 4-34。

表 4-34　V_{th} 和 l_{evap} 的全面试验结果

试验组号	因　素		性能响应	
	A	B	EC_{day}/（kW·h/24h）	R（%）
1	1	1	0.71915	0.62529
2	1	2	0.71852	0.62460
3	1	3	0.71809	0.62414
4	1	4	0.71784	0.62388
5	2	1	0.72939	0.61909
6	2	2	0.72888	0.61854
7	2	3	0.72856	0.61821
8	2	4	0.72858	0.61864
9	3	1	0.73548	0.61556
10	3	2	0.73525	0.61582
11	3	3	0.73479	0.61484
12	3	4	0.73467	0.61472
13	4	1	0.74874	0.60829
14	4	2	0.74845	0.60799
15	4	3	0.74831	0.60785
16	4	4	0.74825	0.60779

从试验设计结果中得出，第 12 组试验的组合即 $V_{th}=9.05\text{cm}^3$ 及 $l_{evap}=9.0\text{m}$ 是当前系统最匹配的组合，能够在性能约束下实现节能降耗。

为了评价仿真结果的有效性，针对案例电冰箱的参数组合结果，在电冰箱运行达到稳定循环状态时进行测试。图 4-72 只罗列了在国家标准规定的测试工况下，针对 $V_{th}=9.05cm^3$，$l_{evap}=9.0m$ 的样机由企业实验室的温度传感器得出的监测点温度变化及功率变化。因过滤器位于冷凝器和毛细管之间，故图中过滤器监测点代表冷凝器出口的温度。

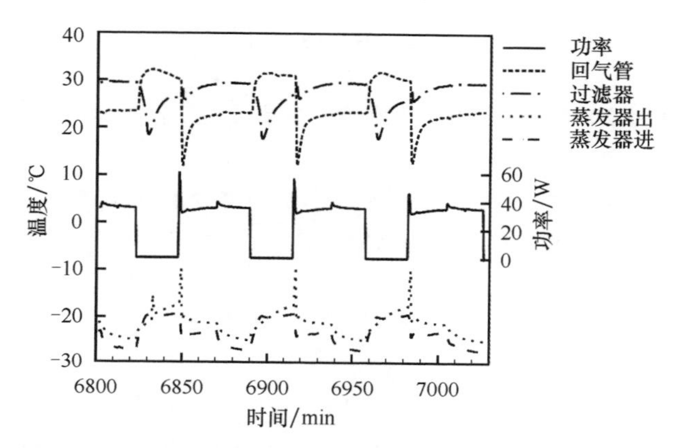

图 4-72 按照 $V_{th}=9.05cm^3$，$l_{evap}=9.0m$ 进行样机测试结果

表 4-35 为第 12 组试验组合电冰箱（即 $V_{th}=9.05cm^3$ 及 $l_{evap}=9.0m$）在稳定运行状态下耗电量、开机率的仿真计算值、实际测试值和改进前产品的实测值对比。由表 4-35 可知，在满足开机率的性能约束下，日耗电量 EC_{day} 实测值与计算值之间存在 0.012kW · h/24h 的差别，第 12 组试验组合电冰箱的日耗电量 EC_{day} 实测值比改进前产品的日耗电量减小了 0.027kW · h/24h 的差值，耗电量降低 3.6%。

表 4-35 试验结果对比

检测项目	计算值	实测值	改进前产品的参考值	实际与参考的比较	百分比
日耗电量 EC_{day}/(kW · h/24h)	0.735	0.723	0.75	-0.027	-3.6%
开机率 R（%）	61.5%	63%	63%	持平	持平

从电冰箱制冷系统匹配的案例可以看出，基于能量流的性能匹配方法采用因果模型可有效表征设计变量、特征能量和性能之间的作用关系，并定量计算出设计变量对不同性能的影响程度。在电冰箱案例中将设计变量个数从 4 个减少到了 2 个，依然在兼顾传统性能和节能降耗目标的前提下高效地实现了产品的性能匹配。可见，选取性能关重度高的设计变量或零部件进行匹配设计将有助于减少优化设计的工作量。

本章是能量流建模方法与流程的介绍，是本书的重点。在本章中，通过一些简单的案例，论证了方法的可行性。第 5 章将以案例的形式介绍能量流在一些耗能机电产品绿色设计中的应用。

参考文献

[1] 全国家用电器标准化技术委员会. 电冰箱用全封闭型电动机-压缩机：GB/T 9098—2008 [S]. 北京：中国标准出版社，2008.

[2] 全国冷冻空调设备标准化技术委员会. 容积式制冷剂压缩机性能试验方法：GB/T 5773—2016 [S]. 北京：中国标准出版社，2016.

[3] 丁国良. 制冷空调装置仿真与优化 [M]. 北京：科学出版社，2001.

[4] 王洪磊. 典型机电产品节能降耗设计的能量流建模、优化与应用 [D]. 北京：清华大学，2011.

[5] JIANG L F，XIANG D，ZENG D，et al. Automotive crashworthiness optimization using energy flow based variable screening [J]. Key Engineering Materials，2011，450：133-136.

[6] GONZALVES J M，HERMES C J，MELO C，et al. A simplified steady-state model for predicting the energy consumption of household refrigerators and freezers：International Refrigeration and Air Conditioning Conference [C]. West Lafayette：Purdue，2008.

[7] 丁国良，陈芝久. 直冷式电冰箱蒸发器动态特性及其数学模型研究 [J]. 流体工程，1992，20（4）：49-51.

[8] BELMAN-FLORES J M，GALLEGOS-MUÑOZ A，PUENTE-DELGADO A. Analysis of the temperature stratification of a no-frost domestic refrigerator with bottom mount configuration [J]. Applied Thermal Engineering，2014，65（1-2）：299-307.

[9] GONÇALVES J M，MELO C，HERMES C J. A semi-empirical model for steady-state simulation of household refrigerators [J]. Applied Thermal Engineering，2009，29（8）：1622-1630.

[10] 张春路. 制冷空调系统仿真原理与技术 [M]. 北京：化学工业出版社，2013.

[11] 张春路，丁国良. 制冷系统稳态仿真算法研究 [J]. 上海交通大学学报，2002，36（11）：1667-1670.

[12] 宣萍. 定（变）负荷对冰箱制冷系统性能影响的模拟分析 [J]. 家电科技，2015（1）：52-55.

[13] HERMES C J，MELO C，KNABBEN F T，et al. Prediction of the energy consumption of household refrigerators and freezers via steady-state simulation [J]. Applied Energy，2009，86（7-8）：1311-1319.

[14] 洪在地，朱军山，潘坚，等. 变频冰箱模糊控制及仿真研究 [J]. 家电科技，2006（2）：46-47.

[15] 黄鑫风，刘楚芸，赵明峰，等．冰箱制冷系统性能优化［J］．流体机械，2004（2）：53-55.
[16] 李成武，隆莹，龙晓芬．变频压缩机在冰箱中的节能技术分析［J］．制冷，2014（3）：21-25.
[17] 陈林辉，王石，田怀璋，等．电冰箱仿真计算研究概述［J］．制冷与空调，2005，5（3）：9-14.
[18] 丁国良，张春路，卢智利，等．家用冰箱动态特性仿真［J］．系统仿真学报，2003（3）：450-452.
[19] 全国能源基础与管理标准化技术委员会．家用电冰箱耗电量限定值及能效等级：GB 12021.2—2015［S］．北京：中国标准出版社，2016.
[20] 易丹辉．结构方程模型：方法与应用［M］．北京：中国人民大学出版社，2008.
[21] 王炳成，李洪伟．绿色产品创新影响因素的结构方程模型实证分析［J］．中国人口·资源与环境，2009，19（5）：168-174.
[22] 赵选民．试验设计方法［M］．北京：科学出版社，2006.
[23] 方开泰．正交与均匀试验设计［M］．北京：科学出版社，2001.
[24] 张剑．压缩机与电冰箱的匹配［J］．家用电器科技，1984（5）：1-4.

第5章

耗能机电产品绿色设计案例

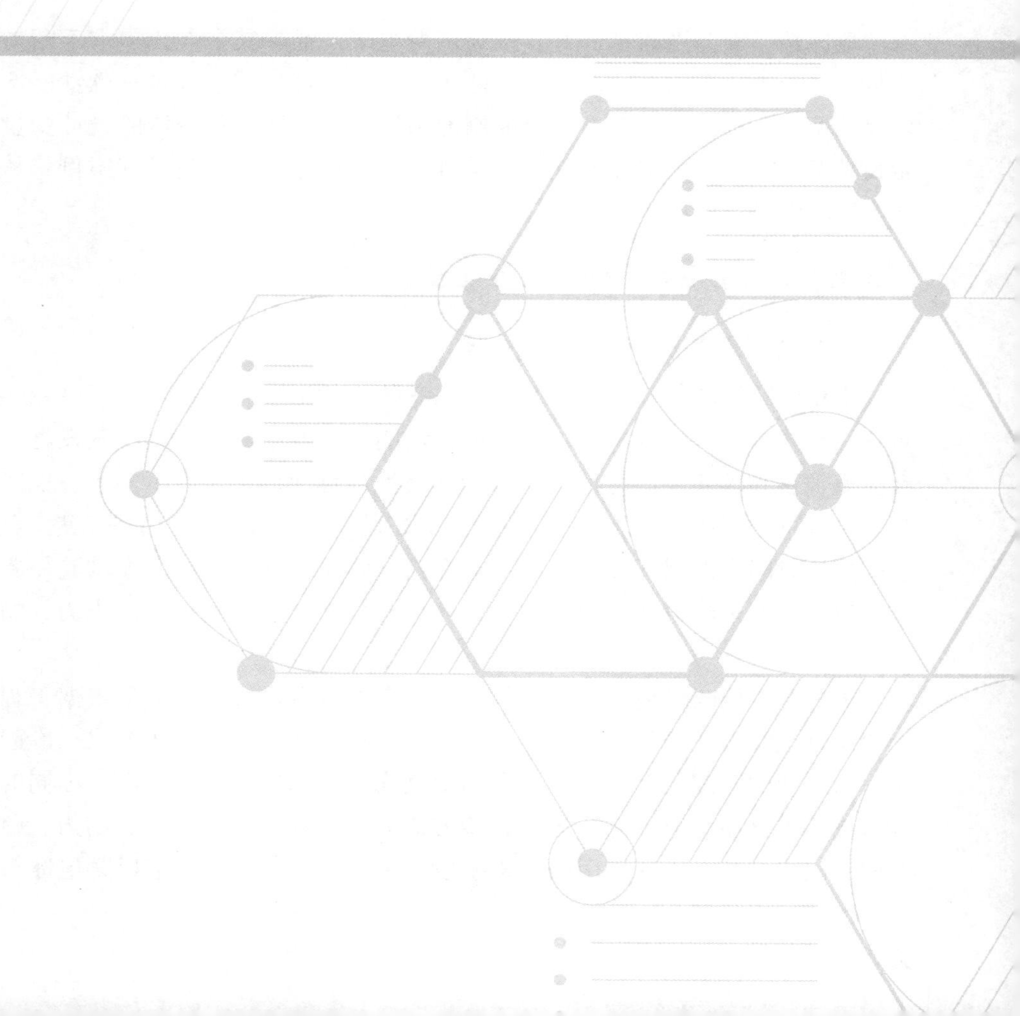

本章将以一些典型耗能机电产品为对象，讨论基于能量流的绿色设计方法的应用。案例中，由于作者对电冰箱的研究较深入，所以从电冰箱整机的角度来介绍，而汽车、风电齿轮箱则以其中的某个性能或某个部件作为研究对象来讨论。不过，本书第 2 章提及的 PECVD 并未涉及。PECVD 是一种多种工艺气体在多种能量作用下发生化学反应生成薄膜的设备，不仅涉及能量流，而且其中物质因发生化学反应在时刻变化，虽在解决其成膜的厚度均匀性和物质均匀性时也会用到能量流和物质流的建模，但是现在的能量流模型并不能很好地表达它们之间的关系，因此，未能总结到书中。也就是说，基于能量流的耗能机电产品绿色设计方法并不完善。不过，本章的案例仍能让读者看到能量流作为连接设计变量/接口参数与性能之间的纽带，确实值得在详细设计中更加关注。

5.1 综合考虑能效的家用电冰箱稳健设计

电冰箱的稳健设计是针对其作为消费电子产品，其个性化需求不断增强的市场背景下提出来的。生产商不可能为每一种个性化需求提供一款性能匹配的电冰箱配置，因此，要求电冰箱的制冷系统、风道系统和箱体的设计变量在一定设计范围内能保证关注性能的稳健性。本节的电冰箱绿色设计案例将从性能匹配和稳健设计两方面展开讨论。

5.1.1 家用电冰箱的性能匹配设计

1. 电冰箱性能匹配的问题描述

家用电冰箱的性能是企业获得市场竞争力的根本。电冰箱零部件众多，能量作用形式多样，涉及电能、机械能、热能等形式，对压缩机、蒸发器、箱体和风道等核心零部件进行性能匹配设计是性能优化的关键。事实上，性能匹配是一个繁重的工作。目前电冰箱新产品开发的周期一般在 6 个月到 1 年，其中性能匹配的时间会占到开发周期的一半左右；同时，进行性能匹配试验需要恒温实验室和温度采集设备，单次试验往往耗时数天，需消耗大量的人力、物力和财力。

电冰箱性能匹配是在多个零部件的组合中取得最优，通常是依据工程师的经验结合试验方法开展的。例如压缩机和整机之间的匹配，压缩机、冷凝器和蒸发器之间的匹配，毛细管长度和制冷剂充注量的匹配等。然而，不同的产品类型或型号存在细节差异，运用试验方法需要消耗大量的人力、物力、财力和时间，工程中缺乏一种通用的分析手段来确定匹配关系。本节以某电冰箱企业一款 278L 的电冰箱为案例，说明基于能量流的性能匹配方法。

首先定义电冰箱开发中的性能目标及约束。根据用户需求和应满足的质量标准，电冰箱的性能要求包括三个方面：食品保鲜特性、节能降耗特性和运行状态特性。具体的指标描述如下：

1）食品保鲜特性包括温度准确性和温度空间均匀性。温度准确性主要与温度控制系统的选择和精度有关，温度空间均匀性与制冷系统 EFE 和空气循环系统 EFE 的能量作用有关，本书主要关注与能量相关的温度均匀性。温度均匀性与电冰箱间室的温度分布有关，可用不同取样点的统计标准差反映。为了符合习惯，此处采用标准差的倒数 σ_T^{-1}（℃$^{-1}$）来表示，这样 σ_T^{-1} 越大表明温度均匀性越好。

2）节能降耗特性与日耗电量 EC_{day}(kW · h/24h) 和能效系数 COP（W/W）两个参数紧密相关，可评价电冰箱的能源消耗状况，是我国自 2005 年起施行的能效标识制度中能效指数计算的重要参考指标。

3）运行状态特性包括开机率和回气温度，其中开机率 R(%) 指一个制冷周期中制冷时间与周期时间的比值，是反映制冷系统与箱体匹配特性的重要指标。开机率过高会造成压缩机起动频繁，对定频压缩机会造成较大的起动损失。合理的开机率应该是降温速率与开机时间的权衡结果。回气温度 T_{suc}(℃) 指压缩机吸气处的制冷剂温度，一般情况下要求吸气状态下的制冷剂存在一定过热，这样可减少压缩过程消耗的功率，同时可减少由于制冷剂中夹杂液滴而引起的压缩机事故。

针对电冰箱的关注功能和性能，性能匹配问题可通过分析 EFE 的设计变量与特征能量对性能的作用规律，获得对关注性能存在显著影响的设计变量，然后对这部分设计变量展开优化设计来实现电冰箱的性能匹配。

2. 电冰箱能量流模型的性能关重度分析

基于上述电冰箱的关注功能和性能，可建立其能量流模型，如图 4-28 所示。能量流模型的构建是第 4 章的重点，此处就不赘述了。电冰箱能量流模型的性能关重度的分析技术大致流程包括：基于能量流模型，构建电冰箱性能匹配问题中设计变量、特征能量和性能之间的因果模型，形成三者之间的路径图；然后通过路径分析和效应分解计算设计变量的性能关重度，得出关注的 EFE 及其设计变量。具体步骤如下：

（1）建立路径图　根据 4.4 节能量流模型路径图建立的三条假设，首先确定电冰箱能量流模型中涉及的变量。图 4-28 所示的电冰箱能量流模型共包括六个 EFE，分别为压缩机 EFE、冷凝器 EFE、蒸发器 EFE、回热器（毛细管-吸气管）EFE、空气循环系统 EFE 和箱体 EFE。在电冰箱的实际性能匹配设计中，上述 EFE 的设计变量中一部分是作为标准参数存在的，例如冷凝器的排数、蒸发器的翅片类型等；另一部分设计变量则是在设计过程中由设计人员确定以实现性能优化的。性能匹配即是要确定这些可变设计变量的一组最优组合使性能满足设计目标及约束。同时，对于箱体 EFE，由于其容积和发泡层厚度是由市场需求、设计任务和相关标准确定的，因此，箱体 EFE 的设计变量被认为是设计之前确定的，不作为匹配的对象。为此，可建立性能匹配中涉及的变量列表，即可变的 EFE 设计变量、特征能量及性能，见表 5-1。

表 5-1　电冰箱性能匹配因果模型分析涉及的变量

因子类型	因子名称	符号	单位
设计变量	压缩机排气量	V_{th}	m^3
设计变量	压缩机容积效率	η_V	—
设计变量	压缩机等熵效率	η_i	—
设计变量	冷凝器内径	D_{ci}	mm
设计变量	冷凝器管长	l_{cond}	m
设计变量	蒸发器内径	D_{ei}	mm
设计变量	蒸发器管长	l_{evap}	m
设计变量	毛细管内径	D_{cap}	mm
设计变量	毛细管长度	l_{cap}	m
设计变量	蒸发器风扇风量	m_a	kg/s
设计变量	制冷剂充注量	M	g
特征能量	压缩机所做压缩功	W_{com}	W
特征能量	冷凝器换热量	Q_{cond}	W
特征能量	蒸发器换热量	Q_{evap}	W
特征能量	毛细管内部热交换	Q_{IHX}	W
特征能量	箱体换热	Q_{cab}	W
特征能量	风扇功耗	W_{fan}	W
特征能量	风道损失	ΔE_{tube}	W
性能	温度均匀性	σ_T^{-1}	℃$^{-1}$
性能	日耗电量	EC_{day}	kW · h/24h
性能	能效系数	COP	W/W

（续）

因子类型	因子名称	符号	单位
性能	开机率	R	—
性能	回气温度	T_{suc}	℃

根据经验假定某些变量之间存在路径关系或不存在路径关系，当不确定时可先假定存在关系再进行修正，由此建立电冰箱变量间的路径图如图 5-1 所示。

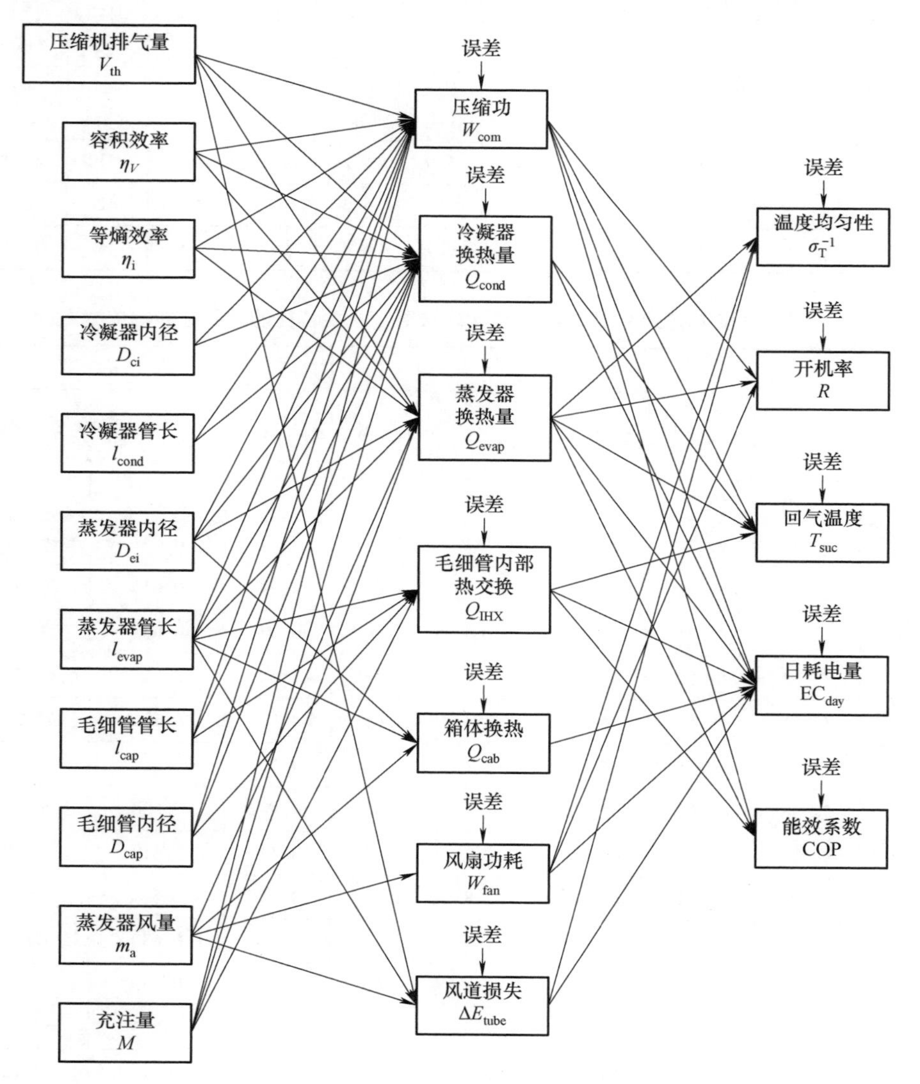

图 5-1　电冰箱变量间的路径图

（2）路径分析　设 11 个设计变量各具有 3 水平，见表 5-2，按照 $L_{27}(3^{13})$ 进行正交设计。针对每一组水平组合，利用仿真方法得出接口状态参数，再由能量特性方程计算特征能量及性能响应，见表 5-3（因篇幅所限未列出所有响应）。包含了设计变量组合和特征能量及性能响应的样本可用于估计图 5-1 所示的因果模型。

表 5-2　设计变量的正交试验组设计

水平	因素 A	因素 B	因素 C	因素 D	因素 E	因素 F	因素 G	因素 H	因素 I	因素 J	因素 K
	V_{th}/cm^3	η_V	η_i	D_{ci}/mm	l_{cond}/m	D_{ei}/mm	l_{evap}/m	D_{cap}/mm	l_{cap}/m	M/g	m_a/(kg/s)
1	8.75	0.81	0.71	3.9	14	5.9	6.2	0.6	2.4	41	0.025
2	9.05	0.82	0.72	4	15.4	6	6.5	0.65	2.7	42	0.03
3	9.56	0.83	0.73	4.1	16.8	6.1	6.8	0.7	3.0	43	0.035

表 5-3　按 $L_{27}(3^{13})$ 试验组仿真计算结果（主要特征能量及性能响应）

试验编号	特征能量					性能响应		
	W_{com}/W	Q_{cond}/W	Q_{evap}/W	Q_{cab}/W	W_{fan}/W	σ_T^{-1}/℃$^{-1}$	EC_{day}/(kW·h/24h)	R（%）
1	32.90	69.85	64.16	1.265	4.34	1.53	0.623	69.71
2	32.88	69.74	64.18	1.264	4.65	1.24	0.632	70.17
3	32.85	69.64	64.16	1.265	4.96	1.04	0.641	70.68
4	32.74	70.25	64.49	1.268	4.96	1.04	0.636	70.32
5	32.65	69.85	64.31	1.269	4.34	1.54	0.617	69.55
6	32.51	69.58	64.12	1.263	4.65	1.23	0.626	70.24
7	32.51	70.38	64.61	1.274	4.65	1.25	0.622	69.71
8	32.38	70.02	64.50	1.266	4.96	1.04	0.630	70.31
9	32.29	69.69	64.26	1.268	4.34	1.54	0.612	69.60
10	33.08	70.36	64.68	1.278	4.34	1.57	0.621	69.17
11	33.07	70.34	64.69	1.275	4.65	1.26	0.630	69.64
12	32.92	70.08	64.48	1.269	4.96	1.04	0.639	70.34
13	32.95	70.75	65.02	1.279	4.96	1.06	0.635	69.76
14	32.77	70.35	64.73	1.278	4.34	1.57	0.616	69.12

（续）

试验编号	特征能量					性能响应		
	W_{com}/W	Q_{cond}/W	Q_{evap}/W	Q_{cab}/W	W_{fan}/W	σ_T^{-1} /℃$^{-1}$	EC_{day}/（kW·h/24h）	R（%）
15	32.76	70.30	64.71	1.275	4.65	1.26	0.625	69.61
16	34.02	70.94	65.06	1.283	4.65	1.27	0.643	69.25
17	34.02	70.99	65.10	1.281	4.96	1.06	0.652	69.68
18	33.91	70.59	64.83	1.279	4.34	1.57	0.634	69.01
19	33.72	71.44	65.53	1.293	4.34	1.62	0.624	68.30
20	33.58	71.18	65.34	1.288	4.65	1.28	0.633	68.96
21	33.56	71.13	65.32	1.285	4.96	1.07	0.642	69.45
22	34.88	71.87	65.74	1.295	4.96	1.08	0.660	69.02
23	34.76	71.49	65.46	1.293	4.34	1.62	0.642	68.36
24	34.77	71.54	65.52	1.292	4.65	1.29	0.651	68.78

根据样本数据，利用式（4-58）~式（4-60）对因果模型中的路径系数进行估计，采用式（4-61）~式（4-63）所示的显著性检验方法逐个判断路径的显著性，去除不显著的路径，修正路径图模型，多次迭代后，得到修正后的路径图及标准化的路径系数，见表5-4。

表5-4 路径系数估计结果

作用路径			标准化路径系数	P值	作用路径			标准化路径系数	P值
Q_{IHX}	←	D_{cap}	0.337	0.066	Q_c	←	D_{ei}	-0.027	0.077
W_{com}	←	D_{cap}	0.048	0.061	Q_e	←	D_{ei}	0.005	0.095
Q_c	←	D_{cap}	0.072	0.042	W_{com}	←	η_i	-0.038	***
Q_c	←	D_{ci}	-0.088	0.039	Q_c	←	η_i	-0.061	0.050
W_{com}	←	D_{ci}	-0.055	0.056	Q_e	←	η_i	0.002	0.098
R	←	ΔE_{tube}	-0.254	***	W_{com}	←	η_V	0.022	0.021
EC_{day}	←	ΔE_{tube}	0.058	0.056	Q_c	←	η_V	0.042	0.008
σ_T^{-1}	←	ΔE_{tube}	-0.098	***	Q_e	←	η_V	0.036	0.017
W_{com}	←	D_{ei}	0.010	0.091	Q_{IHX}	←	l_{cap}	0.062	0.091
Q_{cab}	←	D_{ei}	0.032	0.086	W_{com}	←	l_{cap}	0.041	0.011

（续）

作用路径			标准化路径系数	P值	作用路径			标准化路径系数	P值
Q_c	←	l_{cap}	0.047	0.064	R	←	Q_e	−0.788	***
Q_c	←	l_{cond}	−0.003	0.075	σ_T^{-1}	←	Q_e	0.008	***
W_{com}	←	l_{cond}	0.006	0.049	T_{suc}	←	Q_e	−0.177	0.041
Q_e	←	l_{evap}	0.063	0.039	EC_{day}	←	Q_e	0.107	0.050
Q_{cab}	←	l_{evap}	0.051	0.022	COP	←	Q_e	−0.124	0.032
W_{com}	←	l_{evap}	0.037	0.057	T_{suc}	←	Q_{IHX}	−0.572	***
Q_c	←	l_{evap}	0.006	0.047	EC_{day}	←	Q_{IHX}	−0.059	0.068
Q_{IHX}	←	l_{evap}	−0.091	0.019	COP	←	Q_{IHX}	0.120	0.012
ΔE_{tube}	←	l_{evap}	0.047	0.032	W_{com}	←	V_{th}	0.749	***
Q_{cab}	←	m_a	−0.172	0.037	Q_c	←	V_{th}	0.825	***
W_{fan}	←	m_a	0.981	***	Q_e	←	V_{th}	0.825	***
ΔE_{tube}	←	m_a	0.009	0.064	ΔE_{tube}	←	V_{th}	0.781	***
Q_e	←	m_a	0.102	0.03	EC_{day}	←	W_{com}	0.441	0.004
W_{com}	←	M	0.038	0.053	COP	←	W_{com}	−0.657	***
Q_e	←	M	0.045	0.080	R	←	W_{com}	0.013	0.047
Q_c	←	M	0.030	0.044	T_{suc}	←	W_{com}	−0.017	0.035
Q_{HIX}	←	M	0.070	0.004	EC_{day}	←	W_{fan}	0.527	***
EC_{day}	←	Q_{cab}	−0.078	0.055	R	←	W_{fan}	0.661	***
T_{suc}	←	Q_c	−0.244	0.028	σ_T^{-1}	←	W_{fan}	0.995	***
EC_{day}	←	Q_c	0.152	0.036					

注：***代表P值小于0.001，即在0.001的显著性水平下显著。

（3）综合性能关重度计算　根据式（4-64），计算设计变量对各个性能的性能关重度。由于设计者对箱内空气温度层间分布标准差、日耗电量、能效系数、开机率和回气温度等性能指标关注程度不一样，所以需要确定各性能指标的权重。权重的确定方法有多种，本案例采用层次分析法确定各个性能指标的权重为σ_T^{-1}：EC_{day}：COP：R：T_{suc}=0.2：0.3：0.2：0.15：0.15，利用式（4-68）计算各个设计变量的综合性能关重度，见表5-5。

表 5-5 电冰箱性能关重度计算结果

EFE	设计变量	性能关重度					
		对 σ_T^{-1}	对 EC_{day}	对 COP	对 R	对 T_{suc}	综合
压缩机	V_{th}/cm^3	-0.0699	0.5893	-0.5944	-0.8387	-0.3601	0.4895
	η_V	0.0003	0.0199	-0.0189	-0.0281	-0.0170	0.0166
	η_i	0	-0.0258	0.0247	-0.0021	0.0152	0.0153
	M/g	0.0004	0.0220	-0.0221	-0.0350	-0.0560	0.0247
冷凝器	D_{ci}/mm	0.0000	-0.0376	0.0361	-0.0007	0.0224	0.0220
	l_{cond}/m	0.0000	0.0022	-0.0039	0.0001	0.0006	0.0016
蒸发器	D_{ei}/mm	0.0000	-0.0017	-0.0072	-0.0038	0.0055	0.0033
	l_{evap}/m	-0.0041	0.0281	-0.0430	-0.0611	0.0388	0.0328
毛细管-吸气管	D_{cap}/mm	0	0.0122	0.0089	0.0006	-0.2111	0.0372
	l_{cap}/m	0	0.0216	-0.0195	0.0005	-0.0476	0.0176
空气循环	$m_a/kg/s$	0.9949	0.5519	-0.0126	0.5783	-0.0181	0.4565

表 5-5 罗列了 11 个设计变量的性能关重度。其中压缩机的理论容积输气量 V_{th} 对日耗电量、COP 和开机率都起到了决定性作用，空气循环风量对箱体内的温度均匀性起到了关键作用。上述两个设计变量应作为匹配设计的关键。在选取其他关注设计变量时，除了考虑性能关重度的大小还应考虑设计变量更改所需要带来的工艺改变和成本提升。例如蒸发器管长 l_{evap} 的变化可通过调整切割工艺得到，而其内径 D_{evap} 的变化则涉及模具的改变，会带来较大的成本。因此，在管长和管径具有接近的性能关重度时，优先将蒸发器的管长 l_{evap} 作为其关注设计变量。基于性能关重度、工艺和成本等因素，确定对性能存在显著影响的设计变量包括：压缩机理论容积输气量 V_{th}、制冷剂充注量 M、冷凝器长度 l_{cond}、蒸发器长度 l_{evap}、毛细管长度 l_{cap} 和蒸发器风扇风量 m_a。下面便可针对这些影响显著的设计变量进行优化以实现性能匹配。

3. 电冰箱设计优化与性能匹配

根据性能关重度分析结果，选取性能关重度较高且易改动的设计变量：压缩机理论容积输气量 V_{th}、制冷剂充注量 M、冷凝器长度 l_{cond}、蒸发器长度 l_{evap}、毛细管长度 l_{cap} 和蒸发器风扇风量 m_a 进行匹配设计，以使待开发的产品达到优化目标。根据性能关重度较高的各 EFE 的设计变量取值范围，设置表 5-6 所示的设计变量的水平。目标性能选择时因日耗电量 EC_{day} 和能效系数 COP 都是能耗的反映，所以两者选其一，这里选择能够比较直观反映能耗的日耗电量 EC_{day}

作为目标性能之一。也就是说，性能指标考虑日耗电量 EC_{day}、开机率 R、回气温度 T_{suc} 和箱内空气温度层间分布标准差 σ_T^{-1}。

表 5-6　性能关重度较高的设计变量水平设置

水平	因素 A	因素 B	因素 C	因素 D	因素 E
	V_{th}/cm^3	M /g	L_{cap}/m	L_{evap}/m	m_a/(kg/s)
1	8. 34	41	2. 4	5. 7	0. 024
2	8. 56	41. 3	2. 5	6. 0	0. 026
3	8. 75	41. 7	2. 6	6. 2	0. 028
4	9. 05	42	2. 7	6. 5	0. 030
5	9. 27	42. 3	2. 8	6. 7	0. 032
6	9. 56	42. 6	2. 9	7. 0	0. 034
7	9. 78	43	3. 0	7. 2	0. 036

采用均匀设计方法，取 $U_7(7^6)$ 表中的第 1、2、3、4、6 列，利用仿真模型得到每一组水平组合下的性能响应，见表 5-7。

表 5-7　电冰箱性能匹配的试验设计表及性能响应

试验编号	因　　素					性能响应			
	A	B	C	D	E	σ_T^{-1}	EC_{day}	R	T_{suc}
1	1	2	3	4	6	2. 64	0. 6270	71. 17	13. 44
2	2	4	6	1	5	2. 53	0. 6271	70. 56	13. 23
3	3	6	2	5	4	2. 44	0. 6264	69. 98	13. 24
4	4	1	5	2	3	2. 35	0. 6281	69. 32	13. 10
5	5	3	1	6	2	2. 27	0. 6279	68. 73	13. 05
6	6	5	4	3	1	2. 19	0. 6290	68. 10	12. 84
7	7	7	7	7	7	2. 67	0. 6610	68. 99	12. 63

由于节能降耗在目前电冰箱的开发中存在强制标准规定，因此，案例采用日耗电量 EC_{day} 作为设计目标，其余参数作为性能约束，采用一阶线性回归，建立设计变量与性能响应之间的回归模型：日耗电量 EC_{day} 为式（5-1）、开机率为式（5-2）、回气温度为式（5-3）、箱内空气温度层间分布标准差 σ_T^{-1} 为式（5-4）。

$$EC_{day} = 0.378 + 0.016A + 0.012C + 0.004D + 1.72E \tag{5-1}$$

$$R = 83.302 - 0.270A - 0.048B - 3.373C - 1.301D + 274.609E \quad (5\text{-}2)$$

$$T_{suc} = 19.311 - 0.482A - 0.037B - 0.137C + 0.036D - 5.687E \quad (5\text{-}3)$$

$$\sigma_T^{-1} = 1.931 + 0.371A - 0.010B - 1.002C - 0.378D + 90.367E \quad (5\text{-}4)$$

以上拟合模型的拟合优度 R^2 和 R^2_{adj} 均大于90%，模型拟合程度较好。根据拟合模型，可建立如式（5-5）所示的优化模型。

$$\begin{aligned}
&\text{minimize} && EC_{day}(V_{th}, M, l_{cap}, l_{evap}, m_a)\\
&\text{subject to} && R(V_{th}, M, l_{cap}, l_{evap}, m_a) \leqslant 70\%\\
& && T_{suc}(V_{th}, M, l_{cap}, l_{evap}, m_a) \geqslant 10℃\\
& && \sigma_T^{-1} \geqslant 2.5℃^{-1}\\
&\text{and} && V_{th} \in (8.34, 8.56, 9.05, 9.27, 9.56, 9.78)\\
& && 41 \leqslant M \leqslant 43\\
& && l_{cap} \in (2.4, 2.5, 2.6, 2.7, 2.8, 2.9, 3.0)\\
& && l_{evap} \in (5.7, 6.0, 6.2, 6.5, 6.7, 7.0, 7.2)\\
& && 0.024 \leqslant m_a \leqslant 0.036
\end{aligned} \quad (5\text{-}5)$$

采用混合整数线性规划方法，计算出满足优化目标的设计变量为：V_{th} = 9.27cm^3，M = 41g，l_{cap} = 2.4m，l_{evap} = 5.7m，m_a = 0.024 kg/s。通过仿真计算出对应的性能响应为：EC_{day} = 0.6192 kW·h/24h，R = 69.91%，T_{suc} = 13.07℃，σ_T^{-1} = 2.57℃$^{-1}$。将该仿真结果对应的EFE组成产品，对该产品进行测试，测试结果如图5-2所示，各性能指标值见表5-8。

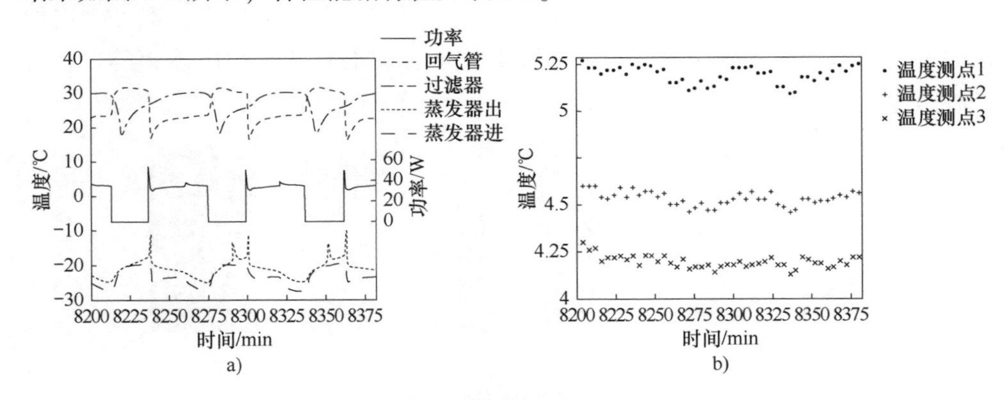

图5-2　电冰箱性能匹配样机测试结果

a）周期运行参数　b）温度均匀性测试

表5-8中的实测数据与仿真数据存在差异，可能是存在难以计算的漏热和出风口细微结构造成的涡流等模型未考虑的因素。尽管如此，通过性能匹配优化

设计的样机其各项指标仍然满足优化问题的要求，其中日耗电量满足了国家一级能效的要求。同时，基于因果模型的电冰箱设计变量、特征能量和性能分析模型及性能关重度计算方法将性能匹配中需要考虑的因素个数从 11 个减少到 4 个，实现了对已有零部件的有效匹配，避免了对大量的零部件参数进行直接的运算和组合，减少了设计中消耗的人力、财力和时间。

表 5-8　样机测试结果

性能指标	测试结果
温度均匀性 σ_T^{-1} /℃$^{-1}$	2.52
日耗电量 EC_{day}/(kW·h/24h)	0.6327
开机率 R/%	68.0
回气温度 T_{suc}/℃	24.22

但正如前面所说，生产商不可能为每一个个性化的需求生产一款电冰箱，这就对一定范围内电冰箱性能的稳健性提出了要求。

5.1.2　电冰箱系列产品稳健性设计

1. 电冰箱多样化特征

为了满足用户的个性化需求，当前市场上的电冰箱产品在布局形式、容积、制冷方式、控制方式和附加功能上较之以前更加多样化，具体包括以下情况：

（1）布局形式与容积　电冰箱布局形式的多样性，如图 5-3 所示，有上、下两个间室的双门电冰箱，有上、中、下三个间室的三门电冰箱，有左、右两扇门的对开电冰箱，有冷藏室与两个抽屉式冷冻室的意式三门电冰箱等。在每一种布局形式下，各个间室的容积也存在不同，形成更为宽泛的产品类型。

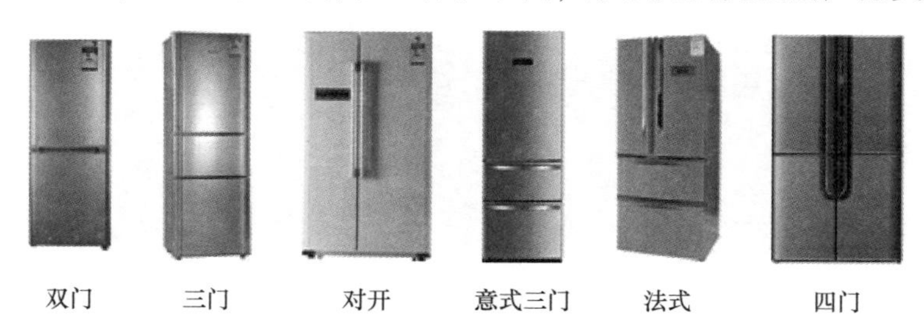

图 5-3　电冰箱的布局形式示例

（2）制冷方式　家用电冰箱的制冷方式包括采用蒸发器直接传导的直冷式和通过空气循环对流换热的间冷式（风冷式）两种。其中，直冷式制冷方式能耗较低，噪声小，但制冷系统的设计易受到箱体结构的影响，适合于小型电冰箱；风冷式制冷方式温度均匀性好，降温速率快，能够适应不同的箱体形式，但相应能耗较高且噪声较高，适合大容积箱体。由于电冰箱的个性化常常涉及布局和结构形式的变化，因此，风冷式制冷能够避免对制冷系统的大范围改动，具有明显的优势。风冷式也逐渐成为电冰箱的主流制冷方式。

（3）控制方式　小型直冷式电冰箱一般采用传统的机械控制式温度调节方式，成本较低但是控制精度也较低。为了更好地保鲜，对电冰箱温度精确性提出了更高的要求，现多采用带反馈的电子温控系统。

（4）附加功能　为了满足对用户存储的个性化食品或物品的保鲜需求，电冰箱企业还为电冰箱增加了大量的附加功能，例如将温度精确控制在0℃附近的零摄氏度保鲜，通过降低空气压力抑制微生物生长的真空保鲜，采用紫外光或臭氧来杀灭细菌清除异味，或是附加自动制冰、制冷水等功能。

可见，响应用户个性化需求已经成为电冰箱开发的重要趋势。例如，某电冰箱企业为了应对产品的个性化趋势，开发的产品型号总数达到了2342款，包含42158种零部件。如此大量的个性化产品给性能匹配带来了更大的挑战。

解决该问题的思路是采用通用的产品平台与个性化模块组合的方式来开发产品。在电冰箱设计中，受用户需求影响最大的是箱体的容积和结构，可将其定义为个性化模块；同时，箱体变化则与之配套的风道系统也会随之变化，也属于个性化模块。而提供冷量的制冷系统对于用户来说并不直接接触，人们更关注其与箱体、风道组合后的性能，在实际设计中通常变化不大，故将其定义为产品平台，这样为个性化的箱体匹配合理的制冷系统就成为问题的关键。为此，下面针对实际电冰箱企业实际的个样化产品设计，讨论产品平台与个性化模块性能匹配的方法。

在电冰箱300 L附近的容积需求范围内选择248L、278L和310L三款容积的箱体进行性能匹配。根据图4-28所示的电冰箱能量流模型，运用稳健设计方法对组成产品平台的压缩机EFE、冷凝器EFE、蒸发器EFE和回热器（毛细管-吸气管）EFE进行优化匹配，使产品平台能够在与三款箱体组合成产品时满足性能约束，并使性能的综合损失最小。

2. 稳健设计

稳健性设计过程包括三个步骤，分别是个性化需求对性能匹配的影响分析、基于稳健设计的产品平台与个性化模块性能匹配和实验验证。

（1）个性化需求对性能匹配的影响分析　首先定义个性化需求影响下个性化模块设计变量的变化，并将其考虑为产品平台设计变量的噪声因素。本例中涉及的个性化需求是不同的容积，针对需求范围选用三款箱体，其容积分别为

248L、278L 和 310L。由于电冰箱在相同的宽度和深度方向上能够共用较多的结构件或是采用相同的制造工艺过程，因此，采用固定宽度和深度，通过改变高度的方式来满足不同的容积需求。在产品平台包含的冷冻室容积不变的情况下，增加冷藏室和变温室的高度，实现不同的容积满足个性化需求，如图 5-4 所示。

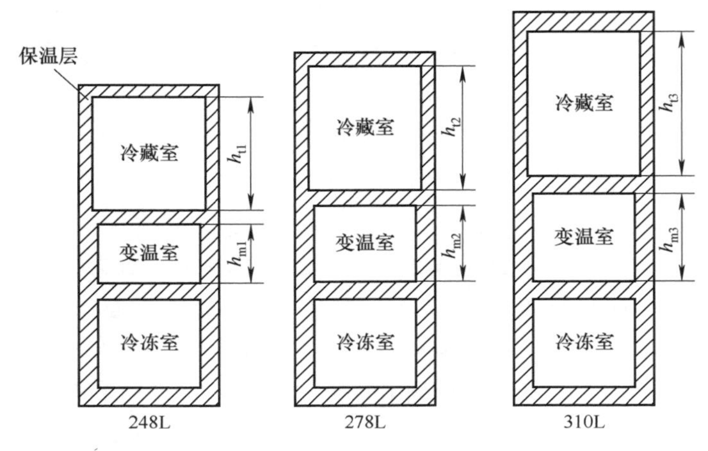

图 5-4　通过间室高度变化满足电冰箱容积的个性化需求

基于上述原因，三款箱体各间室的宽度、深度及宽度深度方向上的其他尺寸相同，仅在高度上存在差别，三款箱体的冷藏室高度 h_t 和变温室高度 h_m 的高度尺寸的定义见表 5-9。

表 5-9　248L、278L 和 310L 箱体的高度定义

产 品 型 号	高　　度	尺寸/mm
BCD-248	冷藏室高度 h_{t1}	538
	变温室高度 h_{m1}	223
BCD-278	冷藏室高度 h_{t2}	622
	变温室高度 h_{m2}	274
BCD-310	冷藏室高度 h_{t3}	706
	变温室高度 h_{m3}	325

上述设计变量发生变化后，会引起箱体换热面积的变化，进一步改变了电冰箱运行时的热负载，因此会对零部件之间的能量流动及匹配特性产生影响。产品平台与三款箱体的性能匹配，其本质就是要找到一组最优的产品平台设计变量组合，使产品平台在与上述三款箱体组合时，能够满足性能约束且性能综合损失最小。

（2）基于稳健设计的产品平台与个性化模块性能匹配　根据电冰箱能量流模型以及产品平台定义方案，产品平台包括冷冻室以及安装于冷冻室的制冷系统，具体包括压缩机 EFE、冷凝器 EFE、回热器（毛细管-吸气管）EFE 和蒸发器 EFE；个性化模块则包括满足用户不同的容积需求的箱体 EFE 及其配套的风道 EFE。产品平台与个性化模块的性能匹配就是对产品平台包含的 EFE 或设计变量的组合进行优化，以使电冰箱在个性化需求影响下综合性能损失最小。根据 5.1 节中的性能关重度计算结果，将性能关重度较高的设计变量作为产品平台与个性化模块性能匹配的依据，提高问题求解的精确性和效率。此案例选择表 5-6 中所示的压缩机理论输气量 V_{th}、蒸发器长度 l_{evap}、毛细管长度 l_{cap} 作为产品平台的 EFE 关键设计变量，设计变量的不同参数组合即代表了产品平台的不同构成形式。与此同时，将生产中易于通过自动化设备调整的制冷剂充注量作为可调节的设计变量，可针对具体产品按需求进行充注。

对产品平台的 3 个设计变量采用 7 水平的均匀设计，其中每一组产品平台设计变量组合分别与 3 种不同的箱体设计变量进行组合，代表在噪声影响下的性能响应，因此共需进行 21 次试验，建立产品平台与个性化模块性能匹配的直积表，见表 5-10。

表 5-10　产品平台与个性化模块性能匹配的直积表

试验号	设计变量			噪声	噪声水平			信噪比 η/dB
				h_{t1}/mm	538	622	706	
				h_{m1}/mm	223	274	325	
				M/g	30	32	36	
	A	C	D		日耗电量 EC_{day}/（kW·h/24h）			
1	1	2	3		y_{11}	y_{12}	y_{13}	η_1
2	2	4	6		y_{21}	y_{22}	y_{23}	η_2
3	3	6	2		y_{31}	y_{32}	y_{33}	η_3
4	4	1	5		y_{41}	y_{42}	y_{43}	η_4
5	5	3	1		y_{51}	y_{52}	y_{53}	η_5
6	6	5	4		y_{61}	y_{62}	y_{63}	η_6
7	7	7	7		y_{71}	y_{72}	y_{73}	η_7

通过仿真模型计算直积表中产品平台设计变量与个性化模块设计变量组合后的性能响应 y_{ij}，以日耗电量 EC_{day} 作为性能目标，由于日耗电量 EC_{day} 具有望小特性（即希望性能指标越小越好），根据式（5-6）计算性能目标的信噪比。

产品平台与个性化模块性能匹配计算结果见表 5-11。

$$\eta = -10\lg\left(\frac{1}{n}\sum_{i=1}^{n} y_i^2\right)(\mathrm{dB}) \tag{5-6}$$

表 5-11　产品平台与个性化模块性能匹配计算结果

设计变量组合	计算结果代号	性能响应					信噪比/dB
		温度均匀性 σ_T^{-1}/℃$^{-1}$	日耗电量 EC_{day}/(kW·h/24h)	能效系数 COP	开机率 R（%）	回气温度 T_{suc}/℃	
1	y_{11}	2.42	0.6377	1.955	75.71	14.14	4.166
	y_{12}	2.48	0.6178	2.005	70.75	13.40	
	y_{13}	2.53	0.6009	2.051	66.52	12.21	
2	y_{21}	2.41	0.6424	1.937	75.27	14.02	4.103
	y_{22}	2.46	0.6223	1.987	70.33	13.38	
	y_{23}	2.52	0.6052	2.032	66.10	12.46	
3	y_{31}	2.39	0.6464	1.922	74.91	13.83	4.047
	y_{32}	2.45	0.6264	1.972	70.01	13.19	
	y_{33}	2.50	0.6094	2.016	65.82	12.36	
4	y_{41}	2.37	0.6526	1.899	74.35	13.71	3.962
	y_{42}	2.43	0.6326	1.948	69.47	13.11	
	y_{43}	2.48	0.6155	1.991	65.30	12.37	
5	y_{51}	2.36	0.6571	1.883	73.98	13.51	3.900
	y_{52}	2.42	0.6371	1.931	69.14	12.92	
	y_{53}	2.47	0.6201	1.974	65.01	12.26	
6	y_{61}	2.34	0.6627	1.864	73.50	13.35	3.822
	y_{62}	2.40	0.6428	1.911	68.71	12.81	
	y_{63}	2.45	0.6259	1.952	64.63	12.26	
7	y_{71}	2.33	0.6669	1.849	73.15	13.22	3.764
	y_{72}	2.39	0.6471	1.895	68.41	12.69	
	y_{73}	2.44	0.6304	1.936	64.38	12.20	

根据表 5-11，判断各个产品平台设计变量和噪声水平组合下的温度均匀性、开机率和回气温度响应是否满足性能约束，考虑到共用产品平台匹配不同容积的箱体，性能指标均不会处于最优，因此，此处定义性能约束为：$R \leqslant 75\%$，$\sigma_T^{-1} \geqslant$

$1.5℃^{-1}$，$T_{suc} \geq 10℃$；同时，运用回归分析方法建立产品平台设计变量与信噪比之间的回归模型如式（5-7）所示。

$$\eta = 6.4798 - 0.2817A + 0.0055C + 0.0030D \tag{5-7}$$

在性能约束的条件下，以日耗电量 EC_{day} 作为优化目标，对设计变量进行混合整型线性规划，可计算得出满足性能约束同时信噪比最高的产品平台设计变量组合为：$V_{th}=9.05cm^3$，$L_{cap}=2.7m$，$L_e=6.2m$。

（3）试验验证　根据性能匹配中计算出的产品平台设计变量组合（$V_{th}=9.05cm^3$，$L_{cap}=2.7m$，$L_e=6.2m$），分别与248L、278L和310L的箱体组合形成测试样机，对测试样机进行测试，主要性能指标的测试结果见表5-12。

表5-12　采用同一产品平台的248L、278L和310L样机测试结果

型　号	温度均匀性 σ_T^{-1}/℃$^{-1}$	日耗电量 EC_{day}/(kW·h/24h)	开机率 R(%)
BCD-248	2.05	0.6234	74.0
BCD-278	1.77	0.6452	72.4
BCD-310	1.58	0.7189	74.2

试验结果发现，三款样机的开机率、温度均匀性均在可接受范围之内；日耗电量虽较独立设计的结果有所上升，但三款产品的能耗水平均达到了国家一级能效要求，即共用同一产品平台的三款产品能够满足一定范围内的用户个性化需求，实现了产品平台与个性化模块的性能匹配。

电冰箱的案例是讨论电冰箱在稳定运行状态下，设计变量、特征能量和性能之间的作用关系，特征能量是构建设计变量和性能之间的桥梁。然而，耗能机电产品中有些性能并不是依靠特征能量，因为它并不运行在稳定状态，比如汽车的被动安全性，是汽车碰撞过程中外界动能引起的，在碰撞过程中，动能被车身不断吸收，所以此时在车身设计变量和被动安全性之间的联系纽带将不再是特征能量，而是能量流元中的能量变化量，这是本章的下一个案例。

5.2　被动安全性约束下的汽车车身轻量化设计

5.2.1　轻量化与被动安全性

轻量化和被动安全性是汽车设计的两个重要性能指标。轻量化是实现汽车节省燃油的重要指标，在环境政策（特别是减少碳排放政策）日益严格的背景下，受到汽车企业的普遍重视。被动安全性是汽车的安全性指标，是保证驾乘人员安全的重要指标，也是轻量化实现中的性能约束。

轻量化在设计上主要采用高强轻质材料和轻量化结构两种手段，但其实现过程是相当复杂的，如图 5-5 所示。轻量化实现过程之所以复杂，与汽车零部件多、性能指标多有关。即在众多的设计变量与性能之间存在复杂的作用关系。无论是采用高强轻质材料，还是设计轻量化结构，都会对汽车的被动安全性、强度、刚度、NVH 性能、成本等性能产生影响，这种影响甚至是负面的。下面重点讨论一下汽车车身轻量化与被动安全性的矛盾消解过程。这显然只是图 5-5 轻量化设计流程中的很小部分。

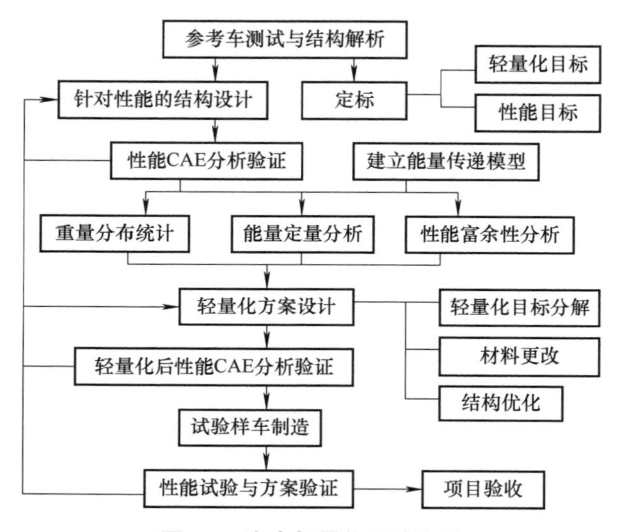

图 5-5　汽车轻量化设计流程

被动安全性是指汽车在事故中避免或降低对驾乘人员造成伤害的性能，是一个综合性能。在被动安全性测试时可分为 100% 正面碰撞冲击、40% 正面偏置碰撞冲击、侧面碰撞冲击、背面碰撞冲击、安全带固定点强度、座椅固定点强度和转向系统支撑强度等，不同的碰撞测试方式，其评价指标也不尽相同。因此，本案例选择某车型 40% 正面偏置碰撞冲击进行说明。就是在 40% 正面偏置碰撞冲击中的被动安全性评价指标也很多，如车身变形、头部伤害指标（HIC）、胸部评价指标、大腿性能指标等多项指标，案例中仅考虑车身变形这一个指标，如图 5-6 所示，即希望驾乘空间不变形。

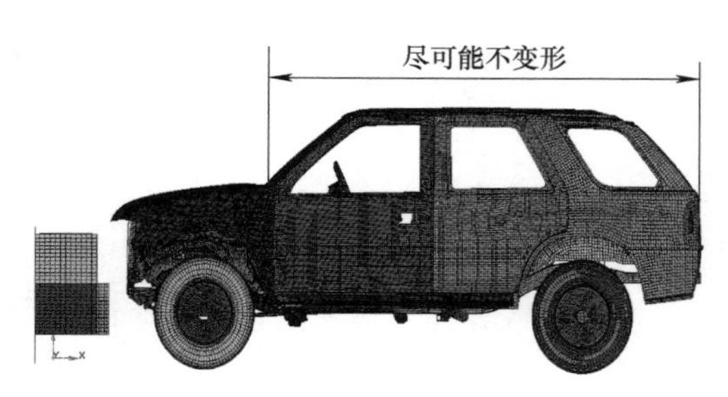

图 5-6　车身不变形的范围

该车型原有结构正面碰撞的被动安全性并不好，图 5-7 所示为正面偏置碰撞的仿真结果。这个仿真结果与该车的实际碰撞试验结果基本吻合。从仿真结果可以看出，原有结构在安全性方面存在如下不足：

1）车体左前侧变形过大。车架前纵梁纵向刚度不足，纵梁弯曲变形大。

2）前部结构吸收碰撞能量不足。车架纵梁前段缓冲吸能区域未产生理想的纵向皱折式吸能变形模式，不能有效地吸收碰撞产生的能量。

3）乘员舱被侵入量过大。冲击能量前纵梁传递到仪表板，乘员舱下部严重侵入前围板，转向盘中心后移量过大，达到 300mm 以上，离合踏板后移量过大。

4）车身 A 柱变形严重。过多的冲击能量由轮罩加强件传递到 A 柱，使车身 A 柱产生严重变形，这说明轮罩加强件纵向刚度过大。

5）车门、前风窗玻璃及车顶变形偏大。

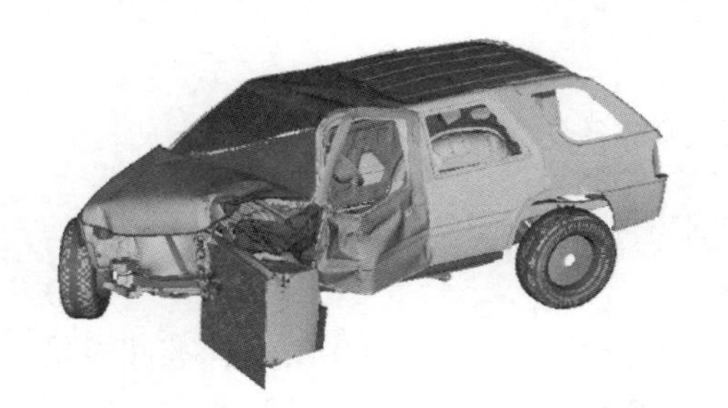
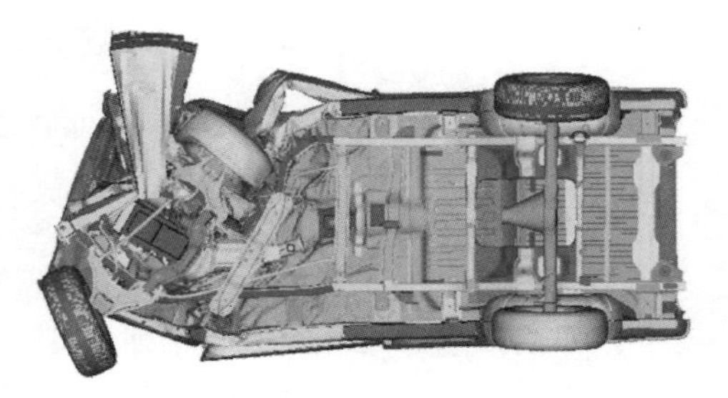

图 5-7　原车型 40%正面偏置碰撞的车身变形

通过对原结构仿真分析，可大致确定车身结构的改进方向：使车体前部构件、车架前纵梁通过纵向皱折式吸能变形模式吸收更多的能量，并降低车身加速度第一峰值。降低 A 柱的冲击能量，减少 A 柱的变形量和后移量，以及仪表板、转向盘的后移量等。为了改善被动安全性，可以通过增加零部件的刚度和强度实现，但是这样做，如果设计不合理就会增加车身的质量。目前该车质量已近 1.8t，因此，实际改进时生产商希望在不增加质量的情况下提高被动安全性。这是一个典型的需要消解被动安全性和轻量化之间矛盾的案例。为了避免经验法和试凑法带来的对性能的不确定性，消解此类矛盾可以采用能量流的分析方法。

5.2.2　被动安全性约束下的汽车车身能量流模型

汽车较电冰箱零件多，结构复杂，能量流模型的建立较困难，需要在确定能量传递模型的基础上合理划分能量流元之后才能建立。

1. 确定能量的传递模型

首先构建如图 5-8 所示的能量传递路径，确定能量流过的零部件，这是后续构建能量流元、进行冲击能量合理分配的基础，也有助于确定轻量化的对象。在此基础上，建立能量在零部件间的能量关联模型（ERM）。能量关联模型要描述清楚零件间的邻接关系、零件能量状态关联关系、能量作用形式，如式（5-8）所示。

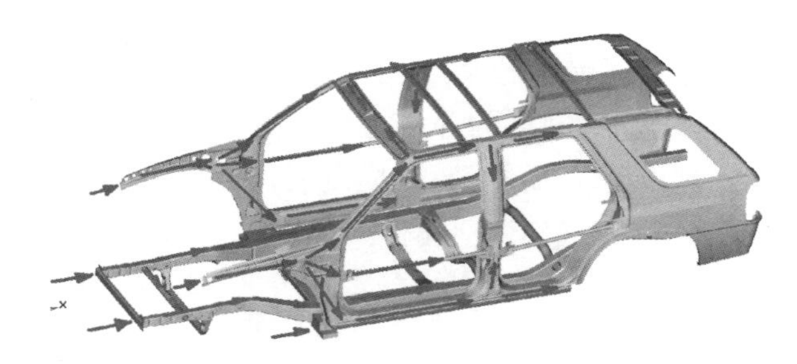

图 5-8　碰撞能量传递路径分析

$$能量关联模型 ERM = \{邻接关系，零件能量状态关联关系，能量作用形式\} \tag{5-8}$$

式中，邻接关系，可用 0 和 1 表示，邻接用 1 表示，非邻接用 0 表示；零件能量状态关联关系，可用 0 和±1 表示，施加能量用 1 表示，接受能量用−1 表示，无直接关联关系用 0 表示；能量作用形式，可用 0 和 1 表示，接触式用 1 表示，非接触式用 0 表示。

依据图 5-8 和式（5-8）便可以用表 5-13 的形式定性地描述在某一性能约束下能量在零部件中的流动关系，以及参与能量流动的各零部件对性能的影响。此时，也可以根据能量的承载关系初步确定可能的轻量化对象。通常在轻量化目标值分解时，作为施加能量的零部件应承担更多的指标。

表 5-13　零件间的能量关联模型

零　件	零件 1	零件 2	零件 3	……	零件 N
零件 1		{1，1，1}	{1，1，1}	……	{0，0，0}
零件 2	{1，−1，1}		{0，0，0}	……	{0，0，0}
零件 3	{1，−1，1}	{0，0，0}		……	{0，0，0}
……	……	……	……		……
零件 N	{0，0，0}	{0，0，0}	{0，0，0}	……	

确定能量的传递模型对于复杂产品是非常必要的，因为很多产品的能量源

和路径不像电冰箱那样简单，能量传递模型有助于定性地弄清楚能量流动规律。比如，在分析风电齿轮箱油温时所建立的热网络图也有类似的能量传递模型分析过程。分析了能量在零部件中的流动，便可以进行能量流元划分了。

2. 划分能量流元

由于该SUV车的车身属于非承载式车身，碰撞过程中的冲击能量基本上全部由车架来承担，因此，可将正面碰撞被动安全性能简化为车架在碰撞中做出的变形和吸能响应。此时的冲击能量是逐渐被耗散的，因此，被动安全性不能用特征能量来表达，而要用能量变化量来表达。冲击能量通过车体变形而耗散，具有望大性，即车架吸收的冲击能量越多对于整车的被动安全性能保证越有利。而与此同时，实现的轻量化目标所关注的车架质量，与承载冲击载荷的车架的各个组成零部件的厚度及形状有关，显然，两者存在强相关性。由于此次设计的目标是不降低整车被动安全性条件下的车架轻量化设计，因此，车架正面碰撞过程能量流模型的性能约束域描述为 $\Omega_{PC} = <S_P, P>$，其中 S_P 代表通过减小车架质量间接实现的节能降耗设计目标，P 表示100%正面碰撞被动安全性能。性能约束域 Ω_{PC} 还可以进一步分解为可控的、定量的性能指标域 Γ_{PI}。对于此案例，性能指标域为车身质量 M 和车架碰撞过程中加速度峰值 a_{top}，即 $\Gamma_{PI} = <M, a_{top}>$。在完成性能约束分析之后，便可建立满足性能约束域的能量流分析模型。

能量流模型的基础是能量流元。由于车架的零部件很多，不能简单地把零部件都视为能量流元，这样做会增大计算工作量，因此，需要对车架的零部件组成进行分析。车架的结构如图5-9所示。考虑车架组成的零部件具有对称性，

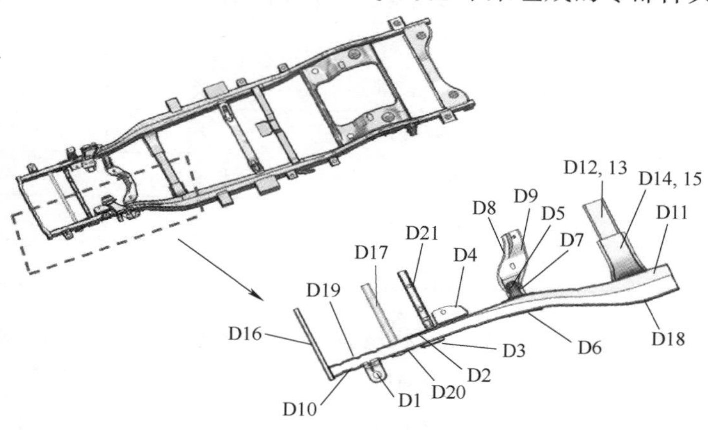

图 5-9　车架简化示意图

而且希望正面碰撞吸能过程发生在车架的前端（乘员舱之前），这样才能对驾乘人员起到保护作用，因此，可对车架零部件进行简化，即取图 5-9 中虚线部分的零部件进行能量流元的构建。根据简化结果可确定参与能量流元划分的车架零部件。车架零部件信息见表 5-14。

表 5-14　车架零部件信息

零件编号	名称及描述	初始厚度/mm
D1	纵梁前外凸	4
D2	纵梁内侧带孔平板（第三横梁处）	4
D3	第三横梁支架	6
D4	发动机支架	5
D5	第四横梁支架内	4
D6	第四横梁支架外	4
D7	第四横梁圆管	3.4
D8	第四横梁（上侧件）	3.6
D9	第四横梁（下侧件）	3.6
D10	纵梁外（长件，从头到尾）	3
D11	纵梁内（后端）	3
D12	第五横梁（上侧件）	3
D13	第五横梁（下侧件）	3
D14	第五横梁支架（下外侧件）	4
D15	第五横梁支架（上内侧件）	4
D16	第一横梁	3
D17	第二横梁	3
D18	纵梁内加强件	3
D19	纵梁内（前端）	3
D20	纵梁下凸件（第二横梁下）	5
D21	第三横梁	3

根据零部件间的连接关系、形状位置关系和能量相关性分析，利用设计结构矩阵（Design Structure Matrix，DSM）可评价正面碰撞过程中车架综合关系值，见表 5-15。另外，设计结构矩阵（DSM）是一种直接简单分析零部件相关性的方法，有专门的文献阐述，此处就不赘述了。

表 5-15 车架正面碰撞 DSM 综合关系值

行	列	综合关系值	行	列	综合关系值
1	10	0.86	10	14	0.51
2	19	0.86	10	16	0.51
3	10	0.51	10	18	0.86
3	21	0.86	10	19	0.86
4	11	0.86	10	20	0.86
4	19	0.86	11	14	0.51
5	6	0.86	11	15	0.51
5	7	0.86	12	15	0.86
5	9	0.86	13	14	0.86
6	10	0.51	14	15	0.86
8	9	0.86	16	19	0.51
10	11	0.86	17	19	0.51

基于 DSM 中的各零部件综合关系值，和 4.2.2 节中能量流元（EFE）划分的串联准则、并联准则，可将表 5-14 中的零部件划分为表 5-16 中所列的 6 个能量流元。6 个能量流元在车架的位置如图 5-10 所示。由于每个能量流元中包含的零部件和设计变量较多，且碰撞过程中各零部件传递的能量不能写成能量特性方程，而需要用专门的碰撞有限元软件仿真得到，所以只简单地用图 5-11 的形式表示了 6 个能量流元的能量作用关系。

表 5-16 车架正面碰撞能量流元划分结果

能量流元编号	包含的零部件编码
EFE1	D16
EFE2	D17
EFE3	D3，D21
EFE4	D5，D6，D7，D8，D9
EFE5	D12，D13，D14，D15
EFE6	D1，D2，D4，D10，D11，D18，D19，D20

根据性能约束的要求可知，车架的各个能量流元在碰撞过程中的能量变化是零部件在冲击载荷作用下变形时产生的应变能，其能量变化状态为被动能量变化。根据车架零部件的结构和参数，可利用碰撞有限元计算的相关知识及工

具对车架碰撞过程进行模拟，并计算各个能量流元的应变能变化。图 5-12 所示的是车架在正面碰撞性能约束下的有限元模型和边界条件设置，将其导入有限元求解工具中计算可得车架各个能量流元的应变能变化值，表 5-17 为车架各能量流元在 60ms 时的能量变化值。

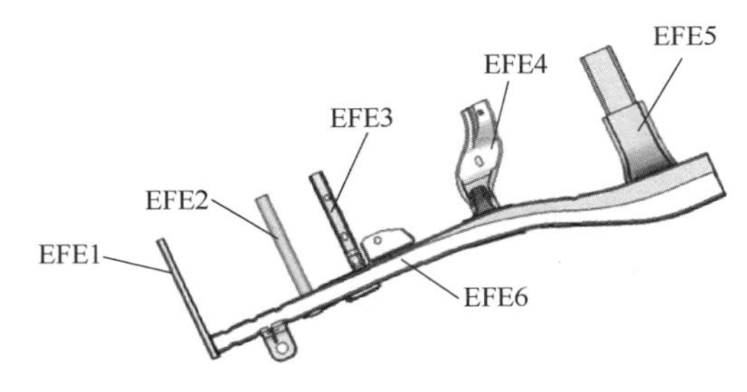

图 5-10　车架各个能量流元所对应的零部件

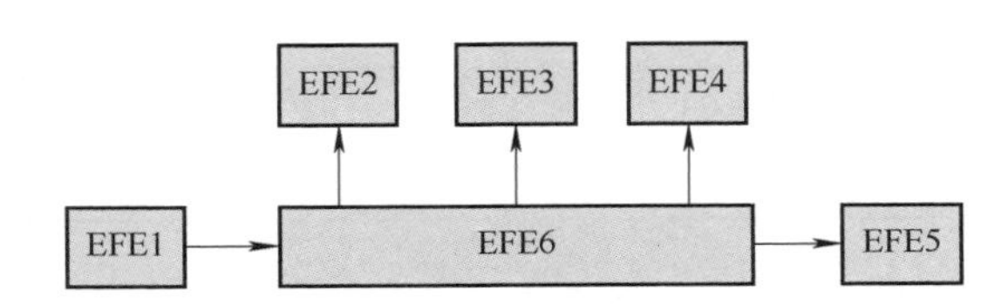

图 5-11　车架正面碰撞能量传递模型

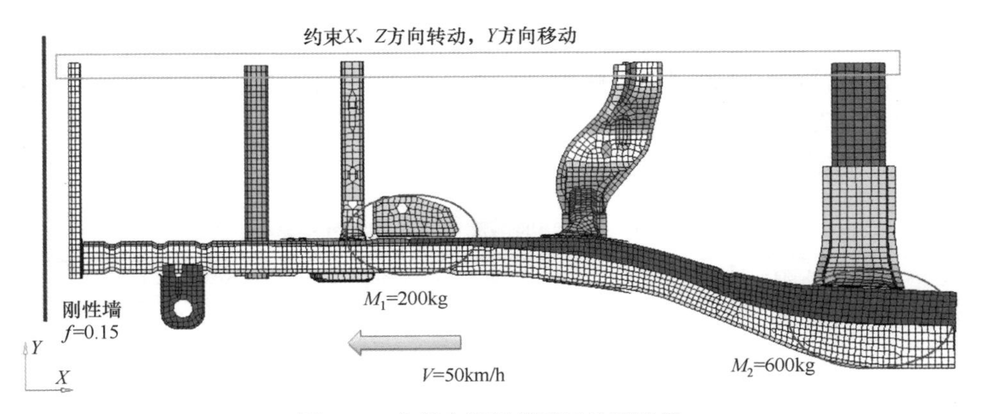

图 5-12　车架有限元模型及边界设置

表 5-17　车架各个能量流元的应变能变化值（60ms）

能量流元编码	能量变化值/kJ	能量流元编码	能量变化值/kJ
EFE1	2. 461	EFE4	2. 37
EFE2	3. 061	EFE5	0. 0698
EFE3	1. 906	EFE6	59. 396

前面关于6个能量流元的确定，只是基于能量传递模型、零部件对性能影响的定性分析做出的，但即便是这6个能量流元仍然包含不少的零部件，若要在被动安全性约束下对包含这6个能量流元的零部件做轻量化设计，仍是需要做大量优化工作的。因此，需要进一步筛选关重零部件。

5.2.3 被动安全性约束下的汽车车身轻量化设计方法

1. 性能关重零部件的筛选

在电冰箱的案例中，关键设计变量的筛选采用是因果模型的方法，该方法中特征能量是设计变量和性能之间的桥梁，而在汽车被动安全性中，能量在碰撞过程中不断转化，是一个动态过程，因此因果模型中静态的路径作用关系并不适用于此动态过程。因此，为了能在进行被动安全性约束下的汽车车身轻量化设计时筛选更有针对性的零部件及其设计变量，需要进行零部件性能关重度计算，以获得关重零部件的结构参数变化所引起的性能指标改变的大小信息，从而给设计人员提供全面且有效的指导。

零部件性能关重度的计算流程如图5-13所示，其中设计变量的定义主要是将受关注的能量流元（EFE）中包含的零部件提取出来作为分析对象，并对其设计信息进行分析。由于在进行能量流分析建模时，每一个能量流元都是一个结构体对象，其中存储了零部件的尺寸信息、形状信息以及材料属性等信息，因此，只需分析筛选出受关注的能量流元，与之相关的零部件设计信息就会形成设计变量。根据具体的性能约束目标，将设计变量用有明确物理意义或容易计算的变量进行参数化表示，例如材料的密度、零件厚度、截面面积、回转半径等。

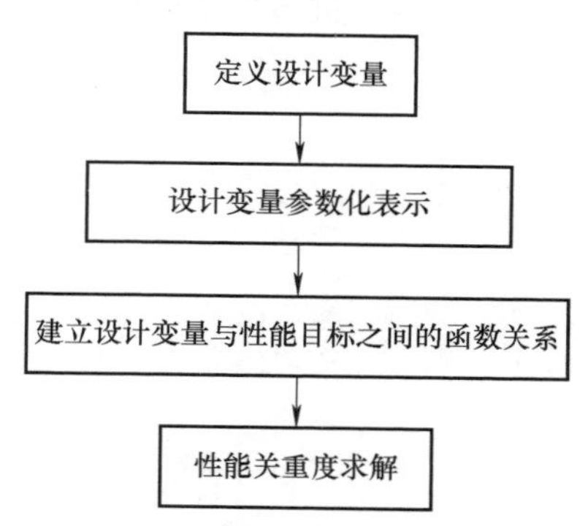

图5-13 零部件性能关重度的计算流程

由能量流分析模型中的性能约束定义可知，能量流模型所研究的性能目标是和能量相关的，因此可将产品性能目标转化为产品的能量变化（ΔE）进行参数化表示，只是在不同性能约束状态下，ΔE的体现形式有所不同。在明确性能目标和设计变量的参数化表示之后，在性能目标P和设计变量$v_1, v_2, \cdots, v_n$之间就可构成一个函数关系式$P=f(v_1, v_2, \cdots, v_n)$，如果设计变量$v_i$有一个很小的变化$\Delta v_i$，设计目标也会有一个很小的变化，如式（5-9）所示。

$$\Delta P = \frac{\partial f}{\partial v_i}\Delta v_i \tag{5-9}$$

如果每个设计变量变化相同的值 $\Delta v_i = \Delta$，设计目标的变化量 ΔP 是不同的，那么此时可以通过计算 $\partial f/\partial v_i$ 数值的大小来完成零部件性能关重度求解。在进行 $\partial f/\partial v_i$ 计算之前需要明确设计变量与性能目标之间的函数关系 f。函数关系 f 的建立可以采用基于数值计算的直接建模方法，也可以采用基于试验数据回归的近似建模方法，采用不同的函数关系建立方法，其性能关重度求解方法也有所不同。

对于本案例中的被动安全性问题，可以通过有限元方法直接建模求解，可将设计变量与有限元模型中的单元属性、材料属性和节点坐标等参数关联，将性能目标作为有限元模型的响应输出，此时性能目标与设计变量之间利用带有属性信息的离散单元建立了函数关系 f，通过对有限元模型的数值计算获得性能关重度，其计算结果如图 5-14 所示。根据能量流元性能关重度的排序结果可知 EFE6 所对应的车架纵梁性能关重度最大，故可将其包含的 8 个具体零部件（其零部件编号如图 5-15 所示）作为分析对象，并以零部件的厚度指标作为零部件参数化表示，进行更细致的性能关重度计算。

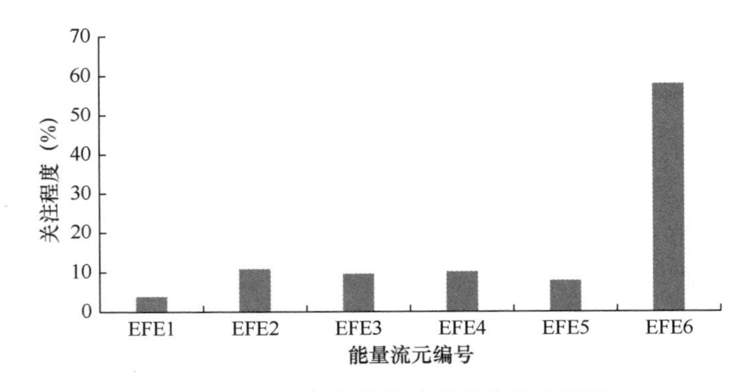

图 5-14　车架各个能量流元筛选排序结果

将图 5-15 中的 8 个零件的壁厚作为设计变量，采用正交表 L_{27}（3^8）组织试验，每个设计变量给定 1～1.5mm 的浮动空间，进行三水平的正交试验设计，共进行 27 次有限元计算，获得每组样本下的车架正面碰撞过程中 60ms 时的应变能变化 $E(\boldsymbol{X})$，见表 5-18。

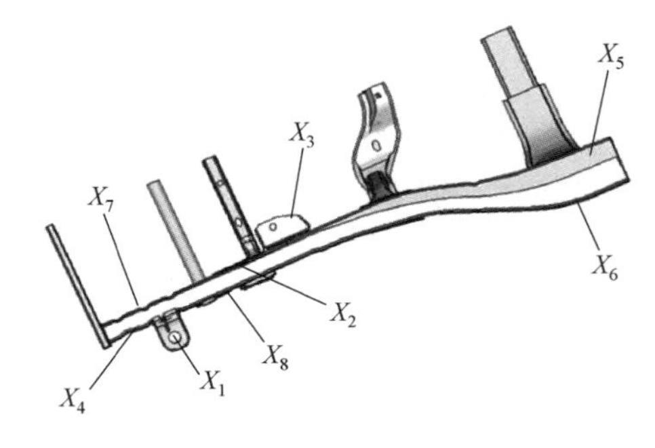

图 5-15　车架设计变量分布及编号示意图

表 5-18 正交试验设计及有限元计算结果

试验编号	设计变量								目标响应 $E(\boldsymbol{X})$/kJ
	x_1	x_2	x_3	x_4	x_5	x_6	x_7	x_8	
1	3	3	3.5	2	2	2	2	3.5	51.1
2	3	3	3.5	2	3	3	3	5	63.39
3	3	3	3.5	2	4	4	4	6.5	69.13
4	3	4	5	3	2	2	2	5	58.66
5	3	4	5	3	3	3	3	6.5	69.06
6	3	4	5	3	4	4	4	3.5	73.66
7	3	5	6.5	4	2	2	2	6.5	64.93
8	3	5	6.5	4	3	3	3	3.5	72.75
9	3	5	6.5	4	4	4	4	5	75.27
10	4	3	5	4	2	3	4	3.5	71.28
11	4	3	5	4	3	4	2	5	72.01
12	4	3	5	4	4	2	3	6.5	74.34
13	4	4	6.5	2	2	3	4	5	57.39
14	4	4	6.5	2	3	4	2	6.5	61.96
15	4	4	6.5	2	4	2	3	3.5	65.22
16	4	5	3.5	3	2	3	4	6.5	63.39
17	4	5	3.5	3	3	4	2	3.5	68.56
18	4	5	3.5	3	4	2	3	5	71.68
19	5	3	6.5	3	2	4	3	3.5	66.78
20	5	3	6.5	3	3	2	4	5	67.45
21	5	3	6.5	3	4	3	2	6.5	70.65
22	5	4	3.5	4	2	4	3	5	70.22
23	5	4	3.5	4	3	2	4	6.5	72.04
24	5	4	3.5	4	4	3	2	3.5	73.71
25	5	5	5	2	2	4	3	6.5	60.47
26	5	5	5	2	3	2	4	3.5	59.95
27	5	5	5	2	4	3	2	5	65.68

根据表 5-18 中的计算结果，对车架 60ms 吸收的能量构造多项式响应面回归模型，其拟合函数可写成式（5-10）的形式或式（5-11）的矩阵形式。拟合函

数的待定系数可采用最小二乘估计确定，如式（5-12）所示。拟合函数的拟合程度响应面函数的方差分析参数：可以通过方差分析中的两个参数——决定系数 R^2 和调整的决定系数 R^2_{adj} 来验证，其表达式如式（5-13）和式（5-14）所示。

$$\hat{y}(x)=\theta_0+\sum_{i=1}^{n}\theta_i x_i \tag{5-10}$$

式中，θ_0 为拟合常数项；x_i 为设计变量；θ_i 为x_i 的拟合系数。

$$\boldsymbol{Y}=\boldsymbol{X\theta}+\boldsymbol{E} \tag{5-11}$$

式中，$\boldsymbol{Y}$ 为预测值矢量；$\boldsymbol{X}$ 为设计变量矩阵；$\boldsymbol{\theta}$ 为拟合系数矩阵；$\boldsymbol{E}$ 拟合常数项矢量。

$$\hat{\boldsymbol{\theta}}=(\boldsymbol{X}^{\mathrm{T}}\boldsymbol{X})^{-1}\boldsymbol{X}^{\mathrm{T}}\boldsymbol{y} \tag{5-12}$$

式中，$\hat{\boldsymbol{\theta}}$ 为拟合系数矩阵；$\boldsymbol{X}$ 为设计变量矩阵；$\boldsymbol{y}$ 为实测值矢量。

$$R^2=\frac{\sum_{i=1}^{p}(\hat{y}_i-\bar{y})^2}{\sum_{i=1}^{p}(y_i-\bar{y})^2} \tag{5-13}$$

$$R^2_{\mathrm{adj}}=1-\frac{\sum_{i=1}^{p}(y_i-\hat{y}_i)^2(z-1)}{\sum_{i=1}^{p}(y_i-\bar{y})^2(z-n-1)} \tag{5-14}$$

式（5-13）和式（5-14）中，z 为试验样本的数量；n 为设计变量的个数；y_i、$\hat{y}_i$，$\bar{y}$ 分别为第 i 组样本响应量的实测值、预测值以及响应量实测值的平均值。R^2 和 R^2_{adj} 越接近于 1，近似模型的拟合越好。

为了判断各个设计变量相对响应目标的重要程度，需要对近似模型中的回归系数进行显著性检验。由于近似回归模型的总变动平方和可表示为回归二次方和 U_{r} 与残差二次方和 Q_{r} 之和，即式（5-15）的形式。

$$l_{yy}=\sum_{i=1}^{n}(y_i-\bar{y})^2=U_{\mathrm{r}}+Q_{\mathrm{r}} \tag{5-15}$$

式中，回归二次方和 U_{r} 与残差二次方和 Q_{r} 的计算分别如式（5-16）和式（5-17）所示。

$$U_{\mathrm{r}}=\sum_{i=1}^{n}(\hat{y}_i-\bar{y})^2 \tag{5-16}$$

$$Q_{\mathrm{r}}=\sum_{i=1}^{n}(y_i-\hat{y}_i)^2 \tag{5-17}$$

在给定试验样本的前提下，l_{yy} 是固定不变的，因此，U_{r} 与 Q_{r} 成反比关系，即

Q_r 越小，U_r 越大；Q_r 越大，U_r 越小。在判断某个设计变量相对目标响应值 y 的影响程度时，可以计算去掉这个变量后回归二次方和减少的数值，这里将其称为 y 对该变量的偏回归二次方和。偏回归二次方和可以用来衡量各个变量在回归中对 y 的影响程度大小。其表达式为

$$U_{ri} = \frac{\theta_i^2}{C_{ii}} \tag{5-18}$$

式中，θ_i 为 x_i 所对应的偏回归系数；C_{ii} 为正规方程的系数矩阵的逆矩阵中主对角线上的第 i 个元素，即

$$\begin{bmatrix} C_{11} & C_{12} & \cdots & C_{1m} \\ C_{21} & C_{22} & \cdots & C_{2m} \\ \vdots & \vdots & & \vdots \\ C_{m1} & C_{m2} & \cdots & C_{mm} \end{bmatrix} = \begin{bmatrix} l_{11} & l_{12} & \cdots & l_{1m} \\ l_{21} & l_{22} & \cdots & l_{2m} \\ \vdots & \vdots & & \vdots \\ l_{m1} & l_{m2} & \cdots & l_{mm} \end{bmatrix}^{-1} \tag{5-19}$$

偏回归二次方和 U_{ri} 大的 x_i 一定对 y 的影响大，为了进一步判断其相对目标响应 y 的影响显著程度，可通过构造式（5-19）的统计量进行 F 检验。

$$F_i = \frac{U_{ri}/1}{Q_r/(n-m-1)} = \frac{\theta_i^2}{C_{ii}Q_r/(n-m-1)} \tag{5-20}$$

式中，n 为设计变量数；m 为观测组数。

这里 F_i 服从自由度为 1 和 $n-m-1$ 的 F 分布。在 F 检验结果分析中，可以用 $\hat{P}$ 值表示回归系数的显著性水平，$\hat{P}$ 值越小，该设计变量就越重要。$0\leqslant\hat{P}\leqslant 0.01$ 说明该设计变量高度显著，非常重要，性能关重度高；$0.01<\hat{P}\leqslant 0.05$ 说明该设计变量显著，是重要因素，性能关重度较高；$0.05<\hat{P}\leqslant 1$ 说明该设计变量显著性很弱或不显著，是非重要因素，性能关重度低。

根据式（5-10）构建其响应面拟合函数，并计算其决定系数 R^2 和调整的决定系数 R^2_{adj}。响应面方差分析结果见表 5-19。从表 5-19 中可以看出，R^2 和 R^2_{adj} 均大于 0.9，故响应面回归的精度较高。

表 5-19　响应面方差分析结果

目标函数	R^2（%）	R^2_{adj}（%）
车架 60ms 吸能	93.7	90.9

构造式（5-19）所需的统计量对车架 60ms 能量变化响应面模型的偏回归系数进行显著性检验，结果见表 5-20，根据判据 $P\leqslant 0.05$，可以得出对于车架吸收能量影响显著的设计变量为 x_4，x_5，x_6，x_7，即性能关重度较大的零件为 D10，

D11，D18，D19，其对应的几何结构如图 5-16 所示。

表 5-20　能量响应面系数显著性检验

项	系　数	F	P
常数	67.0647	48.5683	0
x_1	0.4997	1.3694	0.257
x_2	−0.1911	0.2003	0.660
x_3	−0.0442	0.0107	0.919
x_4	5.1256	144.073	**0**
x_5	4.1728	95.4885	**0**
x_6	1.8168	18.1015	**0**
x_7	1.2381	8.4069	**0.01**
x_8	0.1638	0.1472	0.706

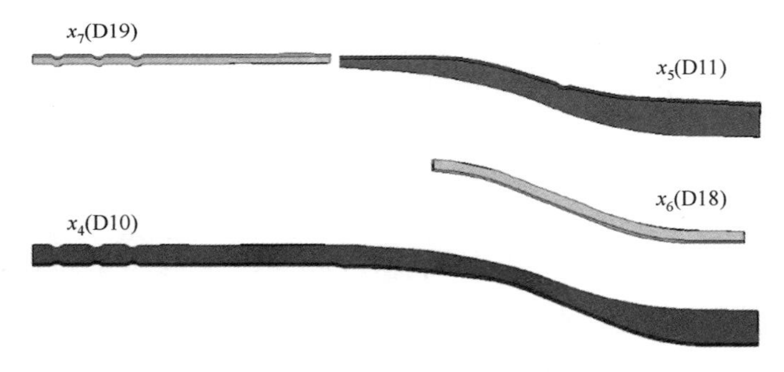

图 5-16　车架性能关重度较大的零件示意图

2. 基于能量流分析的前车架轻量化设计

在详细设计阶段对车架进行满足正面碰撞安全性的轻量化改进时，可选择组成车架的各个零部件的厚度参数作为优化变量，构造式（5-21）所示的优化模型，通过对优化模型的求解，给出车架轻量化设计方案。

$$
\begin{aligned}
&\min M(\boldsymbol{X}), \boldsymbol{X}=[x_1, x_2, \cdots, x_m] \\
&\text{s.t. } E(\boldsymbol{X}) \geqslant E_{\min} \\
&A(\boldsymbol{X}) \leqslant A_{\max} \\
&x_{i\min} \leqslant x_i \leqslant x_{i\max}
\end{aligned} \tag{5-21}
$$

式中，$M(\boldsymbol{X})$ 为总质量；$E(\boldsymbol{X})$ 为车架在碰撞过程中 60ms 内吸收的能量；$A(\boldsymbol{X})$ 为车架模型后端一点的加速度；$E_{\min}$ 与 $A_{\max}$ 分别为允许的最小吸能和最大加速度；x_i 是第 i 个零件的厚度；$x_{i\min}$ 和 $x_{i\max}$ 分别为第 i 个零件厚度的上下限。在进行优化模型求解时需要明确 $M(\boldsymbol{X})$、$E(\boldsymbol{X})$、$A(\boldsymbol{X})$ 与设计变量 $\boldsymbol{X}$ 之间的函数关系，具体函数关系的建立可利用响应面回归的方式进行构造。

针对案例中车架被重点关注的6个能量流元共21个零件，由前面的性能关重件的筛选，确定了对被动安全性有重大影响的D10、D11、D18、D19四个零部件，也就是说，这四个零件在轻量化时是要慎重的。而真正承担轻量化指标的应该是性能关重度小且性能富余度为负的零部件。这里所谓的性能富余度是指承载零部件的能量变化与期望值之间的偏差，其表达式如下：

$$P_\eta = \eta[\zeta_{\Delta e} - E(\zeta_{\Delta e})] \tag{5-22}$$

式中，P_η 为承载零部件的性能富余度；$\zeta_{\Delta e}$ 为当前承载零部件能量变化分配比例；$E(\zeta_{\Delta e})$ 为对性能实现过程中的理想能量变化分配比例的期望值；η 取值为 ±1，当能量流模型中的能量变化状态为主动的能量消耗时，其期望值具有望小性，$\eta=1$；而当能量流模型中的能量变化状态为被动的能量吸收时，其期望值具有望大性，$\eta=-1$。若 $P_\eta>0$，表示承载零部件的能量变化对于性能保证存在不足，使得性能指标无法达到；P_η 的绝对值越大，说明承载零部件优化改进对于产品的性能提升潜力越大。若 $P_\eta<0$，则表示承载零部件的能量变化对于性能保证存在过剩，这种过剩作用会造成成本提高，资源浪费；P_η 的绝对值越大，说明承载零部件优化改进对于产品的资源节约潜力越大。当 P_η 的绝对值等于或者接近零时，可认为零部件的能量变化已基本达到理想状态，优化空间不大，可选择维持现状。这样定义性能富裕度，是因为产品的功能和性能可以通过能量在不同承载零部件之间的传递和变化来实现和保证，经过每个承载零部件的能量变化大小及其在整个能量传递过程中所占比例与性能的最终实现有着密切关系。在考虑某类具体产品的某个性能约束时，在性能实现过程中都会对承载性能的零部件的能量变化以及所占比例有一个理想的期望值和分配关系，当承载零部件的能量变化恰好达到或者接近这一期望值时，可认为产品性能以最小的能耗或资源消耗获得实现。而如果承载零部件的能量变化和分配关系远离这一期望值，过小则会使性能达不到预期要求，过大则会导致资源的浪费。

基于性能富余度的定义，计算这21个零部件组成的6个能量流元的性能富余度，其结果如图5-17所示，从中可发现除EFE6外的其他5个能量流元的性能富余度都为负值，即EFE1~EFE5中包含的零部件存在吸能过剩，可承担更多的轻量化指标。

基于上面的分析，对于被动安全性约束下的轻量化设计，可以选择性能关重度大的零部件来保证整车安全性能指标不降低，选择性能关重度小且性能富余度为负的零部件承担轻量化指标。即选择性能关重度较大的 D10、D11、D18、D19 四个零部件作为优化对象，针对其他性能关重度小且性能富余度为负的零件可将其厚度减薄 1~1.5mm，然后对 4 个性能关重度大的零件用响应面法进行优化，使其达到满足性能约束下的轻量化设计要求。

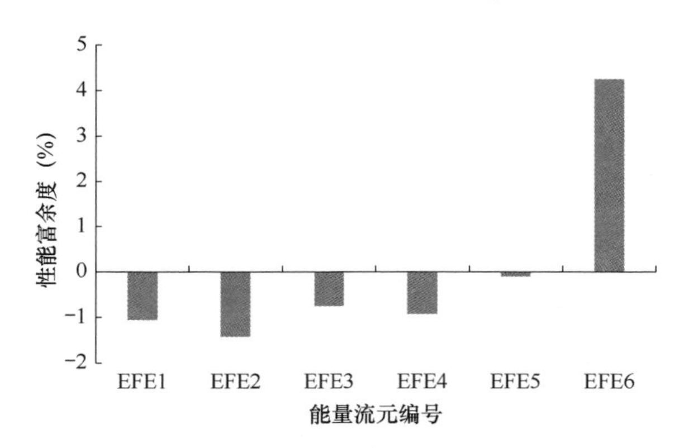

图 5-17　车架各个能量流元的性能富余度大小

基于构造的式（5-21）所示的优化模型，设 $\boldsymbol{X}=[x_{10},x_{11},x_{18},x_{19}]$，采用均匀设计组织试验，初始厚度 $\boldsymbol{X}_0=[3,3,3,3]$，各个变量的空间均为［2，4］，采用均匀设计表 $U_{21}^{*}(21^7)$，总共进行 21 次有限元计算，得到车架 60ms 内吸能、加速度峰值和质量见表 5-21。

表 5-21　均匀试验设计及有限元计算结果

试验编号	设计变量				目标响应		
	x_{10} /mm	x_{11} /mm	x_{18} /mm	x_{19} /mm	$E(\boldsymbol{X})$ /kJ	$A(\boldsymbol{X})$ /100g	$M(\boldsymbol{X})$ / kg
1	2	2.4	2.6	3.2	58.4	0.486	26.805
2	2.1	2.9	3.3	2.3	61.2	0.29	27.912
3	2.2	3.4	4	3.6	66.9	0.289	29.976
4	2.3	3.9	2.5	2.7	67.1	0.313	29.313
5	2.4	2.2	3.2	4	61.5	0.299	28.246
6	2.5	2.7	3.9	3.1	65.3	0.32	29.353
7	2.6	3.2	2.4	2.2	65.5	0.29	29.106
8	2.7	3.7	3.1	3.5	70.5	0.317	30.754
9	2.8	2	3.8	2.6	62.8	0.248	28.731
10	2.9	2.5	2.3	3.9	64.0	0.33	29.025

（续）

试验编号	设计变量				目标响应		
	x_{10} /mm	x_{11} /mm	x_{18} /mm	x_{19} /mm	$E(\boldsymbol{X})$ /kJ	$A(\boldsymbol{X})$ /100g	$M(\boldsymbol{X})$/ kg
11	3	3	3	3	68.0	0.324	30.132
12	3.1	3.5	3.7	2.1	68.2	0.342	31.239
13	3.2	4	2.2	3.4	72.2	0.348	31.533
14	3.3	2.3	2.9	2.5	65.0	0.362	29.51
15	3.4	2.8	3.6	3.8	70.4	0.332	31.574
16	3.5	3.3	2.1	2.9	70.3	0.315	30.911
17	3.6	3.8	2.8	2	71.4	0.38	32.018
18	3.7	2.1	3.5	3.3	68.3	0.342	30.952
19	3.8	2.6	2	2.4	68.1	0.315	30.289
20	3.9	3.1	2.7	3.7	72.4	0.39	32.352
21	4	3.6	3.4	2.8	72.9	0.404	33.459

对$E(\boldsymbol{X})$ 和$M(\boldsymbol{X})$ 构造一次多项式响应面，其结果如式（5-23）和式（5-24）所示。

$$M(\boldsymbol{X}) = 15.79 + 2.21x_{10} + 1.42x_{11} + 0.77x_{18} + 0.39x_{19} \tag{5-23}$$

$$E(\boldsymbol{X}) = 33.53 + 4.81x_{10} + 4.21x_{11} + 0.92x_{18} + 1.27x_{19} \tag{5-24}$$

$A(\boldsymbol{X})$ 则利用局部特性更好的径向基函数构造响应面，其函数形式如式（5-25）所示。

$$A(\boldsymbol{X}) = \sum_{i=1}^{m} \lambda_i \Phi(r_i, c) \tag{5-25}$$

式中，$r_i(\boldsymbol{X}) = \|\boldsymbol{X} - \boldsymbol{X}'\|$ 为 $\boldsymbol{X}$ 点与第 i 个采样点 $\boldsymbol{X}'$ 在设计空间的欧氏距离；Φ 为 Multiquadric 基函数，$\Phi = \sqrt{r^2 + c^2}$；c 为非负常数；λ_i 为 $\boldsymbol{X}$ 点与 $\boldsymbol{X}'$ 点的距离基函数 $\Phi(\|\boldsymbol{X} - \boldsymbol{X}'\|)$ 的加权系数。

在变量空间内任意取点进行有限元计算，以验证响应面的精度。验证方案及其结果见表5-22，从中可以看出，质量和能量响应面的误差较小，加速度响应面在某些点误差较大，但是总体上精度满足要求。

将构造好的响应面代入式（5-21）描述的优化问题，并取 E_{min} 和 A_{max} 分别为车架初始设计参数下正面碰撞时的60ms吸能值和加速度峰值，分别为：E_{min} = 69.26kJ，A_{max} = 29.4g，对优化模型进行求解得到优化结果见表5-23。优化前后的车架加速度和模型吸能变化情况对比如图5-18和图5-19所示。

表 5-22　响应面模型验证方案及结果

序号	设计变量/mm				$M(\boldsymbol{X})$ /kg			$E(\boldsymbol{X})$ /kJ			$A(\boldsymbol{X})$ /g		
	x_{10}	x_{11}	x_{18}	x_{19}	预测值	计算值	误差(%)	预测值	计算值	误差(%)	预测值	计算值	误差(%)
1	3.1	2.7	2.5	2.1	29.21	29.14	0.24	64.8	65.2	-0.61	34.2	32.4	5.56
2	3.2	3.2	2.8	2.8	30.65	30.62	0.10	68.5	69.3	-1.15	32.1	32.7	1.83
3	3.3	3.3	3.3	3.3	31.59	31.60	-0.03	70.5	71.5	-1.40	31.1	29.1	6.87
4	3.5	3.2	2.8	2.5	31.19	31.16	0.10	69.6	70.8	-1.69	33.9	32.3	4.95
5	2.7	2.7	2.7	2.7	28.72	28.66	0.21	63.8	64.4	-0.93	30.7	28.8	6.60
6	2.8	3.2	2.8	3.2	29.92	29.90	0.07	67.1	68.3	-1.76	30.3	27.9	8.60
7	2.5	2.8	3.2	3.5	29.11	29.11	0	64.7	65.7	-1.52	28.3	27.3	3.66
8	3.5	3.2	2.8	2.5	31.19	31.16	0.10	69.6	70.1	-0.71	33.9	32.4	4.63
9	4.0	3.0	4.0	3.0	33.13	33.18	-0.15	72.9	72.0	1.25	33.1	33.5	-1.19

表 5-23　车架板厚响应面优化结果

设计变量和目标响应	$\boldsymbol{X}$/mm	$M(\boldsymbol{X})$/kg	$E(\boldsymbol{X})$/kJ	$A(\boldsymbol{X})$/g
初始值	[3.0, 3.0, 3.0, 3.0]	32.64	69.26	29.41
优化值（响应面预测）	[3.0, 3.3, 2.9, 4.0]	30.89	69.6	29.55
优化值（有限元计算）	[3.0, 3.3, 2.9, 4.0]	30.92	70.14	29.83

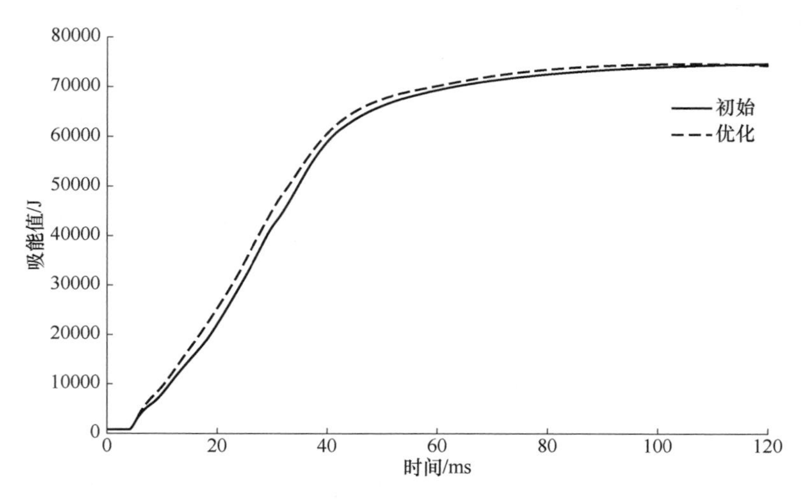

图 5-18　优化前后车架吸收能量对比

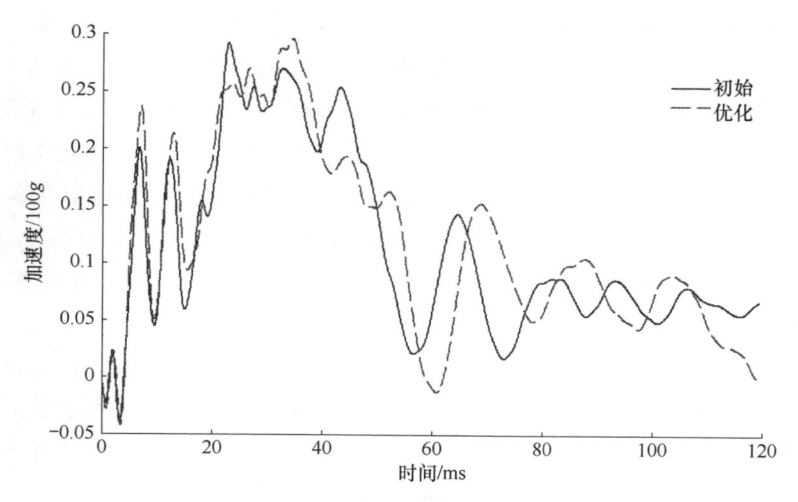

图 5-19 优化前后车架加速度变化对比

由图 5-18 和图 5-19 可知，优化前后的车架的吸能值和加速度随时间的变化趋势基本相同，优化后 60ms 的吸能值比优化前有所提高，这对性能保证是有利的。而优化后加速度峰值虽然大小略有增加，但增加的幅度很小仅为 1.4%，可以认为优化后的车架在满足正面碰撞耐撞性能要求上基本与优化前保持一致，甚至还略有提高。车架质量从优化前的 32.64kg 降低为优化后的 30.92kg，质量减小了 5.3%，实现了不降低整车被动安全性条件下的车架轻量化设计。

电冰箱案例是利用特征能量构建设计变量和性能之间的关系，实现在稳态运行下的性能匹配；汽车被动安全性约束下的轻量化设计研究的是汽车碰撞过程中冲击能量逐渐吸收耗散的动态过程，因此采用能量变化量来构建设计变量和性能之间的联系，以实现性能设计变量优化。而对于大型机械零部件的失效，多是服役工况的载荷波动引起零部件间传递能量增加造成的。

5.3 风电齿轮箱齿轮失效及其成因分析

随着资源环境约束加剧，风力发电因其可再生性和环保性逐渐成为能源电力的重点发展方向。根据估测数据，全球风能总量约为 2.74×10^{9}MW，其中可利用的风能为 2×10^{7}MW，超过地球上可开发利用水能总量的十倍，是最具商业潜力与活力的可再生能源之一。从市场角度来看，我国目前已经成为全球最大的风电市场之一。截至 2020 年底，我国风电新增并网装机容量 7167 万 kW，其中陆上风电新增装机容量6861万kW、海上风电新增装机容量306万kW，新增陆上和海上风电装机容量均位列全球第一；风电累计装机容量2.81亿kW，其中陆上风电累计装机容量2.71亿kW、海上风电累计装机容量约900万kW。2020年累计陆上风电装机总容量全球第一，累计海上风电装机总容量全球第二，达到996MW，仅次于英国。风电市场的快速发展，使得一批中国风电装备及关键零部件制造企业迅速崛起，推动我国发展成为世界上最大的风电装备制造基地。不过，风电装备制造面临着一些深层次的问题，值得深思，其中最重要的问题就是可靠性不足、故障率高。

可靠性问题既与风电装备恶劣的服役工况有关，也与风电企业在设计、制造和运维方面的能力有关。图5-20所示为德国统计的风电装备关键零部件故障及停机状况。由图5-20可知，传动链特别是齿轮箱的失效率及其导致的停机时间居高不下，成为风电装备稳定运行面临的重要问题。

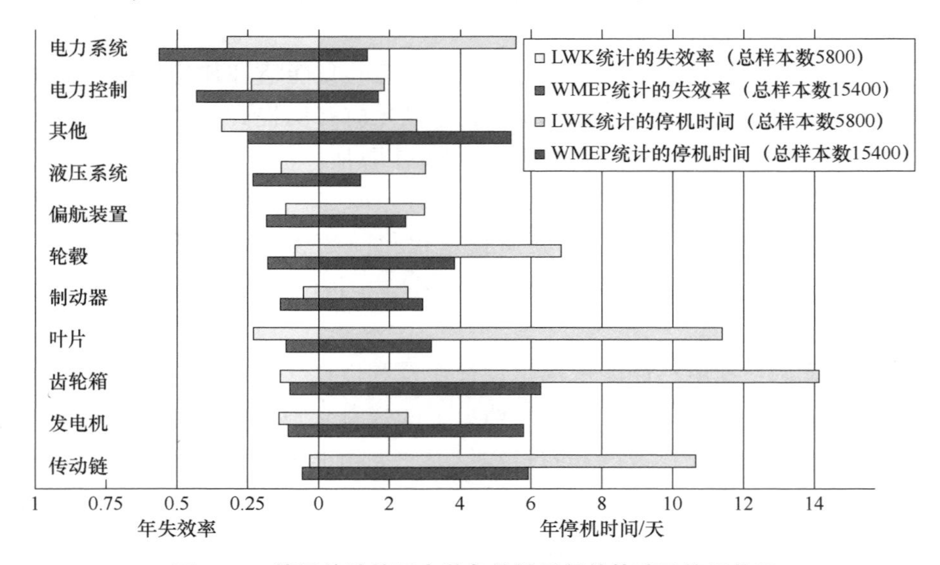

图5-20 德国统计的风电装备关键零部件故障及停机状况

5.3.1 风电齿轮箱失效形式

风电装备主要分为直驱型和双馈型两类。直驱型风电装备直接通过叶轮驱动发电机发电。双馈型风电装备通过齿轮箱将叶轮端15~20r/min的输入转速增速至发电机端1300~2200r/min的转速进行发电。本案例的对象是双馈型风电装备。双馈型风电装备的基本结构如图5-21所示，主要由叶片、轮毂、主轴、齿轮箱（增速箱）和发电机组成。

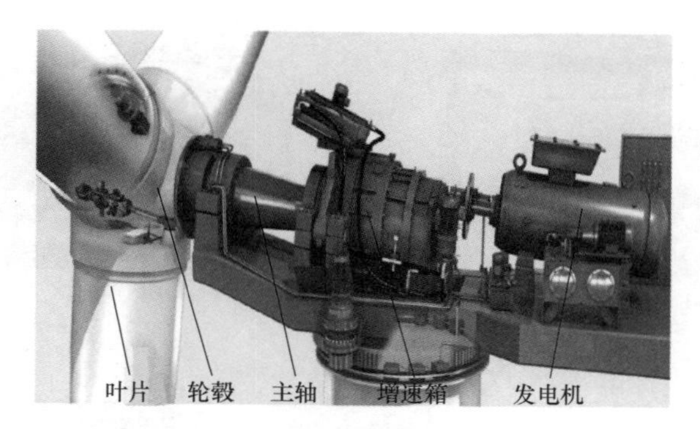

图 5-21 双馈型风电装备的基本结构

风电齿轮箱是一个增速传动系统，主要包括平行轮系与行星轮系等零部件，因长期服役在无规律变向和瞬间强冲击工况下，故其齿轮、轴承、主轴等关键零部件的失效成了目前风电装备最主要、影响最大的故障。导致风电齿轮箱失效的几类主要因素见表 5-24。齿轮箱的故障形式很多，影响因素和失效机理也很复杂，所以本案例选择常出故障的齿轮作为研究对象，讨论如何应用能量流进行失效分析。

表 5-24 导致风电齿轮箱失效的几类主要因素

因　素	滚动轴承	齿　轮	润滑油	液压泵	液压伺服阀	液压油	液压作动器
微点蚀		■					
滚动疲劳	■	■					
摩擦/磨损		■		■			
腐蚀					■		
摩擦滞动					■		
氧化			■				■
玷污	■	■	■	■	■	■	■

注：黑色区域表示存在相应问题。

通过对风电增速箱的实际失效案例进行调研，选择行星轮系和高速端平行轮系的两种典型的失效形式进行讨论。风电齿轮箱典型失效破坏形式如图 5-22 所示。具体而言，高速端平行轮系的主要失效形式为：齿面出现大面积点蚀破坏后，在极端载荷作用下轮齿会突然折断。行星轮系的主要失效形式为：行星轮内孔表面出现磨损形貌，然后形成疲劳源并扩展直至最终的疲劳开裂。

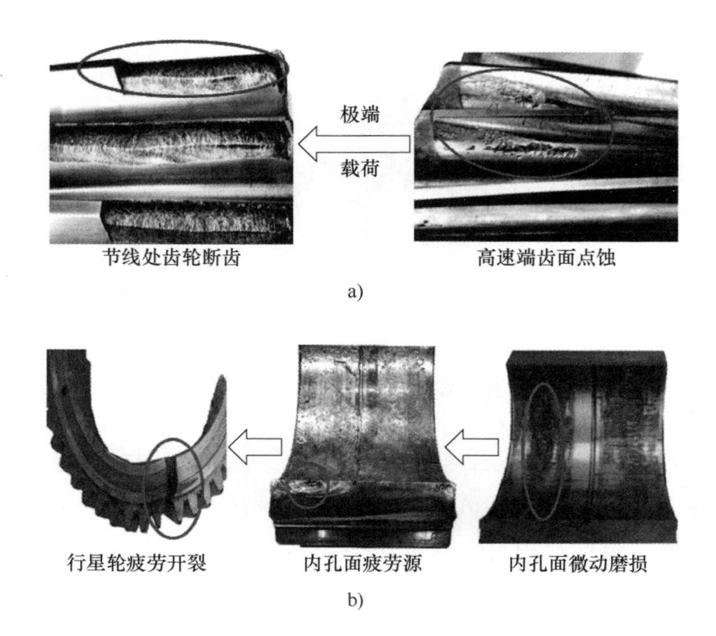

图 5-22　风电增速箱典型失效破坏形式

a）高速轮系失效形式　b）行星轮系失效形式

5.3.2　能量在失效中的作用

为了说明能量在失效中的作用，以某风电齿轮箱行星轮失效为例进行阐述。国内曾发生过风电装备装机运行两年左右就出现某型号齿轮箱发生 22 起失效的事故（齿轮箱设计寿命是 20 年），经济损失严重。通过对其中的 13 台失效齿轮箱进行拆解分析，发现有 8 台齿轮箱的行星轮发生了疲劳开裂现象。以某台失效齿轮箱为案例，通过对发生疲劳开裂的行星轮剖析发现，在行星轮内孔表面出现了磨损形貌且可见多条微小裂纹，此外，在失效行星轮的内孔表面还发现了疲劳源。因此，初步将行星轮疲劳开裂的失效过程划分为微动磨损阶段和疲劳源产生阶段（图 5-23），并进行更细致的失效原因排查。

1. 失效原因排查

磨损形貌和微小裂纹均发生在行星轮内孔表面，而影响行星轮内孔表面接触特性的主要包括行星轮与轴承两个零件，因此，失效原因排查的工作也主要针对行星轮与轴承的关键部位。

（1）材料特性分析　风电齿轮箱行星轮选用的材料为 18CrNiMo7-6，轴承内圈、轴承外圈选用的材料为 SUJ2（国内牌号 GCr15），轴承滚子选用的材料为

SUJ3（国内牌号 GCr9SiMn）。借助扫描电镜进行能谱测试，并将测试结果与各材料的化学成分标准值对比分析，化学成分分析结果见表 5-25。

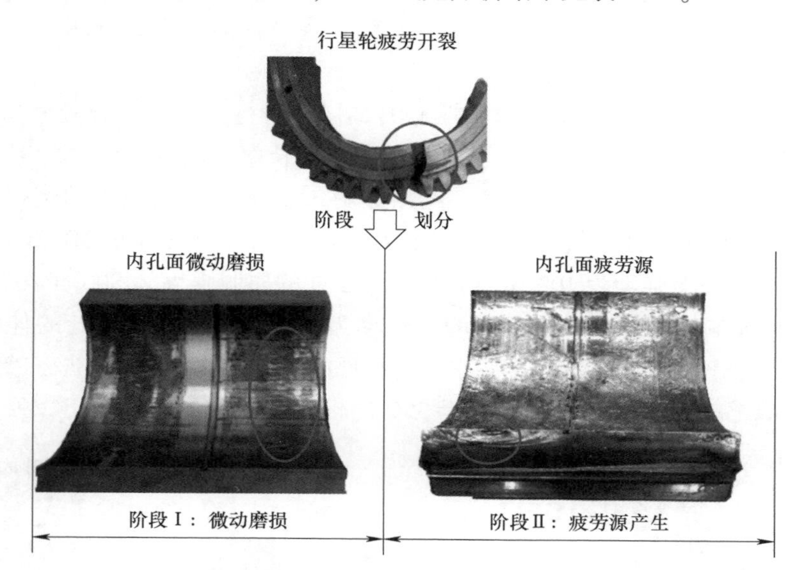

图 5-23　行星轮失效过程的阶段划分

表 5-25　化学成分分析结果

部件及材料	化学成分及含量（质量分数,%）									
	C	Si	Mn	Cr	Mo	Ni	Al	P	S	N
齿轮实测值	0. 20	0. 39	0. 62	1. 52	0. 23	1. 45	<0. 02	<0. 005	0. 0019	0. 0069
18CrNiMo7-6	0. 16～0. 21	0. 15～0. 40	0. 50～0. 90	1. 5～1. 8	0. 25～0. 35	1. 4～1. 7	≤0. 02～0. 04	≤0. 015	≤0. 01	≤0. 008
内圈实测值	1. 00	0. 36	0. 34	1. 40	0. 033	—	—	<0. 005	0. 0056	—
外圈实测值	0. 98	0. 40	0. 36	1. 40	0. 030	—	—	<0. 005	0. 0059	—
SUJ2	0. 95～1. 10	0. 15～0. 35	≤0. 50	1. 30～1. 60	—	—	—	≤0. 03	≤0. 03	—
滚子实测值	0. 99	0. 58	1. 01	1. 01	0. 025	—	—	<0. 005	0. 0056	—
SUJ3	0. 95～1. 10	0. 40～0. 70	0. 90～1. 15	0. 90～1. 20	—	—	—	≤0. 03	≤0. 03	—

由表 5-25 中的测试结果可知，轴承内圈、轴承外圈的硅（Si）含量分别为 0. 36%（质量分数）和 0. 40%（质量分数），与材料 SUJ2 的硅含量标准区间 0. 15%～0. 35%（质量分数）相比，存在轻微超标现象。除此之外，行星轮、轴

承滚子、轴承内圈及外圈其他元素的含量均合格。由于硅元素可以显著提高淬火件的心部硬度，部分 GCr15 型轴承钢（如 GCr15SiMn）中含有较多的硅元素，可以提高部件的淬硬性。因此，行星轮及轴承各零件的化学成分测试结果基本符合要求。

（2）力学性能测试　根据力学性能测试标准对行星轮的齿根处和壁厚 1/2 处开展拉伸试验，测试抗拉强度、屈服强度、伸长率及断面收缩率等参数，每个参数均进行三次测量并取平均值，结果如图 5-24 所示。齿根处的抗拉强度为 1234MPa，壁厚 1/2 处的抗拉强度为 1102MPa，符合不低于 1080MPa 的标准要求；齿根处的屈服强度为 1082MPa，壁厚 1/2 处的屈服强度为 800MPa，符合不低于 790MPa 的标准要求；齿根处的伸长率为 13.5%，壁厚 1/2 处的伸长率为 14.8%，符合不低于 10%的标准要求；齿根处的断面收缩率为 65.3%，壁厚 1/2 处的断面收缩率为 57%，符合不低于 35%的标准要求。尽管壁厚 1/2 处的抗拉

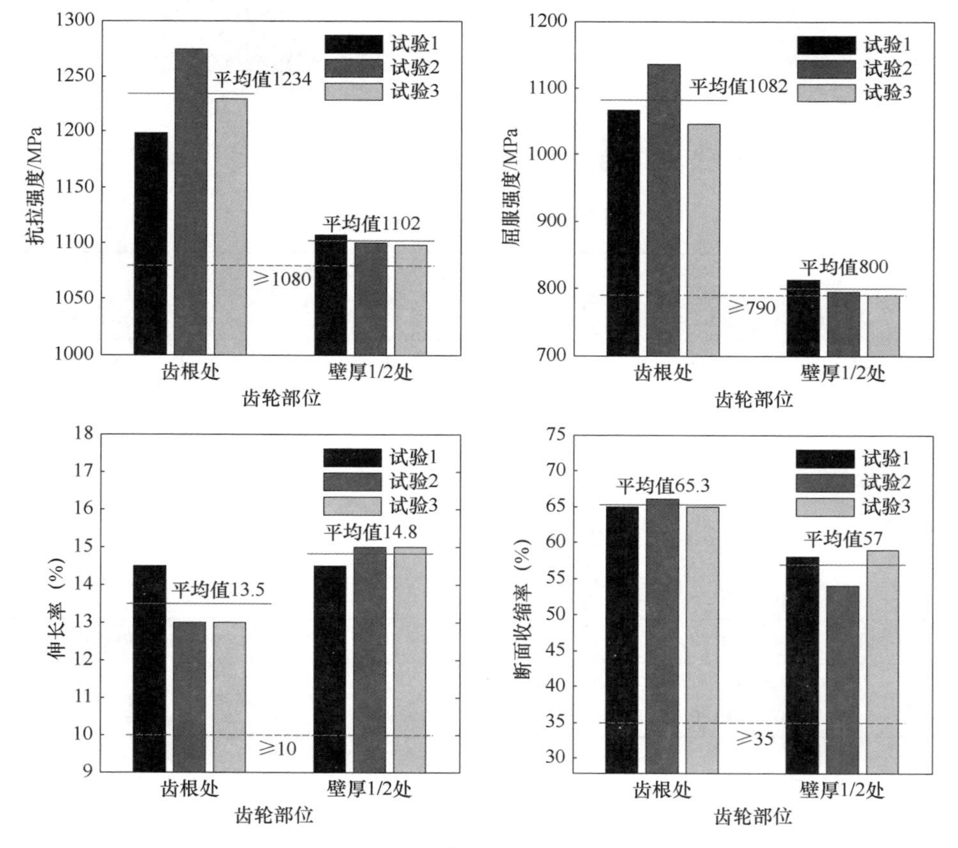

图 5-24　齿轮不同部位的拉伸试验结果

强度和屈服强度均接近标准要求的下限值；壁厚 1/2 处的抗拉强度和屈服强度相比齿根处分别下降了约 130MPa 和 280MPa，但是拉伸试验的四个指标均满足设计标准。

（3）冲击特性测试　工程上常用摆锤冲击弯曲试验来测定材料抵抗冲击载荷的能力，即测定材料试样被冲击载荷折断而消耗的冲击吸收能量，用 K 表示，单位为焦耳（J）。当试样为 V 形缺口时，采用 KV 表示冲击吸收能量。对行星轮材料 18CrNiMo7-6 开展室温和−40℃下的冲击吸收能量试验，结果如图 5-25 所示。结果显示：室温下 18CrNiMo7-6 试样的冲击吸收能量 KV 为 92.2J，符合不低于 40J 的标准要求；−40℃下 18CrNiMo7-6 试样的冲击吸收能量 KV 为 35.5J，符合不低于 25J 的标准要求。

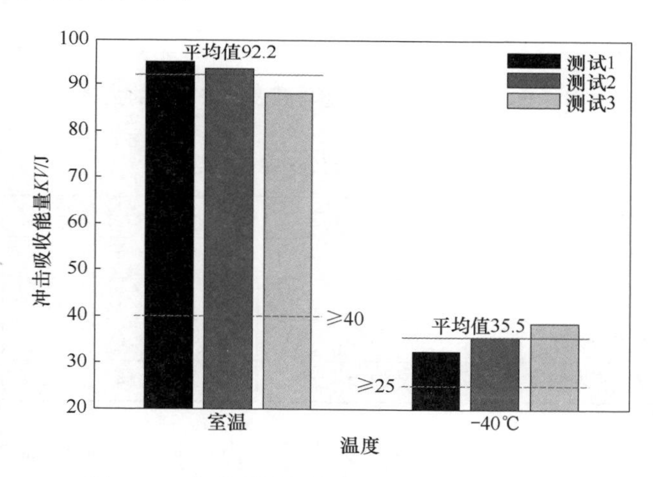

图 5-25　齿轮不同部位冲击吸收能量测试结果

（4）渗碳层深度检测　利用显微硬度计检测从行星轮齿面到距离齿面 3.2mm 范围内的硬度值，结果如图 5-26 所示。依据 GB/T 9450—2005《钢件渗碳淬火硬化层深度的测定和校核》的规定，渗碳层深度为从零件表面到维氏硬度值为 550HV 位置处的垂直距离。由图 5-26 可知，纵坐标 550HV 与横坐标 2.3mm 对应，因此行星轮的有效渗碳层深度约为 2.3mm，达到了风电齿轮标准中关于渗碳层深度为 1.9~2.3mm 的要求，而且行星轮的渗碳层硬度梯度均匀。

（5）强度校核　通过理论计算对行星轮进行校核，可得到行星轮的各类安全系数，见表 5-26。由表 5-26 可知，实际校核的接触疲劳强度安全系数、弯曲疲劳强度安全系数、接触静强度安全系数和弯曲静强度安全系数分别为 1.45、2.01、1.64 和 2.87，均高于 GL 认证要求和齿轮箱技术规范这两个标准，因此风电行星轮的强度、安全系数是满足设计要求的。

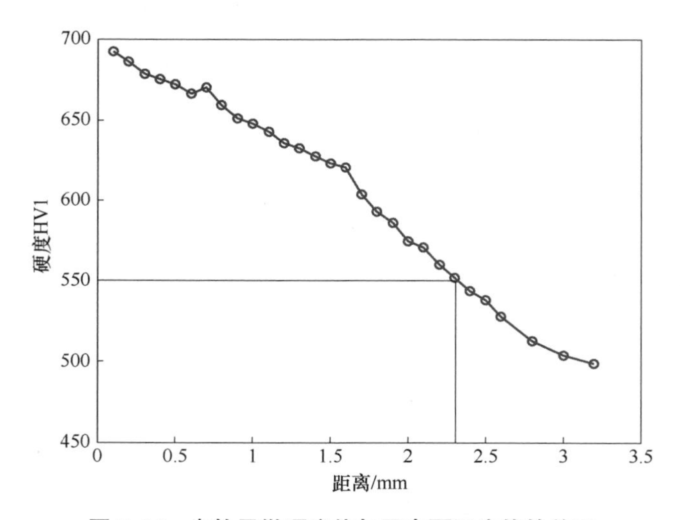

图 5-26　齿轮显微硬度值与距表面深度值的关系

表 5-26　强度校核安全系数

安全系数	GL 认证要求	齿轮箱技术规范	实际校核
接触疲劳强度安全系数	1.2	1.3	1.45
弯曲疲劳强度安全系数	1.5	1.7	2.01
接触静强度安全系数	1.0	1.0	1.64
弯曲静强度安全系数	1.4	1.4	2.87

（6）表面硬度测试　对行星轮的齿表面、齿根处、齿轮壁厚 1/2 处以及近内表面处分别进行洛氏硬度的测试，每个位置均进行三次测试并取平均值，结果如图 5-27a 所示。图 5-27a 中，齿表面的洛氏硬度为 58.6HRC，符合 57～60HRC 的标准要求；齿根处的洛氏硬度为 39.2HRC，齿轮壁厚 1/2 处的洛氏硬度为 35.3HRC，近内表面处的洛氏硬度为 35.1HRC，均符合 30～42HRC 的标准要求。对轴承的内圈、外圈及滚动体分别进行洛氏硬度的测试，结果如图 5-27b 所示。图 5-27b 中，轴承内圈的洛氏硬度为 60.9HRC，轴承外圈的洛氏硬度为 60.6HRC，均符合 59～63HRC 的标准要求；轴承滚动体的洛氏硬度为 61.3HRC，符合 60～64HRC 的标准要求。由此可知，行星轮和轴承各关键部位的洛氏硬度值均满足各自的标准要求。

综上所述，行星轮在材料特性、力学性能、冲击特性、渗碳层深度、强度及表面硬度等方面都满足设计要求。不过，可以发现行星轮内孔表面的硬度 35.1HRC 与轴承外圈的硬度 60.6HRC 存在较大差距，即行星轮内孔表面相对

“较软”。此外，本案例的破坏发生在二级行星轮。实际调查和理论计算的结果都反映二级行星轮故障比一级行星轮和高速轮系少。观察零部件破坏情况发现：行星轮内孔与轴承外圈的过盈配合面发生了微动滑移，硬度较小的行星轮内孔表面发生磨损，并形成疲劳源，进一步发展直至断裂。微动滑移会造成微动磨损。所谓微动磨损（Fretting Wear）是指在相互压紧的金属表面间，由于小振幅振动而产生的一种磨损现象。也就是说，运行中行星轮内孔与轴承外圈配合面传递的转矩超过了此过盈量下配合面所能传递的最大转矩。按照这个推测，行星轮的微动磨损与过盈配合及造成过盈配合破坏的转矩有关。然而，对于风电齿轮箱一般缺少输入输出转矩的监测，这给直接应用转矩分析该过盈配合的破坏带来了困难。不过，行星轮内孔与轴承外圈过盈配合实现了机械能的传递，其传递的瞬时能量也存在一阈值，大于该阈值时过盈配合面会受到破坏，而对于风电传动链的监测有瞬时能量值，即功率。现以前面的能量流模型对过盈配合面的微动滑移进行解释。

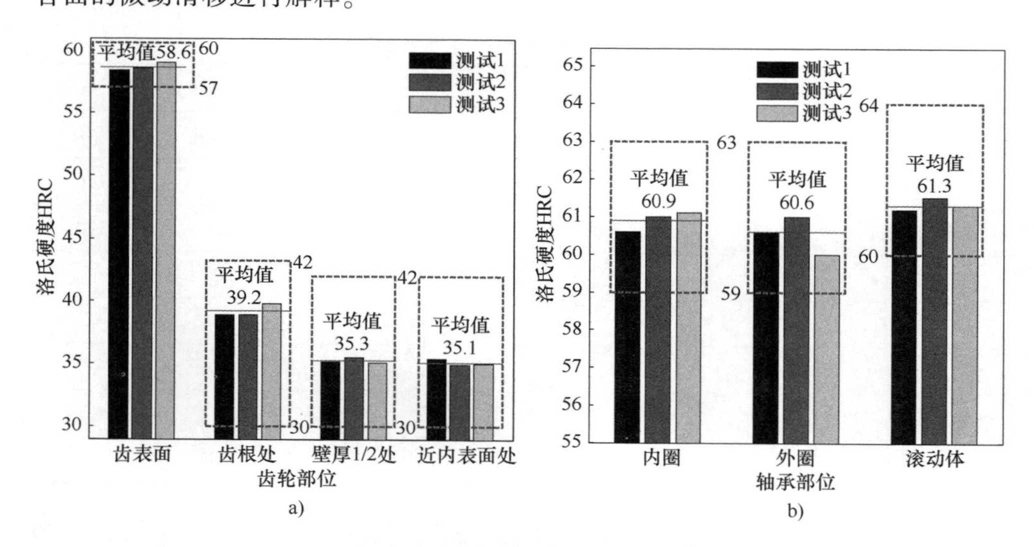

图 5-27　行星轮与轴承洛氏硬度测试结果

a）行星轮　b）轴承

2. 能量流在失效分析中的作用

因风电装备传动链传递功率大，为了对传递的功率产生良好的分流效果，齿轮箱一般会采用行星轮系和平行轮系组合的结构。多个行星轮同时传递载荷，不仅可使结构空间更加紧凑，也可传递更大的功率。本案例的风电齿轮箱前两级轮系均是行星轮系，主要由内齿圈、行星轮、太阳轮、行星架、销轴和轴承等关键零件组成，如图 5-28 所示，其中太阳轮、行星轮和齿圈等齿轮的几何参数见表 5-27。

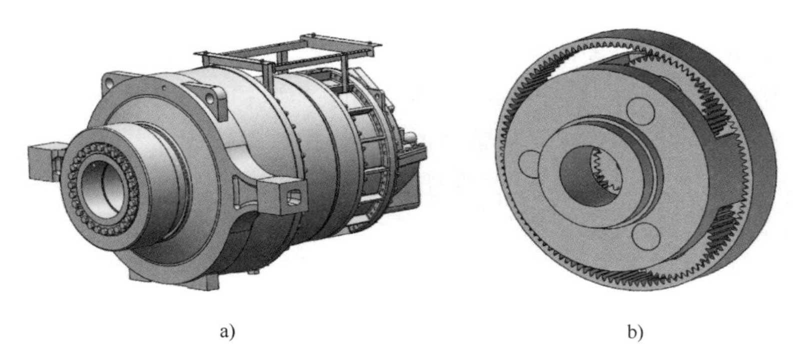

a)　　　　b)

图 5-28　风电齿轮箱行星轮系

a）齿轮箱　b）行星轮系

表 5-27　行星轮系几何参数

参　　数	一级行星轮系			二级行星轮系		
	太阳轮	行星轮	齿圈	太阳轮	行星轮	齿圈
齿数	23	34	91	25	45	116
齿宽/mm	380	380	370	180	180	170
中心距/mm	411			320		
法向模数/mm	14			9		
压力角/（°）	20			20		
螺旋角/（°）	0			0		
传动比	4.957			5.64		

按照能量流元的定义，行星轮系及其组成行星轮的能量流元定义如图 5-29 所示。图 5-29a 所示为二级行星轮系 EFE。二级行星轮系的功能是将机械能传递至高速轮系实现增速，其特征能量用 E_c 表示。由于风载、电网反载等服役工况的随机性，造成齿轮箱输入转矩和转速波动，因此，在实现功能时，齿轮箱传递的能量在其稳定运行的特征能量上下波动。这个能量波动量是外载引起的，即可定义为能量流元中的能量变化量 ΔE。能量流元的接口参数是与时间相关的二级行星轮系输入输出转矩 T_p 和角速度 ω_p，设计变量较多，涉及行星轮、太阳轮、行星架、轴承等零部件的结构参数和配合参数，如行星轮的轮毂厚度 H、行

星轮系的均载系数 k_c 和行星轮与轴承外圈的配合公差 Z_p 等。图 5-29b 所示为行星轮的能量流元模型，其功能是传递机械能给太阳轮，故形式和二级行星轮系相似，只是设计参数具体到齿轮参数。

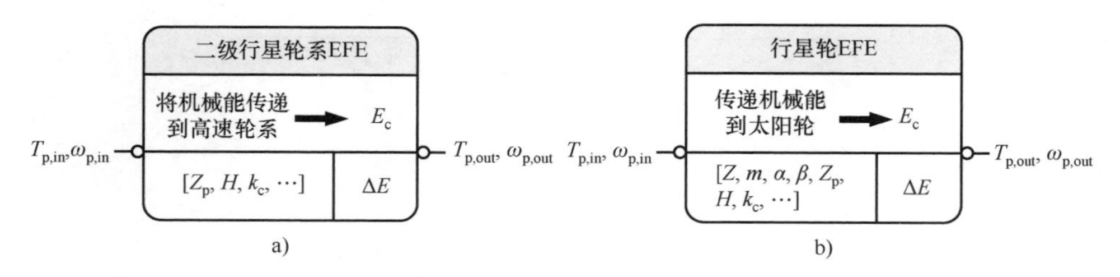

图 5-29　行星轮系的能量流元

a）二级行星轮系　b）行星轮

在理论设计条件下，齿轮箱的传递功率可由式（5-26）表达。式（5-26）对时间积分就是能量。齿轮箱若稳定运行，其转矩 T 和角速度 ω 恒定，则其输出功率恒定。

$$P = T\omega/9550 \tag{5-26}$$

然而，风电齿轮箱的输入主要由叶轮捕捉的风能所确定。因为服役过程中风载是波动的，所以从叶轮通过主轴输入的转矩 T、角速度 ω 和功率 P 均是波动的，即

$$P + \Delta P = (T + \Delta T)(\omega + \Delta\omega)/9550 \tag{5-27}$$

经整理可得：

$$\Delta P = (T\Delta\omega + \Delta T\omega + \Delta T\Delta\omega)/9550 \tag{5-28}$$

式中，ΔT 为转矩变化；$\Delta\omega$ 为角速度变化，由角加速度引起，而角加速度的存在会引转矩变化，因而功率的变化或者说能量的变化是由转矩的变化引起的，应用功率分析行星轮内孔与轴承外圈过盈配合的破坏具有可行性。

影响功率变化的因素比较多，除风载外，还包括齿轮箱损耗、电网反载以及偏航控制系统对风载的调控等因素，都会影响齿轮箱的输出功率。为进一步说明功率的变化，需要建模分析，有关的计算和建模方法可参考相关文献。参考文献［16］构建了包含风载、叶轮捕风、传动系统和电网反载等在内的风电主传动链动力学模型，利用该模型，结合表 5-27 所示案例齿轮箱二级行星轮系的结构参数，可计算二级行星轮系的传递功率曲线。图 5-30 所示为单个行星轮的功率曲线的截图，对图 5-30 中所示的单个行星轮功率曲线取平均值 $\overline{P}_{p1}$，其值为 0.516×10^6W，因二级行星轮系是由三个行星轮进行功率分流的，因此，整个

二级行星轮系传递的平均功率 $\overline{P}_{\mathrm{p}}=3\overline{P}_{\mathrm{p1}}$，即在此风载下齿轮箱的平均功率为 $1.548\times10^{6}\mathrm{W}$，这与该型风电装备的理论功率 1.5MW 比较接近，所以可认为模型是合理的。

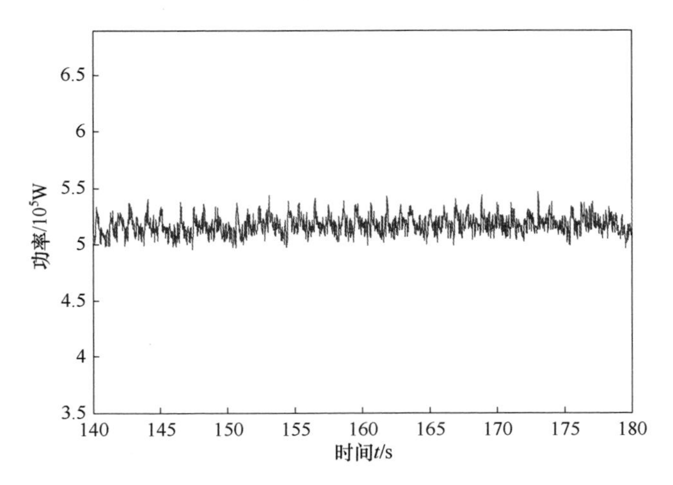

图 5-30　某型 1.5MW 风电齿轮箱单个行星轮的功率曲线

图 5-30 所示功率曲线图是理论计算的，虽然计算所得单个行星轮的平均功率 $0.516\times10^{6}\mathrm{W}$ 大于其理论功率 $0.5\times10^{6}\mathrm{W}$，但只有约 3%的差异，这可以认为是模型和算法误差所致，因此，并不能说明在理论服役条件下，其输出功率的平均值真的就比理论功率大，也不能用作本案例行星轮运行两年就发生疲劳开裂失效的解释。尽管如此，波动功率曲线仍可以说明其间应该存在大量时间点的输出功率是大于理论功率，相当多的时间段作用于行星轮上的能量 $E=E_{\mathrm{c}}+\Delta E$ 的值是大于特征能量 E_{c} 的。也就是说，如果在实际服役条件下，当转矩 T 和角速度 ω 等接口参数存在较大增量时，行星轮内孔与轴承外圈配合面传递的能量将也会有较大的增量，即在特征能量 E_{c} 的基础上会增加较大的能量变化量 ΔE。当作用于行星轮上的能量 $E=E_{\mathrm{c}}+\Delta E$ 的值大于由结构参数决定的行星轮内孔与轴承外圈配合面的微动滑移能量阈值 E_{t}，则配合面就会发生微动滑移、微动磨损。

上述对于行星轮疲劳开裂失效案例的分析，一方面是为了说明能量在失效分析中的作用，另一方面，也可看到设计变量确定后，其固有的引起失效的能量阈值也就随之确定了。接口参数的变化可改变能量流元中的能量特性，即 E_{c} 和 ΔE，而能量流元的能量 $E=E_{\mathrm{c}}+\Delta E$ 与失效的能量阈值之间的相对关系决定着能量流元失效与否。关于行星轮疲劳开裂的上述分析原理可更形象地用图 5-31 描述。

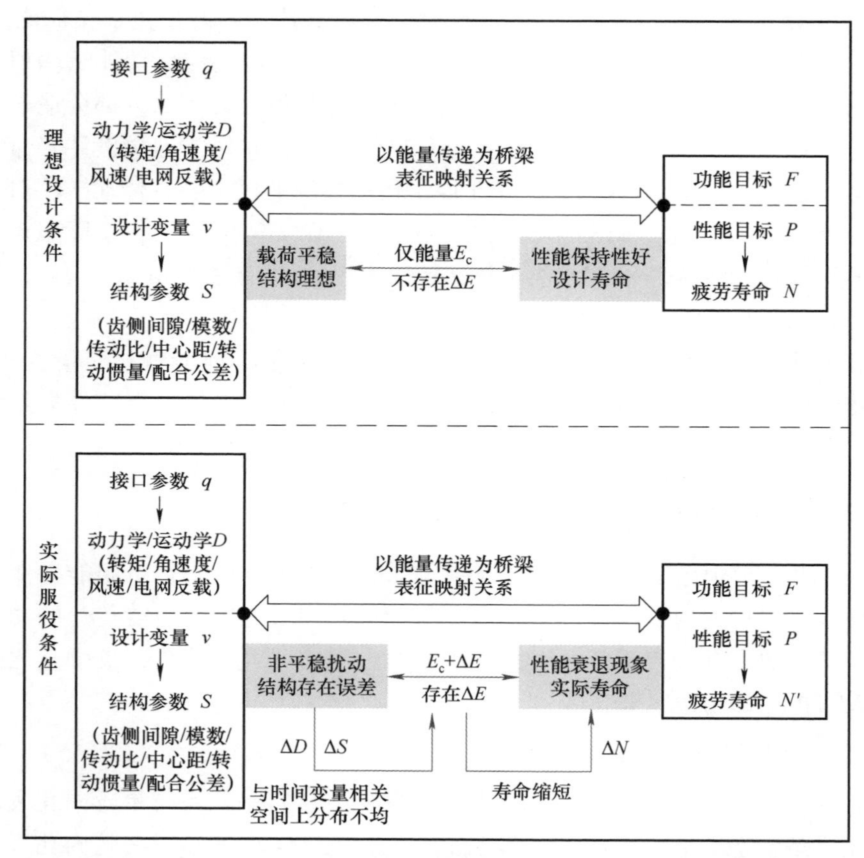

图 5-31　基于能量流模型的性能与设计变量/接口参数映射关系框图

按照图 5-31 的描述，风电装备传动链由叶轮、主轴、齿轮箱及发电机等部件组成，其间能量传递的接口参数 $q_{(t)}$ 主要包括：各部件环节间传递的转矩信息、角速度信息以及输入端风速、输出端电网反载，图中统称为动力学参数和运动学参数 D。其中的设计变量 $v_{(S)}$ 主要体现为结构参数 S，包括齿侧间隙、模数、传动比、中心距、转动惯量及配合公差等。功能用 F 表示，性能用 P 表示，本案例关注的关键零部件性能是疲劳寿命，可用循环次数 N 表示。当风电装备在理想设计条件下运行时，动力学参数和运动学参数 D 比较平稳而且结构 S 参数较理想，此时系统内部传递的能量为特征能量 E_c，并不存在能量增量 ΔE，因此，系统的性能 P 具有良好的保持性，换言之，疲劳寿命次数 N 可达到设计要求。因此在理想设计条件下，基于能量传递模型的风电装备传动链映射关系为“$q_{(t)}(D)/v_{(S)}(S)\rightarrow E_c\rightarrow N$”。当在实际服役条件下运行时，动力学参数和运

动学参数 D 会出现非平稳扰动 ΔD，此时系统内部传递的能量包括特征能量 E_c 和能量增量 ΔE 两部分。当 $E_c+\Delta E$ 超过了结构参数 S 确定的失效能量阈值，或者几何结构参数 S 存在偏差 ΔS，使得失效的能量阈值随之减少，都会造成系统的性能 P 出现衰退现象，即实际疲劳寿命减少为 N'，相对于理想设计寿命缩短了 ΔN。因此在实际服役条件下，基于能量传递模型的风电装备传动链映射关系为“$q_{(t)}(D+\Delta D)/v_{(S)}(S+\Delta S)\rightarrow E_c+\Delta E\rightarrow N'\ (N-\Delta N)$”。可见，在实际服役条件下，零部件实际疲劳寿命 N' 与能量传递特性 $E_c+\Delta E$ 具有紧密联系，因此，能量传递特性的分析是能量传递模型工程应用的关键环节。

在上述分析中，无论设计变量、接口参数，还是特征能量、能量变化量，都是能量流元的组成要素。因此，用能量流元分析风电齿轮箱零部件失效的条件是完备的。

5.3.3 行星轮疲劳开裂失效分析与改进

在 5.3.2 节中已说明，行星轮传递功率的变化是转矩变化引起能量变化的直接体现，当传递功率超过行星轮内孔与轴承外圈过盈配合所能传递的功率阈值时，该过盈配合会被破坏，因此，此案例中用功率表征能量，也就是此处的 E_c、ΔE 和 E_t 都用功率来表达。

1. 行星轮疲劳开裂成因分析

在 5.3.2 节中排查了某 1.5MW 风电齿轮箱二级行星轮系行星轮内孔表面在实际服役条件下发生疲劳开裂的可能因素，并由图 5-23 所示行星轮内孔表面出现的微动磨损形貌，初步推测了行星轮内孔与轴承外圈在过盈配合面出现了微动滑移现象。因此按照 5.3.2 节的方法，需要确定两种能量：一种是由结构参数确定的失效能量阈值 E_t，另一种能量就是由接口参数确定的能量 E_c 和 ΔE。

该型 1.5MW 风电装备行星轮系的几何结构参数见表 5-27，运行中的受力分析如图 5-32 所示。

图 5-32 中，X 是行星架；A_a 是太阳轮；C_c 是行星轮；B_b 是内齿圈；C_s 是行星轮个数；T_x 是输入转矩；T_A 是反作用转矩。对于行星轮 C_c 而言，F_{tBC} 是内齿圈施加的圆周力；F_{tAC} 是太阳轮施加的圆周力；F_{rBC} 是内齿圈施加的径向力；F_{rAC} 是太阳轮施加的径向力；$R_{x'C}$ 是销轴施加的支反力；r_A 是太阳轮分度圆半径；r_B 是内齿圈半径；r_C 是行星轮分度圆半径；α 是压力角。

行星轮系是一个整体，其中的行星架、太阳轮、行星轮及内齿圈等组成构件在输入转矩作用下处于平衡状态，即构件间的作用力等于反作用力，由此可以获取行星轮系的载荷平衡方程，如式（5-29a）所示。当风电设备在额定功率

1.5MW 下稳定运行时，基于风电装备传动链动力学行为的模型和表 5-27 中的行星轮结构参数，可以获取传动链各个环节的载荷值，其中行星架输入端的转矩值为 $T_x = 1.65\times10^5\text{N}\cdot\text{m}$，太阳轮输出端的转矩值为 $T_A = 2.94\times10^4\text{N}\cdot\text{m}$，再根据式（5-29a）所示的载荷平衡方程可计算出行星轮的载荷参数，如式（5-29b）所示。

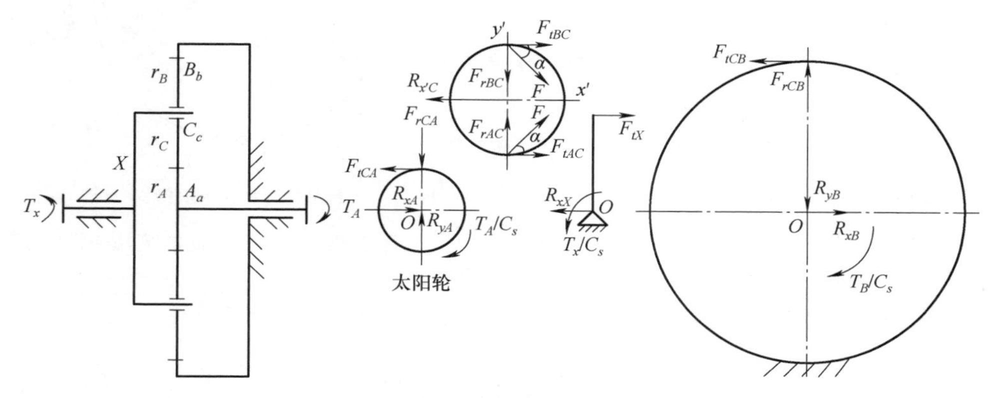

图 5-32　行星轮受力分析

$$\left.\begin{aligned}(F_{tBC}+F_{tAC})(r_A+r_C)&=T_x/3\\F_{tBC}\approx F_{tAC}&=R_{x'C}/2\\F_{rBC}\approx F_{rAC}&=F_{tAC}\tan\alpha\end{aligned}\right\}\tag{5-29a}$$

$$\left.\begin{aligned}F_{tBC}\approx F_{tAC}&=87.3\text{kN}\\F_{rBC}\approx F_{rAC}&=31.8\text{kN}\\R_{x'C}&=174.6\text{kN}\end{aligned}\right\}\tag{5-29b}$$

基于式（5-29b）的载荷结果，可以获取稳态工况下行星轮承受内齿圈、太阳轮的啮合力均为 $F=\sqrt{F_{tBC}^2+F_{rBC}^2}=\sqrt{F_{tAC}^2+F_{rAC}^2}=92.9\text{kN}$，承受内齿圈、太阳轮的转矩值均为 $T_p=F_{tBC}r_C=F_{tAC}r_C=17.7\text{kN}\cdot\text{m}$。

行星轮除了在轮齿啮合处承受太阳轮和内齿圈的作用力，在整个内孔表面还会承受轴承外圈施加的摩擦阻力。由行星轮的失效案例可知，行星轮内孔表面出现了微动磨损形貌，说明过盈配合面处发生了微动滑移，因此，需对行星轮内孔与轴承外圈过盈配合面间的接触特性进行分析，如图 5-33 所示。

在图 5-33 中，行星轮除了在轮齿啮合处承受太阳轮和内齿圈的作用力，在整个内孔表面还会承受行星轮内孔与轴承外圈过盈配合带来的静摩擦阻力。因此，行星轮内孔与轴承外圈过盈配合面不发生微动滑移现象的条件如式（5-30a）

所示。

$$\left.\begin{aligned} T_p &\leqslant T_f \\ T_f &= F_\mu \frac{d_p}{2} \end{aligned}\right\} \tag{5-30a}$$

式中，T_p 为行星轮传递的转矩；T_f 为过盈配合带来的静摩擦阻力矩，即转矩传递阈值；F_μ 为行星轮内孔与轴承外圈配合面间的静摩擦力；d_p 为行星轮内孔面直径。

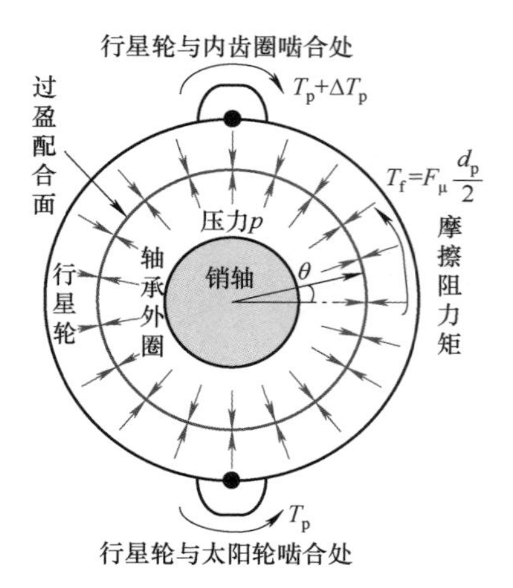

图 5-33　过盈配合面的接触特性分析

由于静摩擦力 F_μ 分布于整个行星轮内孔面上，数值大小与配合面的压力有关，因此需先通过有限元仿真方法获取行星轮内孔与轴承外圈配合面的压力分布结果，然后采用圆周数值积分方法求取静摩擦阻力矩 T_f，如式（5-30b）所示。

$$T_f = \int_0^{2\pi} \mu_p d_p B p \frac{d_p}{2} \mathrm{d}\theta \tag{5-30b}$$

式中，μ_p 为静摩擦系数；B 为配合面宽度；p 为啮合力作用下的配合面径向压力分布；θ 为配合面沿圆周方向的角度；d_p 为行星轮内孔面直径。

行星轮发生微动滑移现象时，传递的转矩载荷分别为 $T_p+\Delta T_p$，将转矩载荷 $T_p+\Delta T_p$ 定义为微动滑移极限载荷，相应的表达式如式（5-30c）所示。

$$T_p + \Delta T_p \leqslant \int_0^{2\pi} \mu_p d_p B p \frac{d_p}{2} \mathrm{d}\theta \tag{5-30c}$$

式中，各符号含义同上。

在几何结构层面，本案例的 1.5MW 风电装备，其行星轮内孔与轴承外圈采用的配合公差带为 P6。用参数 ζ 表示过盈量，P6 的过盈量上、下限值分别为 0.079mm 和 0.012mm。国内有风电齿轮箱厂商采用的配合公差带为 R6，R6 的过盈量上、下限值分别为 0.121mm 和 0.054mm。下面就上述两种配合公差带的过盈量上、下限值，基于式（5-30c）计算与微动滑移现象对应的极限载荷 $T_p+\Delta T_p$，如图 5-34 所示。图 5-34 中，粗虚线代表稳态载荷下行星轮承受的转矩值 $T_p=17.7\text{kN}\cdot\text{m}$；当过盈量为 $\zeta=0.012\text{mm}$（P6 的下限值）时，微动滑移极限载荷为 $T_p+\Delta T_p=28.8\text{kN}\cdot\text{m}$；当过盈量为 $\zeta=0.079\text{mm}$（P6 的上限值）时，微动滑移极限载荷为 $T_p+\Delta T_p=82.8\text{kN}\cdot\text{m}$；过盈量为 $\zeta=0.054\text{mm}$（R6 的下限值）时，微动滑移极限载荷为 $T_p+\Delta T_p=62.6\text{kN}\cdot\text{m}$；过盈量为 $\zeta=0.121\text{mm}$（R6 的上限值）时，微动滑移极限载荷为 $T_p+\Delta T_p=116.4\text{kN}\cdot\text{m}$。

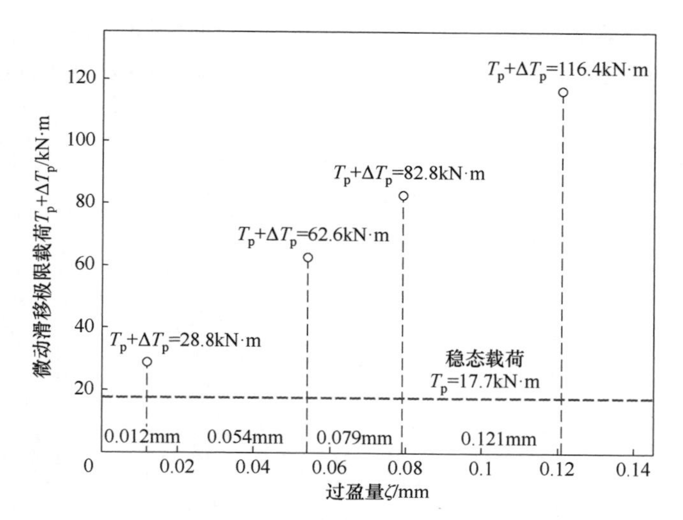

图 5-34　四个过盈量限值的微动滑移极限载荷

获取四个过盈量限值的微动滑移极限载荷 $T_p+\Delta T_p$ 后，结合行星轮转速 ω_p，便可利用式（5-31）计算行星轮内孔与轴承外圈配合面相对滑移的能量阈值。

$$E_t=(T_p+\Delta T_p)\omega_p/9550 \tag{5-31}$$

式中，E_t 为微动滑移对应的能量阈值；$T_p+\Delta T_p$ 为微动滑移极限载荷，如图 5-34 所示；ω_p为行星轮角速度信息，根据动力学模型计算获得。由于风电装备需要相对稳定的输出功率，其运行时需要控制电机的转速，超过额定功率后最高转速要求控制在额定转速的 10%以内，说明超过额定功率后转速变化引起的功率增加较小，故微动滑移对应的能量阈值 E_t 可用式（5-31）近似计算。

基于动力学模型和 1.5MW 齿轮箱的结构参数，以及行星轮内孔与轴承外圈的过盈配合公差带 P6，利用式（5-31）可分别计算 P6 的过盈量上、下限值（0.079mm 和 0.012mm）对应的微动滑移能量阈值 E_t，如图 5-35 所示。

图 5-35a 所示为过盈量 $\zeta=0.012$mm（P6 的下限值）时的微动滑移能量阈值曲线以及其他状态下的能量曲线，其中 E_t 是能量阈值，大小为 8.41×10^5W。在理想设计条件下，行星轮传递的能量为特征能量，E_c 为 5.16×10^5W，如图中标高为 E_c 的曲线所示，将该能量状态定义为状态 1。因为此时传递的能量 E 满足关系式 $E=E_c<E_t$，所以行星轮内孔与轴承外圈配合面不会发生微动滑移。在实际工况下，行星轮传递的能量 E 为特征能量与能量变化量之和，即 $E_c+\Delta E$，如图中标高为 $E_c+\Delta E$ 的曲线所示，将该能量传递定义为状态 2，并将能量传递状态 2 的周期特性用参数 t_c 表示。当图中 $E_c+\Delta E$ 曲线低于 E_c 曲线时，即 $E=E_c+\Delta E<E_t$，行星轮内孔与轴承外圈配合面不会发生微动滑移；当图中 $E_c+\Delta E$ 曲线

高于 E_c 曲线时，即 $E=E_c+\Delta E>E_t$，行星轮内孔与轴承外圈配合面就会发生微动滑移；当图中 $E_c+\Delta E$ 曲线与 E_t 曲线等高时，即 $E=E_c+\Delta E=E_t$，行星轮内孔与轴承外圈配合面则处于微动滑移临界状态。

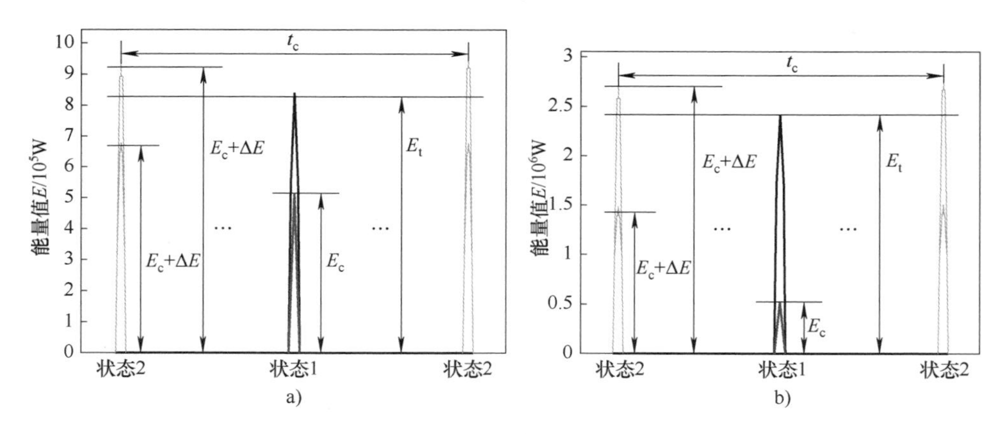

图 5-35　配合公差 P6 的抗微动滑移能量阈值

a）过盈量 0. 012mm（P6）　b）过盈量 0. 079mm（P6）

图 5-35b 所示为过盈量 $\zeta=0.079$mm（P6 的上限值）时的微动滑移能量阈值曲线，图中标高为 E_t 的曲线代表的能量阈值 E_t 为 2.42×10^6W，标高为 E_c 的曲线代表的特征能量 E_c 同样为 5.16×10^5W。类比于图 5-35a 的分析过程，在理想设计条件下，因为行星轮传递的能量 E 同样满足关系式 $E=E_c<E_t$，所以行星轮内孔与轴承外圈配合面不会发生微动滑移现象。在实际工况下，当图中标高为 $E_c+\Delta E$ 的曲线低于标高为 E_t 的曲线时，行星轮内孔与轴承外圈配合面不会发生微动滑移现象；当图中标高为 $E_c+\Delta E$ 的曲线高于标高为 E_t 的曲线时，则配合面会发生微动滑移现象。

实际服役条件下，行星轮内孔与轴承外圈配合表面确实出现了微动滑移，这意味着行星轮传递的能量 $E=E_c+\Delta E$ 存在超过微动滑移能量阈值 E_t 的现象。之所以在实际服役条件下行星轮传递的能量 E 会包含能量变化量 ΔE，是因为风电装备传动链输入端和输出端出现了非平稳载荷工况。为了反求出与微动滑移能量阈值 E_t 相对应的风电传动链输入端、输出端转矩增量与角速度增量，通过建立具体的动力学模型，将图 5-31 细化为图 5-36 所示的实际服役条件下风电行星轮的能量传递框图。

在图 5-36 中，J_r 是叶轮端转动惯量；J_{gen} 是发电机端转动惯量；J_{ls} 是低速轴转动惯量；J_{hs} 是高速轴转动惯量；C_r 是叶轮端阻尼系数；C_{gen} 是发电机端阻尼系数；C_{ls} 是低速轴阻尼系数；C_{hs} 是高速轴阻尼系数；K_{ls} 是低速轴刚度系数；K_{hs} 是高速轴刚度系数；T_{gen} 是发电机端转矩；T_{ls} 是齿轮箱低速端齿轮对低速轴的作用转矩；T_{hs} 是齿轮箱高速端齿轮对高速轴的作用转矩；θ_r 是叶轮转动角度；θ_{gen} 是发电机转动角度；θ_{ls} 是低速轴转动角度；θ_{hs} 是高速轴转动角度；$\dot{\theta}_{gen}$ 是发电机角速度，也可表示为 ω_{gen}。

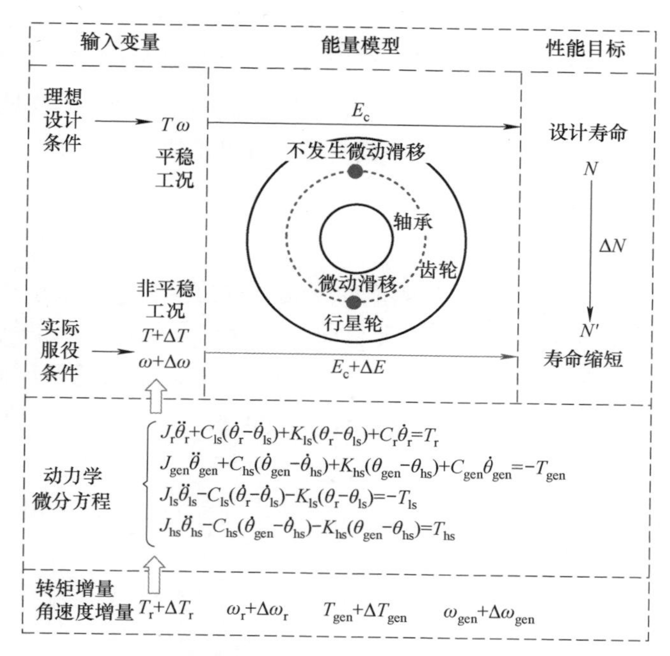

图 5-36　实际服役条件下行星轮的能量传递框图

在图 5-36 中，首先根据行星轮临界滑移状态对应的能量值 $E=E_c+\Delta E=E_t$ 反求出行星轮接口参数增量 $T+\Delta T$ 和 $\omega+\Delta\omega$，然后根据图 5-36 中的动力学微分方程，反求出叶轮端载荷增量 $T_r+\Delta T_r$ 和 $\omega_r+\Delta\omega_r$、发电机端载荷增量 $T_{gen}+\Delta T_{gen}$ 和 $\omega_{gen}+\Delta\omega_{gen}$，即形成了"$E_c+\Delta E\rightarrow T+\Delta T$，$\omega+\Delta\omega\rightarrow T_r+\Delta T_r$ 和 $\omega_r+\Delta\omega_r$，以及 $T_{gen}+\Delta T_{gen}$ 和 $\omega_{gen}+\Delta\omega_{gen}$"的求解流程。当过盈量取 P6 的下限值 $\zeta=0.012$mm 时，结合图 5-35a 所示的微动滑移能量阈值 E_t，可反求出风电传动链叶轮输入端的转矩增量为 $\Delta T_r=3.10\times10^5$N · m。类似地，也可反求出风电传动链发电机输出端转矩增量为 $\Delta T_{gen}=3.02\times10^3$N · m。当过盈量取 P6 的上限值 $\zeta=0.079$mm 时，结合图 5-35b 所示的微动滑移能量阈值 E_t，可反求出风电传动链叶轮输入端的转矩增量为 $\Delta T_r=1.47\times10^6$N · m。类似地，也可反求出风电传动链发电机输出端转矩增量为 $\Delta T_{gen}=1.42\times10^4$N · m。显然，过盈量越大，要破坏过盈配合、产生微动滑移，则传动链输入端、输出端载荷增量也要更大些。

上述分析结果表明，当出现风速大幅波动或电网反载冲击时，会造成风电传动链前端叶轮处、后端发电机处出现相应的转矩增量与角速度增量。当转矩增量和角速度增量超过上述计算获取的临界值时，行星轮传递的能量（特征能量与能量增量之和 $E_c+\Delta E$）会大于微动滑移能量阈值 E_t，行星轮内孔与轴承外圈配合面就会发生滑移现象，并最终出现微动磨损。因此，在风电传动链长寿命设计时应着重考虑这些分析结果，可通过优化结构件的刚度系数或阻尼系数，从而达到“吸收”或“弱化”转矩冲击与角速度冲击的效果，并最终实现能量传递特性更加平稳化的目标，从而提高关键零部件的服役性能。

2. 行星轮结构参数改进

（1）改进配合公差

1）配合公差对微动滑移能量阈值的影响。过盈量越大，抗微动滑移的能力就越强。就行星轮内孔与轴承外圈配合面的过盈配合而言，此案例行星轮内孔与轴承外圈采用的配合公差为 P6，实际上也有一些风电齿轮箱厂商采用 R6 的配合公差带。图 5-37 对比了配合公差带为 P6 和 R6 的产生微动滑移的能量阈值。

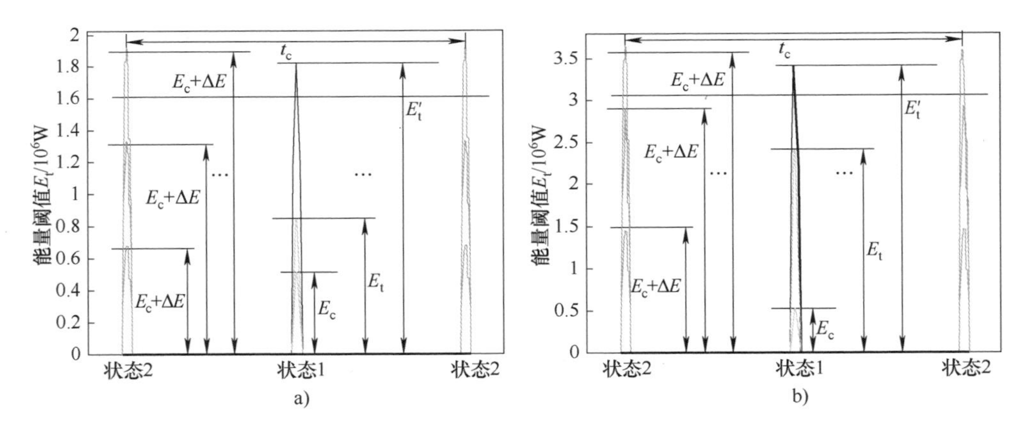

图 5-37　配合公差带 P6 和 R6 对应的能量阈值

a）过盈量 0.012mm 和 0.054mm 对应的能量阈值　b）过盈量 0.079mm 和 0.121mm 对应的能量阈值

过盈量的变化会影响行星轮内孔与轴承外圈配合面的接触压力 p，由式（5-30c）可知压力 p 会影响微动滑移极限载荷 $T_p+\Delta T_p$，再根据式（5-31）可以获取行星轮内孔与轴承外圈配合面的微动滑移能量阈值，如图 5-37 所示。图 5-37 绘制了配合公差 Z_p 的公差带分别为 P6 和 R6 的上、下限值时的微动滑移能量阈值。当过盈量为 P6 的下限值 $\zeta=0.012$mm 时，其微动滑移能量阈值 E_t 为 8.41×10^5W，如图中5-37a标高为E_t的曲线所示；当过盈量为R6的下限值$\zeta=0.054$mm时，对应的能量阈值E_t'为1.83×10^6W，如图5-37a中标高为E_t'的曲线所示。类似地，当过盈量为P6的上限值$\zeta=0.079$mm时，其微动滑移能量阈值E_t为2.42×10^6W，如图5-37b中标高为E_t的曲线所示；当过盈量为R6的上限值$\zeta=0.121$mm时，对应的能量阈值E_t'为3.40×10^6W，如图5-37b标高为E_t'的曲线所示。

配合公差Z_p的公差带从P6调整为R6，行星轮内孔与轴承外圈配合面的微动滑移能量阈值会相应地增大，即$E_t'>E_t$，这表明行星轮可以传递更多的能量。以图5-37a为例加以说明，实际工况下行星轮传递的能量为特征能量与能量增量之和$E_c+\Delta E$，如图中标高为$E_c+\Delta E$的曲线所示，将该能量传递定义为状态2，并将能量传递状态2的周期特性用参数t_c表示。当图中标高为$E_c+\Delta E$的曲线低于标高为E_t的曲线时，即$E_c+\Delta E<E_t<E_t'$，在P6和R6两种配合公差带下的配合面均不会发生微动滑移；当图中标高为$E_c+\Delta E$的曲线介于标高为E_t的曲线与标高为E_t'的曲线之间时，即$E_t<E_c+\Delta E<E_t'$，配合公差带为P6的配合面会发生微动滑移，配合公差带为R6的配合面不会发生微动滑移现象；当图中标高为$E_c+\Delta E$的曲线高于标高为E_t'的曲线时，即$E_c+\Delta E>E_t'>E_t$，则配合面无论采用P6还是R6配合公差带均会发生微动滑移。由图5-36可知，实际工况下能量传递值$E_c+\Delta E$对应于风电传动链的转矩增量$T+\Delta T$、角速度增量$\omega+\Delta\omega$，因此，当能量阈值提升后，即$E_t'>E_t$，行星轮可以承受更加剧烈的外部载荷增量，可以在相对更恶劣的环境下无微动滑移地服役运行。

2）配合公差对微动滑移的影响。对于配合公差对微动滑移的量化计算，需借助有限元分析软件开展配合公差对微动滑移的影响规律研究。因此，首先需要证明从诸如ANSYS等有限元分析软件获取的过盈接触特性分析结果的准确性。下面先以行星轮过盈配合面在无外部载荷作用下的压力特性来验证仿真的可信度。由于过盈配合主要涉及行星轮和轴承两个关键部件，经与厂商沟通和查阅资料，可获取材料的特性参数，见表5-28。根据所获得的特性参数，对P6和R6两种配合公差带的过盈量上、下限值0.079mm、0.012mm和0.121mm、0.054mm开展过盈接触特性分析。

表5-28　材料特性参数

部　　件	行　星　轮	轴　　承
材料牌号	18CrNiMo7-6	100Cr6
弹性模量/GPa	207	210

（续）

部　件	行　星　轮	轴　承
密度/kg/m^3	7800	7800
泊松比	0.29	0.29

在有限元计算方面，利用三维建模软件建立行星轮与轴承过盈接触模型，然后将该模型导入分析软件 ANSYS 中进行过盈特性分析。在 ANSYS 软件中，按照表 5-28 所示的数值定义行星轮、轴承模型的材料参数，然后施加约束条件、设置求解参数，最后可获取行星轮内孔表面的压力分布。由于这一组仿真分析是针对行星轮在无外部载荷作用下开展的，获取的行星轮内孔面压力是均匀分布的，因此，可以用内孔表面压力的统计平均值来表征不同过盈量下的压力分布特性。当过盈量为 $\zeta=0.012$mm（P6 的下限值）时，压力统计平均值为 2.0645MPa；当过盈量为 $\zeta=0.079$mm（P6 的上限值）时，压力统计平均值为 13.6332MPa；当过盈量为 $\zeta=0.054$mm（R6 的下限值）时，压力统计平均值为 9.3167MPa；当过盈量为 $\zeta=0.121$mm（R6 的上限值）时，压力统计平均值为 20.8842MPa。

为了验证基于有限元分析软件 ANSYS 获取的配合面压力结果的准确性，根据材料力学中的厚壁圆筒原理，对过盈配合面的径向压力进行理论计算，其中过盈量与过盈配合面径向压力之间的关系如式（5-32）所示。

$$p=\frac{\zeta}{d(C_1/E_1+C_2/E_2)} \tag{5-32}$$

式中，p 为过盈配合面的压力值；ζ 为过盈量；d 为配合面公称直径；E_1 为轴承外圈的弹性模量；E_2 为行星轮的弹性模量；C_1 为轴承外圈的刚性系数；C_2 为行星轮的刚性系数，刚性系数 C_1 和 C_2 可由式（5-33）求解。

$$\left.\begin{aligned}C_1&=\frac{d^2+d_1^2}{d^2-d_1^2}-\nu_1\\C_2&=\frac{d_2^2+d^2}{d_2^2-d^2}-\nu_2\end{aligned}\right\} \tag{5-33}$$

式中，d_1 为轴承内径；d_2 为行星轮外径；ν_1 为轴承泊松比；ν_2 为行星轮泊松比。

基于式（5-32）和式（5-33），通过理论计算可获取四个过盈量限值下的过盈配合面压力值。当过盈量为 $\zeta=0.012$mm（P6 的下限值）时，过盈配合面压力理论值为 1.9569MPa；当过盈量为 $\zeta=0.079$mm（P6 的上限值）时，过盈配合面压力理论值为 12.8831MPa；当过盈量为 $\zeta=0.054$mm（R6 的下限值）时，过盈配合面压力理论值为 8.8061MPa；当过盈量为 $\zeta=0.121$mm（R6 的上限值）时，过盈配合面压力理论值为 19.7323MPa。

将有限元仿真分析与理论计算获取的过盈配合面压力值进行对比分析，结果如图 5-38 所示。当过盈量为 $\zeta=0.012$mm（P6 的下限值）时，有限元值与理论值的相对误差为 5.50%；当过盈量为 $\zeta=0.079$mm（P6 的上限值）时，有限元值与理论值的相对误差为 5.82%；当过盈量为 $\zeta=0.054$mm（R6 的下限值）时，有限元值与理论值的相对误差为 5.80%；当过盈量为 $\zeta=0.121$mm（R6 的上限值）时，有限元值与理论值的相对误差为 5.84%。将四个过盈量限值对应的压力特性进行综合统计分析，有限元值与理论值的平均相对误差为 5.74%，因此，基于有限元分析软件 ANSYS 获取的行星轮过盈配合面在无外部载荷作用下的压力分布结果具有较高的可信度，由此结论，可以借助 ANSYS 软件开展配合面变形特性分析、外载条件下行星轮内孔面的微动滑移特性分析等仿真。

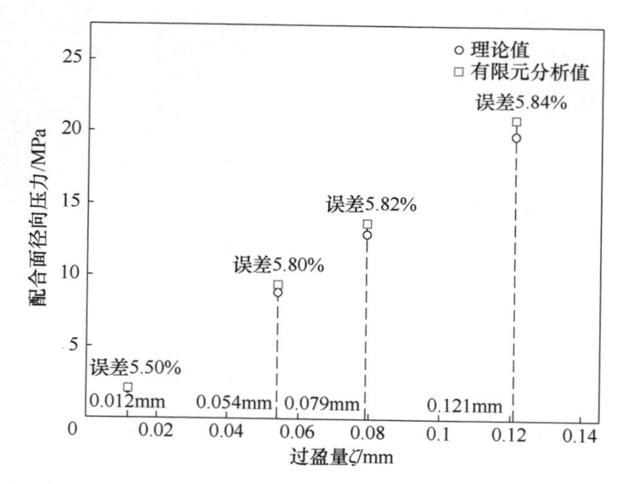

图 5-38 四个过盈量限值的有限元仿真分析与理论计算获取的过盈配合面压力值对比结果

① 配合面变形特性分析。行星轮内孔与轴承外圈过盈配合面的变形特性可以看作是在无外载的条件下行星轮内孔和轴承外圈的变形分析。借助有限元分析软件 ANSYS 获取行星轮内孔与轴承外圈在四个过盈量限值下的变形量，结果如图 5-39 所示，其中颜色的变化与变形量的数值大小呈对应关系，在图中标出的过盈配合面处颜色变化梯度较大。为了方便地定量描述行星轮内孔与轴承外圈的变形量以及相对变形程度，将行星轮内孔在半径尺度上的变形量用参数 δ_1

表示，则在直径尺度上的变形量为 $2\delta_1$；将轴承外圈在半径尺度上的变形量用参数 δ_2 表示，则在直径尺度上的变形量为 $2\delta_2$。

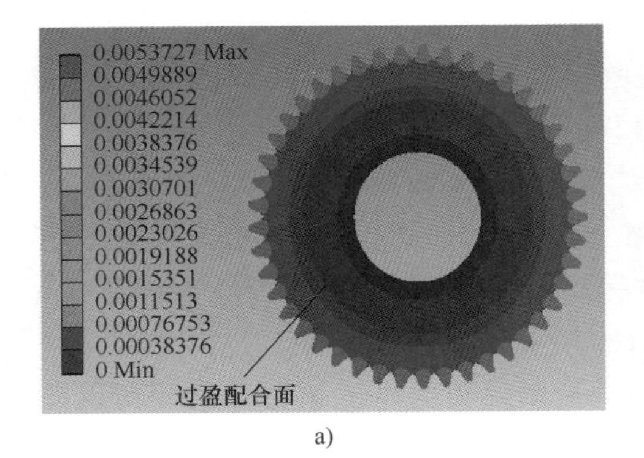

a)

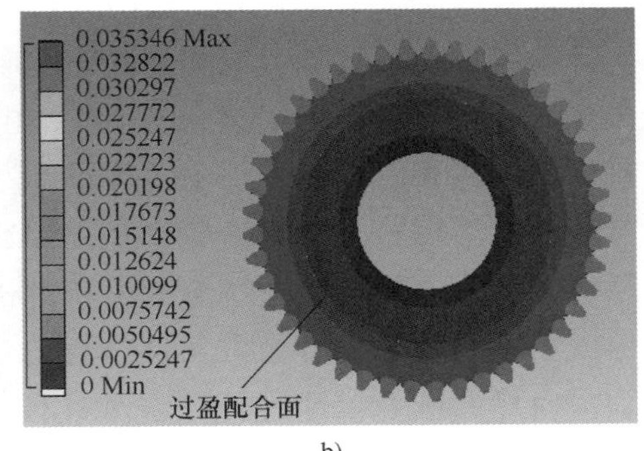

b)

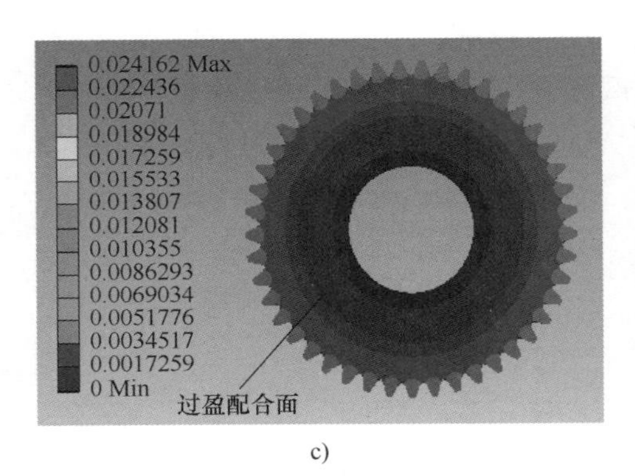

c)

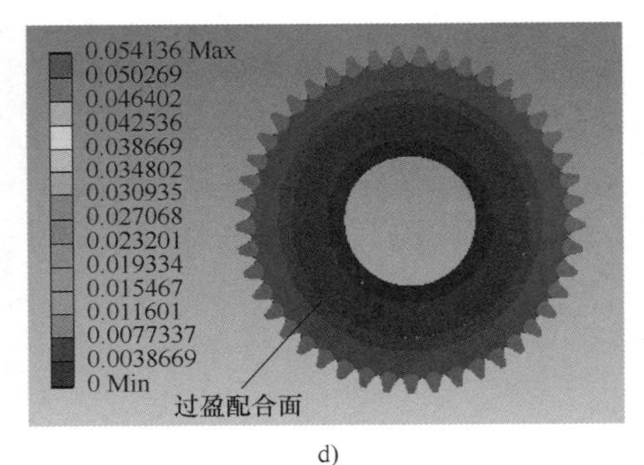

d)

图 5-39　四个过盈量限值的配合面变形云图

a）过盈量 0.012mm（P6）　b）过盈量 0.079mm（P6）　c）过盈量 0.054mm（R6）
d）过盈量 0.121mm（R6）

在图 5-39a 中，当过盈量为 ζ=0.012mm（P6 的下限值）时，行星轮内孔变形在半径尺度上的统计平均值为 δ_1=0.0053727mm，轴承外圈变形在半径尺度上的统计平均值为 δ_2=0.0006273mm，两者满足关系式 $2(\delta_1+\delta_2)=\zeta$，即行星轮内孔与轴承外圈在直径尺度上的变形量之和与过盈量一致；在图 5-39b 中，当过盈量为 ζ=0.079mm（P6 的上限值）时，行星轮内孔变形在半径尺度上的统计平均值为 δ_1 = 0.035346mm，轴承外圈变形在半径尺度上的统计平均值为 δ_2 = 0.004154mm，同样满足关系式 $2(\delta_1+\delta_2)=\zeta$；在图 5-39c 中，当过盈量为 ζ = 0.054mm（R6 的下限值）时，行星轮内孔变形在半径尺度上的统计平均值为 δ_1=0.024162mm，轴承外圈变形在半径尺度上的统计平均值为 δ_2 = 0.0028mm，同样满足关系式 $2(\delta_1+\delta_2)=\zeta$；在图 5-39d 中，当过盈量为 ζ=0.121mm（R6

的上限值）时，行星轮内孔面变形在半径尺度上的统计平均值为 $\delta_1 = 0.054136\text{mm}$，轴承外圈变形在半径尺度上的统计平均值为 $\delta_2 = 0.0064\text{mm}$，两者同样满足关系式 $2\ (\delta_1+\delta_2)\ =\zeta$。

分析与四个过盈量限值对应的配合面变形特性，结果如图 5-40 所示。当过盈量为 $\zeta=0.012\text{mm}$（P6 的下限值）时，行星轮内孔变形量占整体变形量的比例约为 $\delta_1/(\delta_1+\delta_2)= 89.54\%$，轴承外圈变形量占整体变形量的比例约为 $\delta_2/(\delta_1+\delta_2)= 10.46\%$；当过盈量为 $\zeta=0.079\text{mm}$（P6 的上限值）时，行星轮内孔变形量占整体变形量的比例约为 $\delta_1/(\delta_1+\delta_2)= 89.48\%$，轴承外圈变形量占整体变形量的比例约为 $\delta_2/(\delta_1+\delta_2)= 10.52\%$；当过盈量为 $\zeta=0.054\text{mm}$（R6 的下限值）时，行星轮内孔变形量占整体变形量的比例约为 $\delta_1/(\delta_1+\delta_2)= 89.49\%$，轴承外圈变形量占整体变形量的比例约为 $\delta_2/(\delta_1+\delta_2)= 10.51\%$；当过盈量为 $\zeta=0.121\text{mm}$（R6 的上限值）时，行星轮内孔变形量占整体变形量的比例约为 $\delta_1/(\delta_1+\delta_2)= 89.48\%$，轴承外圈变形量占整体变形量的比例约为 $\delta_2/(\delta_1+\delta_2)= 10.52\%$。将上述四个过盈量限值的变形量所占比例信息取平均值，可知行星轮内孔变形量占整体变形量比例的平均值为 89.5%，轴承外圈变形量占整体变形量比例的平均值为 10.5%，两者变形量所占比例的不同与各自材料的弹性模量有关，因为弹性模量正是反映材料抵抗弹性变形能力的指标。图 5-40 定量描述了行星轮内孔表面相比于轴承外圈“相对较软”的程度，即行星轮内孔更易出现磨损损伤，这就验证了图 5-23 所示的磨损形貌多发生于行星轮内孔表面而不是轴承外圈表面。

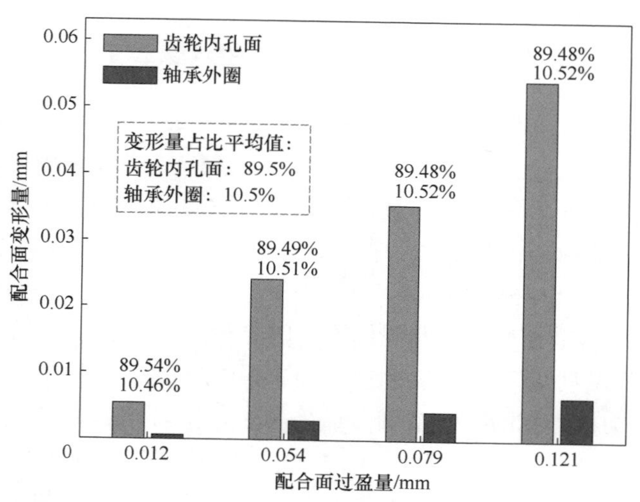

图 5-40　四个过盈量限值的配合面变形量占比统计

② 外载条件下配合面的微动滑移特性分析。前面计算了额定工况下行星轮所承受内齿圈、太阳轮的啮合力均为 $F=92.9\text{kN}$，而实际运行工况下，行星轮所承受的极端载荷为 $2.5F\sim3F$。在 ANSYS 软件中，定义行星轮与轴承模型的材料参数、施加约束条件、加载并设置求解参数，然后将获取的行星轮内孔表面微动滑移参数从 ANSYS 软件中提取，再基于 MATLAB 软件进行数据处理，可得到行星轮内孔面的微动量云图，如图 5-41 所示，其中颜色的变化与微动量的数值大小呈对应关系。这里需要说明的是，微动量是指行星轮内孔与轴承外圈配合面在圆周方向上的微动滑移距离，表征了配合面的微动滑移剧烈程度。

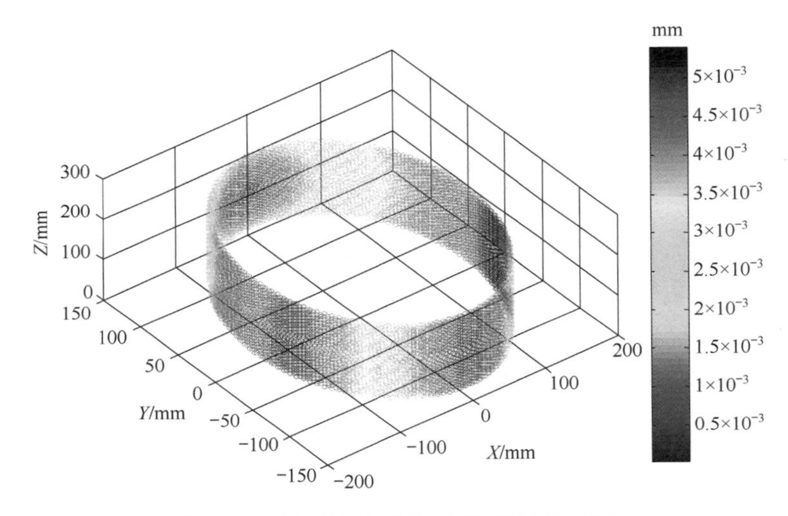

图 5-41　行星轮过盈配合面的微动量云图

类比于图 5-41，可获取不同载荷条件（$1.5F$、$2F$、$2.5F$、$3F$）和不同过盈量限值 ζ（0.012mm、0.079mm、0.054mm、0.121mm）下的行星轮内孔与轴承外圈配合面的微动量云图。为了消除有限元仿真的初始误差，以载荷为 $1F$ 时对应的微动量为参照标准，其他各载荷工况下的微动量与之做差后，得到相应的微动量变化曲线，如图 5-42 所示。

在图 5-42 中，横坐标表示圆周位置，单位为度（°），由于行星轮内孔与轴承外圈配合面的微动量云图具有对称性（图 5-41），因此选取配合面的半个圆周（−90°~90°）为横坐标的取值范围。纵坐标表示配合面的微动量，单位为毫米（mm）。通过对比图 5-42a~d 可知，图 5-42a 中微动量变化曲线在前一小段数值为零，这是因为过盈量 0.012mm 在四个过盈量限值中是最小的，对应的行星轮过盈配合程度是最“松”的，当外部载荷作用于行星轮时，在行星轮内孔与轴承外圈配合面会有一小段呈现出非过盈接触状态。在 ANSYS 软件中，针对这一小段圆周，各载荷条件（1.5F、2F、2.5F、3F）下获取的微动量曲线变化不明显，因此做差后的微动量曲线在这一小段圆周范围内数值为零。

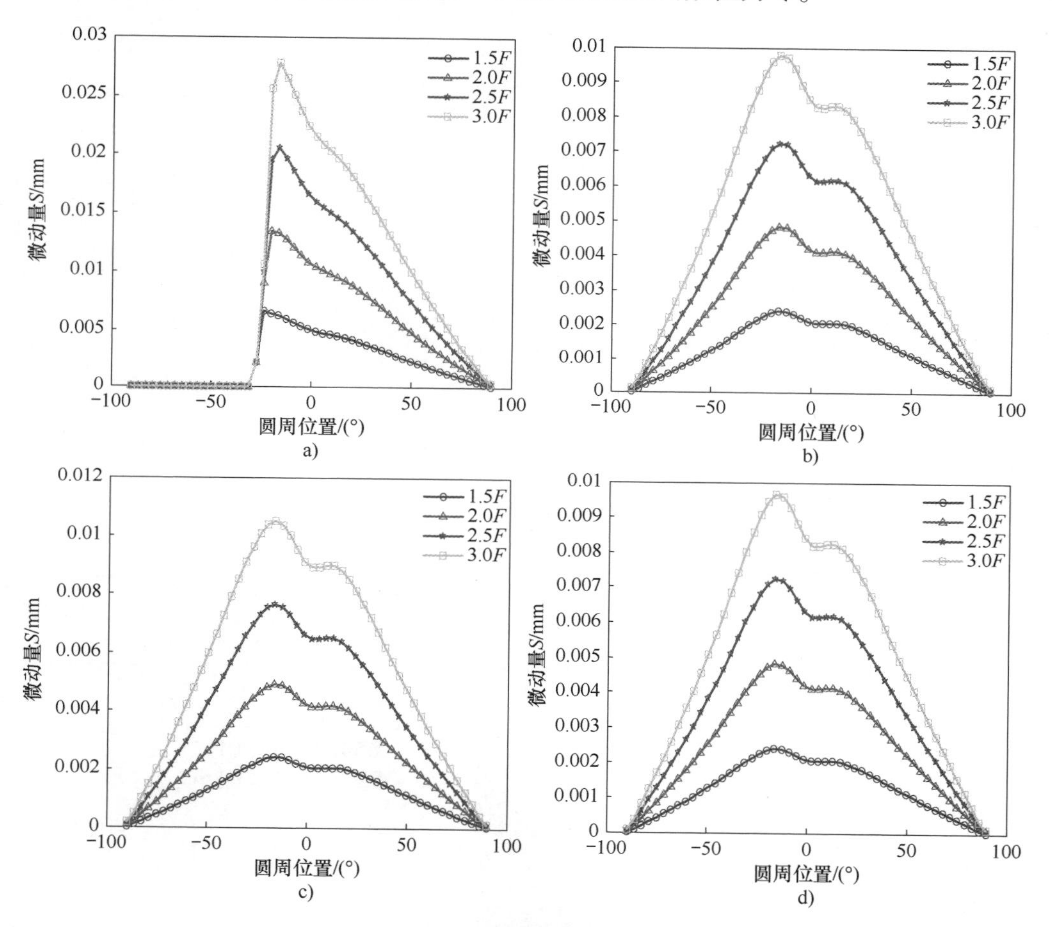

图 5-42　四个过盈量限值的微动量变化曲线

a）过盈量 0.012mm（P6）　b）过盈量 0.079mm（P6）　c）过盈量 0.054mm（R6）　d）过盈量 0.121mm（R6）

基于图 5-42 所示的微动量变化曲线，将曲线的峰值定义为最大微动量，可获取不同过盈量限值（0.012mm、0.079mm、0.054mm、0.121mm）、不同载荷条件下（1.5F、2F、2.5F、3F）最大微动量的统计结果，见表 5-29。

基于表 5-29 中的最大微动量统计结果，可获取不同配合公差带下（P6、R6）最大微动量与载荷的关系，如图 5-43 所示。

表 5-29　不同载荷下的最大微动量统计结果

过盈量/mm	载　荷	最大微动量/mm
0.012（P6）	1.5F	0.0066
	2F	0.0134
	2.5F	0.0205
	3F	0.0278
0.079（P6）	1.5F	0.0024
	2F	0.0048
	2.5F	0.0072
	3F	0.0098
0.054（R6）	1.5F	0.0024
	2F	0.0049
	2.5F	0.0076
	3F	0.0105
0.121（R6）	1.5F	0.0024
	2F	0.0048
	2.5F	0.0072
	3F	0.0097

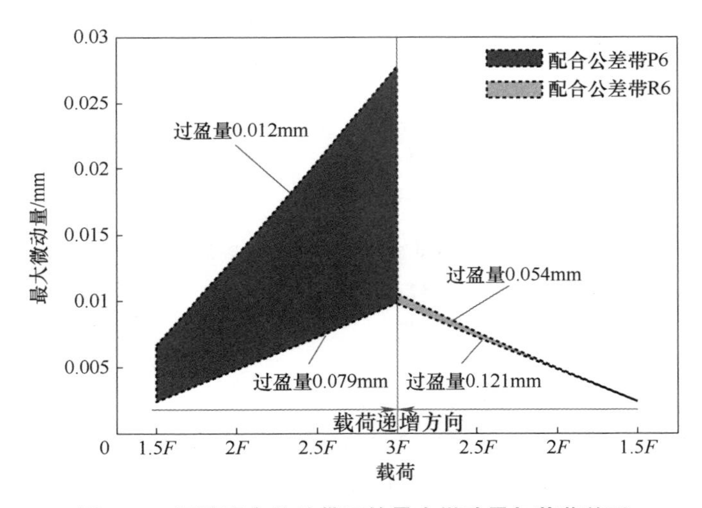

图 5-43　两种配合公差带下的最大微动量与载荷关系

由图 5-43 可得出如下结论：行星轮内孔与轴承外圈配合面的最大微动量随

着载荷的递增而增大。对于P6的两个过盈量限值，过盈量0.012mm相对于过盈量0.079mm，最大微动量与载荷的关系曲线相差较大，即整个公差带下的最大微动量变化幅度很大。然而对于R6的两个过盈量限值，过盈量0.054mm相对于过盈量0.121mm，最大微动量与载荷的关系曲线相差较小，即整个公差带下的最大微动量变化幅度很小，这说明该公差带代号下的过盈量取值对最大微动量的影响较小，也意味着该设计参数是比较合理的。因此，本案例的1.5MW风电装备行星轮内孔与轴承外圈的配合公差带选择P6不太合适，应选用R6。

（2）改进轮毂厚度　轮毂厚度是指齿轮内孔圆与齿根圆间的距离，如图5-44所示，用参数 H 表示。图5-44中，在微动滑移区域附近行星轮会承受内齿圈、太阳轮的啮合力 F。内孔表面微动量与行星轮在圆周方向的变形程度有关，定义刚度 k_f 表示行星轮在外载 F 作用下抵抗变形的能力。轮毂厚度 H 会影响行星轮抵抗变形的程度，即影响刚度 k_f 的数值大小，进而会影响行星轮的微动滑移特性，因此，有必要定量分析轮毂厚度对微动滑移的影响。

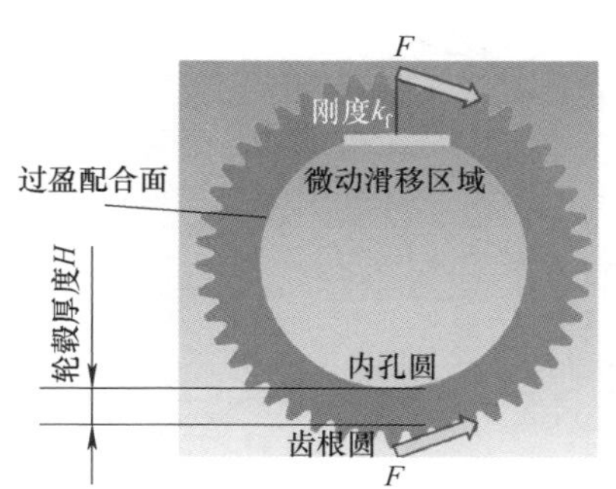

图5-44　行星轮轮毂厚度示意

通常，轮毂厚度的取值需大于三倍轮齿模数，再结合整个行星轮的装配空间限制，可确定该型1.5MW风电设备行星轮的轮毂厚度 H 取值范围为48~56mm。利用有限元分析，同样类比于图5-42，可获取不同载荷条件（1.5F、2F、2.5F、3F）和不同轮毂厚度（48mm、50mm、52mm、54mm、56mm）下的行星轮内孔与轴承外圈配合面的微动量云图，再以载荷为1F时对应的微动量为参照标准，其他各载荷工况下的微动量与之做差后，可得到相应的微动量沿圆周方向的变化曲线，如图5-45所示。

基于图5-45所示的微动量变化曲线，将曲线的峰值用最大微动量来表示，可获取不同轮毂厚度（48mm、50mm、52mm、54mm、56mm）、不同载荷条件下（1.5F、2F、2.5F、3F）最大微动量的统计结果，见表5-30。

基于表5-30中的最大微动量统计结果，可获取不同轮毂厚度下最大微动量与载荷的关系，如图5-46所示。图5-46中，横坐标表示载荷，纵坐标表示最大微动量，在针对不同轮毂厚度开展微动滑移特性分析时，配合公差带代号选用P6，过盈量取P6上、下限值的均值，即 $\zeta=(0.012+0.079)\text{mm}/2=0.0455\text{mm}$。

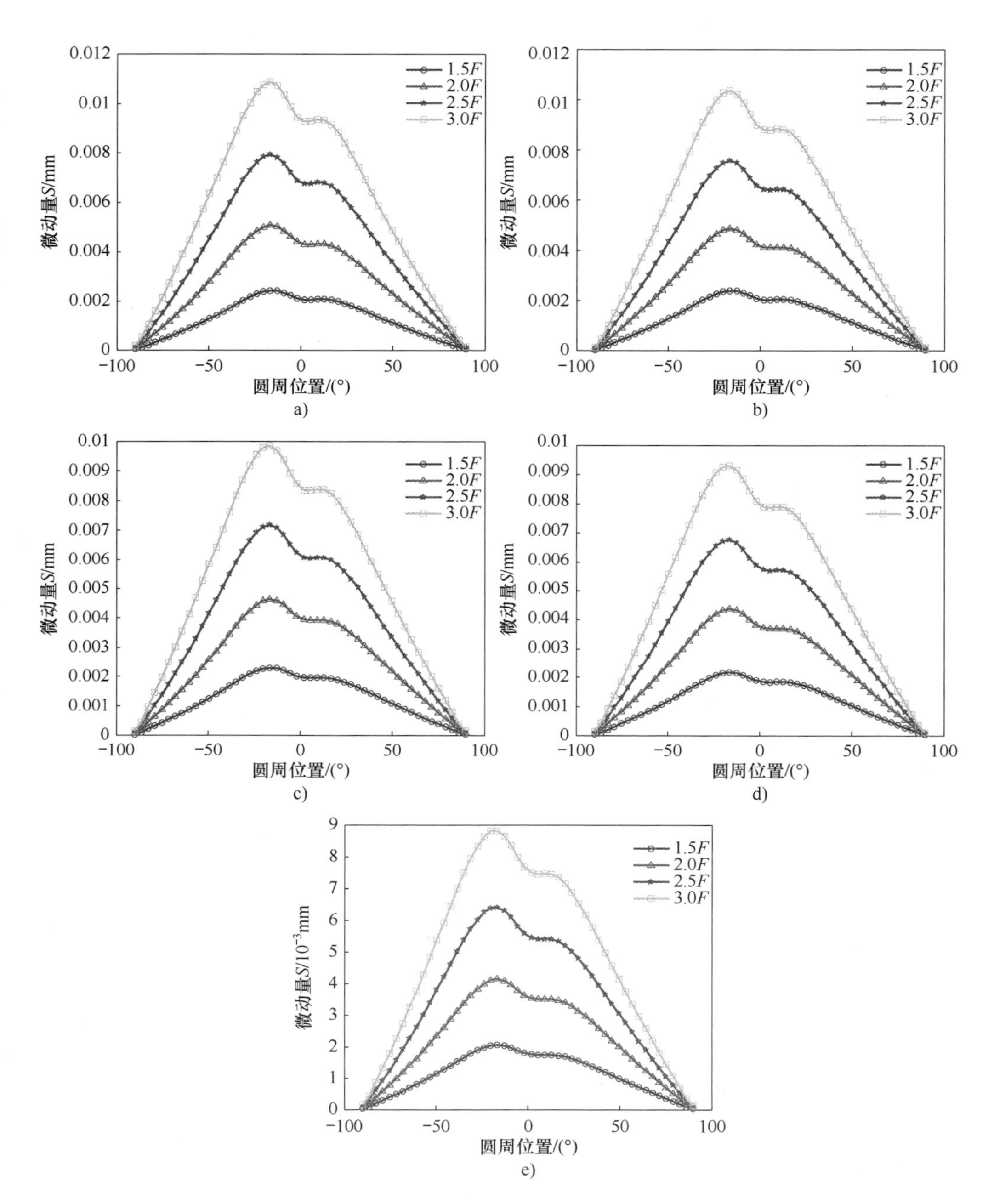

图 5-45　不同轮毂厚度下的微动量变化曲线

a）$H=48$mm　b）$H=50$mm　c）$H=52$mm　d）$H=54$mm　e）$H=56$mm

表 5-30 不同轮毂厚度最大微动量

轮毂厚度/mm	载荷	最大微动量/mm
48	1.5F	0.00242
	2F	0.00507
	2.5F	0.00792
	3F	0.01086
50	1.5F	0.00238
	2F	0.00486
	2.5F	0.00755
	3F	0.01034
52	1.5F	0.00229
	2F	0.00464
	2.5F	0.00717
	3F	0.00983
54	1.5F	0.00217
	2F	0.00438
	2.5F	0.00677
	3F	0.00930
56	1.5F	0.00205
	2F	0.00414
	2.5F	0.00640
	3F	0.00880

由图 5-46 可得出如下结论：随着载荷量级的增大，行星轮内孔与轴承外圈的过盈配合面的最大微动量也会增大；当轮毂厚度从 48mm 增大到 56mm 时，相应的最大微动量会降低，即行星轮内孔与轴承外圈的过盈配合面更难发生微动滑移现象，因此在装配空间允许的情况下可适当增大行星轮的轮毂厚度。

综上所述，通过量化配合公差 Z_p 及轮毂厚度 H 等设计变量对微动滑移能量阈值的影响，揭示了行星轮内孔表面硬度不足、行星轮内孔与轴承外圈配合公差选取不当以及轮毂厚度偏小是产生微动滑移并形成微动磨损形貌的根本原因。由于行星轮内孔表面的洛氏硬度值为 35.1HRC，较轴承外圈的洛氏硬度值 60.6HRC 小不少，且两者为过盈配合，因此，当配合面发生微动滑移时，硬度值较小的内孔表面材料可能会被撕裂，在配合面处产生异物、碎屑等杂质。在外部载荷作用下，行星轮内孔表面在有异物或碎屑的位置处会产生应力集中效应并形成偏载区域，最后在该区域产生疲劳源，形成微裂纹，并扩展直至疲劳开裂。

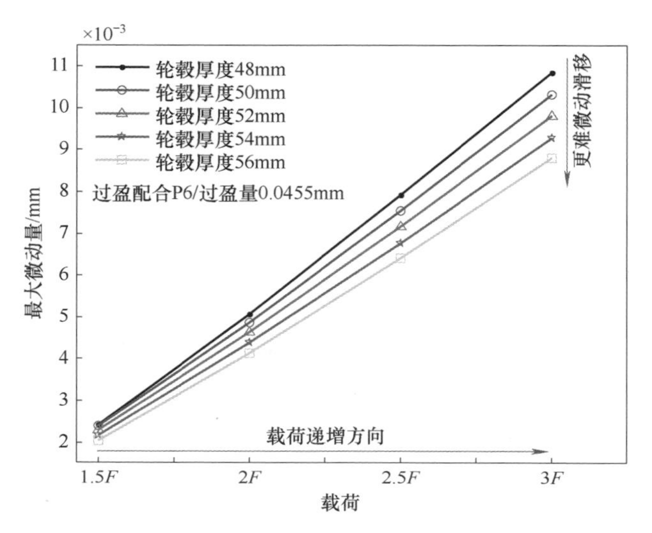

图 5-46　不同轮毂厚度下最大微动量与载荷关系

为了验证上述疲劳源产生机理的推测，通过扫描电镜对行星轮内孔表面开裂位置附近的样品进行观测，结果如图 5-47 和图 5-48 所示。在图 5-47 中，确实观测到了行星轮内孔面上的异物移动轨迹，如图中白色箭头所示，这说明异物进入配合面是应力集中效应产生、疲劳源形成的直接原因。在图 5-48 中，确实在行星轮内孔面上观测到了裂纹弧线，如图中白色标记所示，这说明开裂位置确实产生了疲劳源，即疲劳源产生是行星轮开裂的直接原因。因此，图 5-47 和

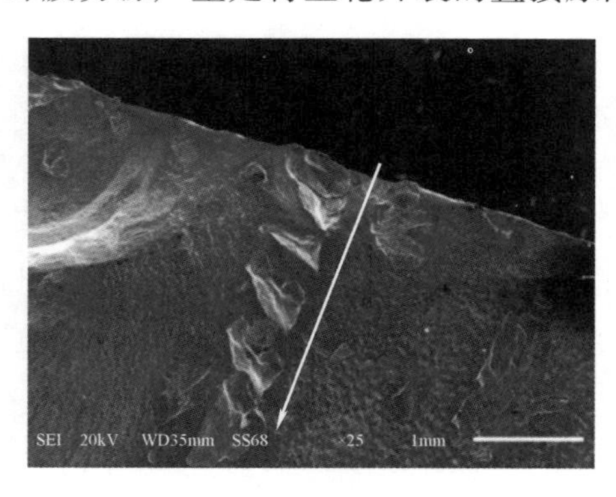

图 5-47　行星轮内孔面上的异物移动轨迹

图 5-48 所示的形貌观测结果支撑了行星轮疲劳源产生、疲劳开裂的机理描述。

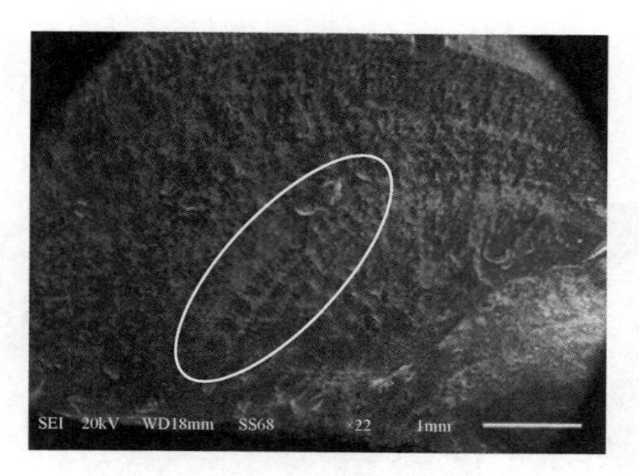

图 5-48 行星轮内孔面上的裂纹弧线

3. 改进设计参数的验证

根据上述设计变量对行星轮疲劳开裂失效影响的分析，对行星轮进行技术整改：①提高行星轮内孔表面硬度，从原来的 35.1HRC 增大到 42HRC；②调整行星轮内孔与轴承外圈的配合公差 Z_p，公差带代号由 P6 调整至 R6；③缩小行星轮内孔直径以达到增大轮毂厚度 H 的目的。

为了验证以上技术整改方案对行星轮内孔与轴承外圈配合面抗微动滑移性能的改进效果，参照 1.5MW 风电齿轮箱相关技术规范对改进后的 1.5MW 风电齿轮箱进行了对拖试验。基于 ISO 6336-6 规范，依照 Miner 线性累积损伤准则，把实际载荷谱转换为 200h 的加速疲劳寿命试验载荷谱，见表 5-31。基于表 5-31 中的载荷谱分别对整改前后的齿轮箱开展加速疲劳寿命试验，然后拆解齿轮箱并剖析目标对象行星轮，整改前后行星轮内孔表面形貌对比如图 5-49 所示。

表 5-31 试验载荷谱

步骤	持续时间	额定转矩的百分比（%）	高速轴转矩/N · m	高速轴转速/(r/min)
1	1h	25	2265	1750
2	1h	50	4528	1750
3	44h	100	9057	1750
4	100h	135	12227	1750
5	4h	150	13586	1750
6	50h	200	18114	1750
7	5min	225	20378	1750

图 5-49a 所示为整改前的原技术方案，行星轮内孔表面有明显的微动滑移痕迹，而且还伴有较深的犁沟划伤痕迹。图 5-49b 所示为整改后的风电齿轮箱，其行星轮内表孔面仅有轻微的微动滑移痕迹，无犁沟痕迹，抗微动滑移的能力明显增强。

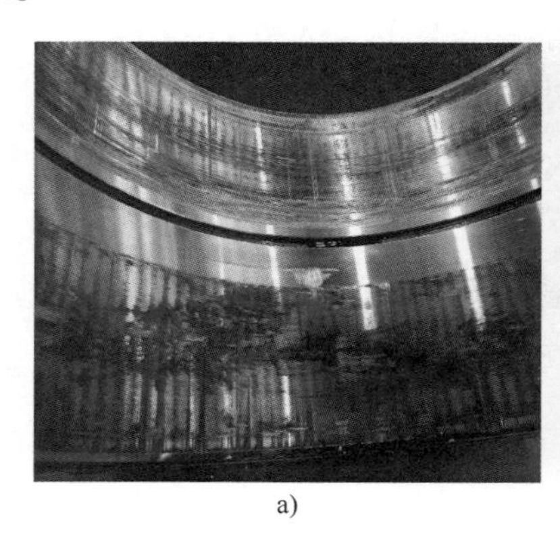
a)

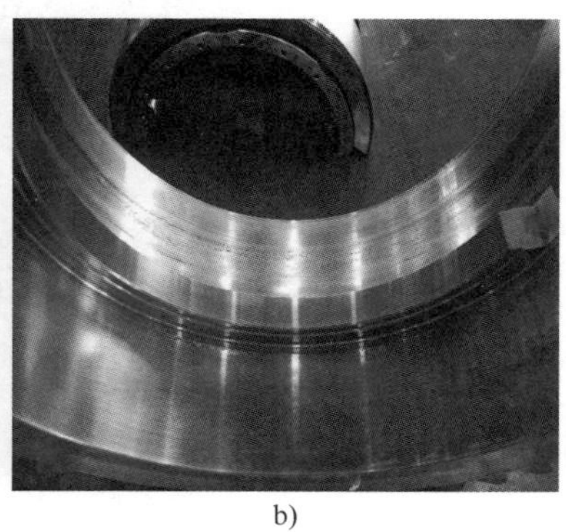
b)

图 5-49　方案整改前后行星轮内孔面的形貌对比

a）方案整改前　b）方案整改后

行星轮微动滑移引起疲劳开裂失效的案例说明，微动滑移的产生是因为存在破坏行星轮内孔与轴承外圈配合面的能量。不过，由于风载、电网反载等输入量的随机性，使得能量难以求解，因此，本案例用功率替代能量来解释疲劳开裂产生的原因。功率是接口参数转矩 T 和角速度 ω 之积，也就是说，无论转矩还是角速度，只要其能引起作用在配合面上的能量（功率）超过微动滑移能量（功率）阈值，就会造成行星轮内孔与轴承外圈过盈配合的破坏。应该指出的是，行星轮的转矩和角速度受风载、齿轮箱传动性能和电网反载等诸多影响因素，其在运行中都是随机变化量，体现为 $T+\Delta T$ 和 $\omega+\Delta\omega$，需要建模才能求解。

5.3.4　高速轮系小齿轮点蚀疲劳原因分析

案例风电齿轮箱中的高速轮系是一对斜齿轮，其结构示意图如图 5-50 所示，其中的小齿轮是风电齿轮箱故障较多的零件。调查发现，风电齿轮箱高速轮系的主要失效形式如图 5-51 所示，表现为在节线处出现大面积点蚀形貌，甚至大块剥落，部分高速轮齿在节线附近处还出现了断齿，这与齿根附近处断齿不一样，属于典型的接触疲劳失效范畴。点蚀、剥落和断齿可视为风电齿轮箱高速轮系小齿轮失效的失效历程，即先在节线附近齿面出现点蚀，点蚀严重之后出现剥落。当高速轮系齿面在节线附近出现宏观点蚀甚至剥落时，意味着齿面形貌损伤严重，抵抗断裂破坏的能力也会下降，若突然遭遇过大的风载，高速轮系也会相应承受过大的载荷，从而使受损严重的齿面在节线附近出现折断现象。

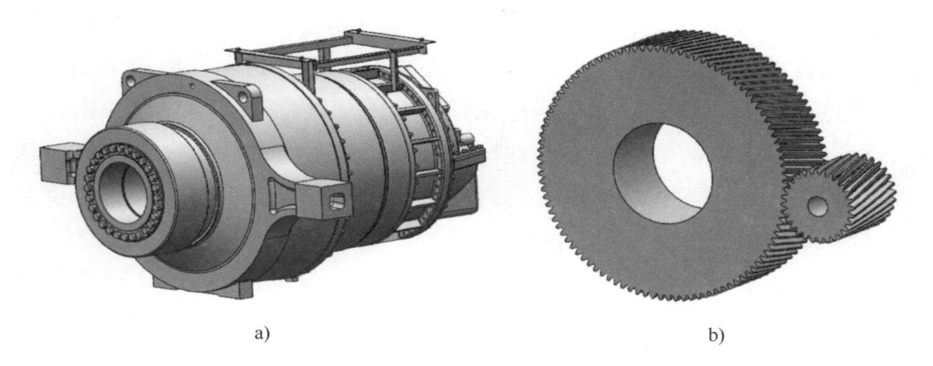

图 5-50 风电齿轮箱高速轮系示意
a）齿轮箱 b）高速轮系

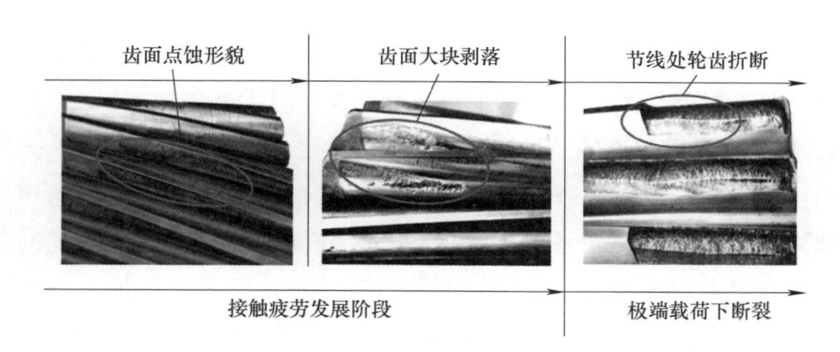

图 5-51 高速轮系的失效阶段划分

在图 5-51 所示的高速轮系失效过程中，齿面点蚀形成阶段是关键环节，也是造成齿面接触疲劳的起点，因此，高速轮系点蚀疲劳破坏的失效分析一直是风电行业的研究热点。从接触疲劳的微裂纹形成和扩展部位来划分，点蚀可分为表面点蚀和次表面点蚀两类。其中，表面点蚀多是由齿轮表面加工质量不达标引起的，例如齿面表面粗糙度值过大。而次表面点蚀则主要是由实际啮合过程中齿轮接触面附近产生的塑性变形引起的。由于风电齿轮箱高速轮系的齿面都经过热处理，淬火后的齿面硬度达到了 58~62HRC，而且齿面精度要求高，因此高速轮系的点蚀疲劳失效主要指次表面点蚀。

风电齿轮箱与通常的工业齿轮箱不同，是增速传动系统，而工业应用中减速器更加常见。对于通用型的减速传动系统也存在点蚀问题，此时的齿面点蚀多被认为是由于切应力造成的，而影响齿面切应力的因素主要包括齿轮副结构参数和运行工况。其中，结构参数主要是指齿面表面粗糙度、轮齿变位系数及齿廓形状等，运行工况主要是指润滑条件、频繁起停及紧急制动等。当齿轮传动系统在平稳工况下运转，即润滑条件良好且无频繁起停、制动等特殊工况，齿轮副结构参数对齿面切应力的影响效果不明显，不易诱发齿面微点蚀或加速齿面宏观点蚀形貌的形成。但是若存在频繁起停、紧急制动等呈现冲击特性的工况，而且该冲击载荷数值远大于理论设计的齿面啮合载荷，那么此时结构参数（如齿面表面粗糙度和齿廓形状）对切应力的影响就会突显，微点蚀就会形成、加速扩展并最终形成宏观点蚀形貌。

综上所述，对于通用型的减速传动系统而言，非平稳的冲击工况会影响齿面的切应力进而造成齿面点蚀。作为增速传动的风电齿轮箱，相比于减速器，在非平稳工况下其动力学特性更加复杂，啮合齿面间的动载特性也更恶劣，因此，推测风电齿轮箱高速轮系运行中的突变风载、频繁起动和制动等冲击工况是造成齿面点蚀失效破坏的主导因素。但遗憾的是齿面点蚀发生在失效的早期，并不能随时监测其产生、发展过程。因此，对“冲击工况造成了高速轮系点蚀失效破坏”这一推测，只能通过模拟试验和理论计算来获得验证。

1. 高速轮系缩尺度模型的确立

因为试验成本的问题，首先需要基于材料相似、几何相似、运动相似以及动力相似等原则确立高速轮系的缩尺度模型，并搭建可模拟冲击工况的综合测试试验台。在材料相似方面，缩尺模型严格按照高速轮系实际加工要求与热处理工艺：①材料选用 18CrNiMo7-6；②齿轮经渗碳淬火处理，且齿面有效硬化深度为 1.2~1.5mm；③淬火后的齿面硬度需达到 58~62HRC 的要求。在几何相似方面，高速轮系缩尺模型与实际模型均为斜齿轮且齿廓形状均为渐开线，压力角取值均为 20°、齿顶高系数取值均为 1、顶隙系数取值均为 0.25、变位系数取值均为 0.9825 和 0。在运动相似方面，高速轮系缩尺模型与实际模型均为增速啮合齿轮副，而且传动比取值均为 3.63。高速轮系缩尺模型在满足上述相似准则之后，实现动力相似就成了高速轮系缩尺等效模型确立过程中的关键环节，换言之，需保证缩尺模型与实际模型的齿面接触应力场相似。确定接触应力可用接触应力理论计算方法和有限元法。

方法一：接触应力的理论计算。当主动轮与从动轮啮合时，会在接触表面形成接触带或接触区域，根据赫兹理论可计算最大接触应力，如式（5-34）所示。

$$\sigma_H = Z_\beta Z_E Z_\varepsilon Z_H \sqrt{\frac{2KT_I}{b_1 d_1^2}\frac{i+1}{i}} \tag{5-34}$$

式中，σ_H 为啮合齿面的最大接触应力；Z_β 为螺旋角系数，考虑斜齿轮螺旋角对接触应力的修正效果；Z_E 为弹性模量（$\sqrt{MPa}$），可查相关资料获取；Z_ε 为重合度系数，考虑重合度对接触应力的影响；Z_H 为节点区域系数，考虑节点处齿廓形状对接触应力的影响；K 为载荷系数，考虑了动载特性、齿向载荷分布不均匀性以及啮合齿对间载荷分配不均匀性等因素；T_I 为主动轮转矩；b_1 为主动轮轮齿宽度；d_1 为主动轮分度圆直径；i 是为齿轮副传动比。其中，各参量系数的具体表达式如式（5-35）所示。

$$Z_\beta = \sqrt{\cos\beta} \tag{5-35a}$$

$$Z_E = \sqrt{\frac{1}{\pi\left(\frac{1-u_1^2}{E_1}+\frac{1-u_2^2}{E_2}\right)}} \tag{5-35b}$$

$$Z_\varepsilon = \begin{cases} \sqrt{1/\varepsilon_\alpha}, & 当\varepsilon_\beta \geqslant 1 时 \\ \sqrt{\frac{4-\varepsilon_\alpha}{3}(1-\varepsilon_\beta)+\frac{\varepsilon_\beta}{\varepsilon_\alpha}}, & 当\varepsilon_\beta < 1 时 \end{cases} \tag{5-35c}$$

$$Z_H = \sqrt{\frac{2\cos\beta_b}{\cos\alpha_t \sin\alpha_t}} \tag{5-35d}$$

$$K = K_A K_v K_\beta K_\alpha \tag{5-35e}$$

式中，β 为螺旋角；u_1 和 u_2 分别为主动轮和从动轮的泊松比；E_1 和 E_2 分别为主动轮和从动轮的弹性模量；ε_α 为端面重合度；ε_β 为纵向重合度；β_b 为基圆螺旋角；α_t 为端面压力角；K_A 为使用系数；K_v 为动载系数；K_β 为齿向载荷分布系数；K_α 为啮合齿对间载荷分配系数。

基于式（5-34）和式（5-35），再考虑测试试验台的电动机功率限制以及负载极限量程，可确定风电装备高速轮系缩尺模型的几何结构参数，并将这些参数与高速轮系实际模型的参数对比，见表 5-32。具体而言，与行星轮案例一样，基于参考文献［16］所构建的风电装备主传动链动力学模型，求出的高速轮系输入端转矩为 $T_I = 2.9\times10^4$N · m，再依据式（5-32）计算出了实际模型的齿面最大接触应力为 $\sigma_H = 822.8$MPa。为了保证高速轮系缩尺模型与实际模型的接触应力等效，可确定风电缩尺试验台的主动轮输入端转矩值为 $T_I' = 1050$N · m 左右，相应的齿面最大接触应力为 $\sigma_H' = 836.9$MPa。

表 5-32　高速轮系模型参数对比

参　数	实 际 模 型		缩 尺 模 型	
	主动轮	从动轮	主动轮	从动轮
齿数	109	30	109	30
模数/mm	5. 5	5. 5	2	2
压力角/°	20	20	20	20
螺旋角/°	14. 5	14. 5	14. 5	14. 5
齿宽/mm	135	145	34	40
齿顶高系数	1	1	1	1
顶隙系数	0. 25	0. 25	0. 25	0. 25
变位系数	0. 9825	0	0. 9825	0
转矩/N · m	2. 9 ×104	8 ×103	1050	275
接触应力/MPa	822. 8	822. 8	836. 9	836. 9
传动比	3. 63		3. 63	
材料	18CrNiMo7-6		18CrNiMo7-6	
渗碳淬火齿面硬度 HRC	58~62		58~62	

方法二：有限元计算。基于理论计算方法确定了高速轮系缩尺模型的几何结构参数，并借助有限元分析软件 ANSYS 获取高速轮系实际模型与缩尺模型的应力场分布云图，如图 5-52 所示。由图 5-52a 可知，实际模型的最大接触应力

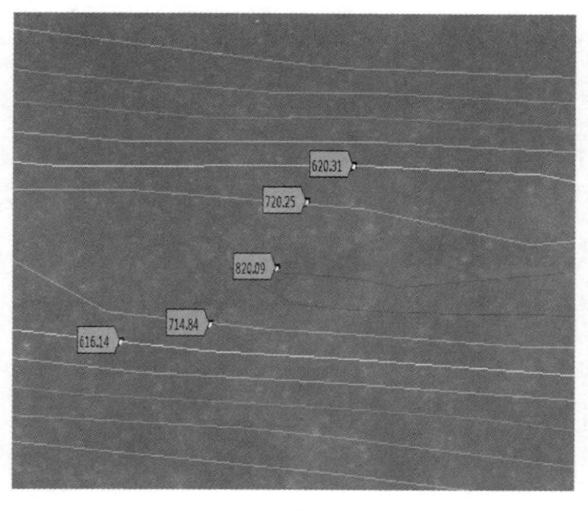

a)

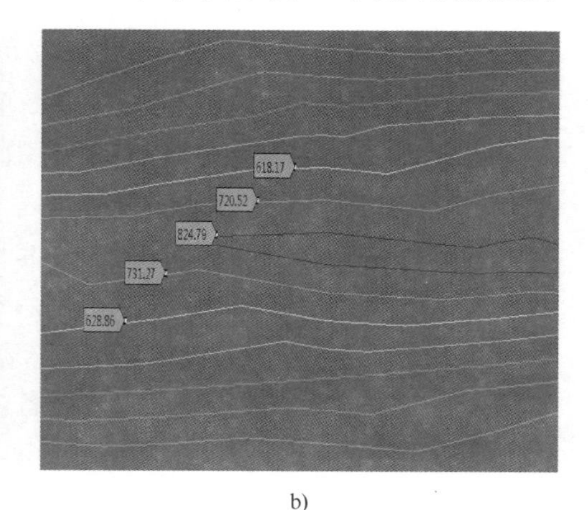

b)

图 5-52　齿面接触应力场云图

a）实际模型　b）缩尺模型

为 σ_H=820.1MPa，与理论计算的最大接触应力 σ_H=822.8MPa 相比，其相对误差为0.33%。由图5-52b可知，缩尺模型的最大接触应力为 σ_H=824.79MPa，与理论计算的最大接触应力 σ_H=836.9MPa 相比，其相对误差为1.45%，这说明采用有限元分析软件ANSYS进行齿面应力场的仿真分析具有较高的可信度。

既然有限元的仿真结果可信，那么由图5-52a可知，高速轮系实际模型的某条接触应力梯度线为“820.09MPa-720.25 MPa-620.31MPa”，由图5-52b可知，高速轮系缩尺模型的某条接触应力梯度线为“824.79 MPa-720.52 MPa-618.17MPa”，两者的应力场分布基本类似，验证了表5-32中的高速轮系缩尺模型几何结构参数与试验载荷条件是比较合理的。

2. 缩尺试验台的搭建

根据缩尺模型搭建风电齿轮箱高速轮系缩尺试验台如图5-53所示。图5-53a所示为缩尺试验台的设计方案，图5-53b所示为缩尺试验台的实际结构图。缩尺试验台主要包括伺服电动机、减速器、电磁离合器、齿轮传动机构、中心距微调机构、电涡流制动器、控制系统、数据采集处理系统、润滑系统、冷却系统等零部件，可以针对平稳工况与非平稳工况（起停、制动等工况）开展转矩、转速、振动位移、应力应变等方面的测试采集工作。试验台关键零部件的功能、结构参数和性能参数如下：

1）伺服电动机，试验台的动力源，选用型号为CTB-4045ZRD15的交流伺服电动机。其额定功率、额定转矩、额定转速和转动惯量分别为45kW、287N·m、1500r/min和0.5kg·m^2。

2）减速器，用于将伺服电动机的额定转矩287N·m提升到齿轮箱所需的大于1100N·m的转矩。选用的减速器可将输入转矩最大提升至3000N·m，同时最大输出转速可达300r/min。

3）电磁离合器，用于控制动力源与齿轮系统的接入与断开，实现冲击工况的模拟。试验台选用多摩擦片电磁离合器，型号为DLM10。

4）增速传动齿轮箱，是案例风电齿轮箱高速轮系的缩尺模型，其结构参数见表5-32。另外，增速齿轮箱的输出齿轮轴设置有平移机构，可实现齿轮副中心距的微调。

5）电涡流制动器，通过调节电流大小实现负载转矩的调节，以模拟负载。采用的电涡流制动能提供最大650N·m的负载，并设计有冷却系统实现降温。

6）自动控制和数据采集处理系统，控制电磁离合器以模拟载荷冲击，以及控制液压系统和电涡流制动器进行制动工况的模拟，并实现应变、输出转矩、转速和振动等信号的采集，数据采集系统相关硬件的参数见表5-33。

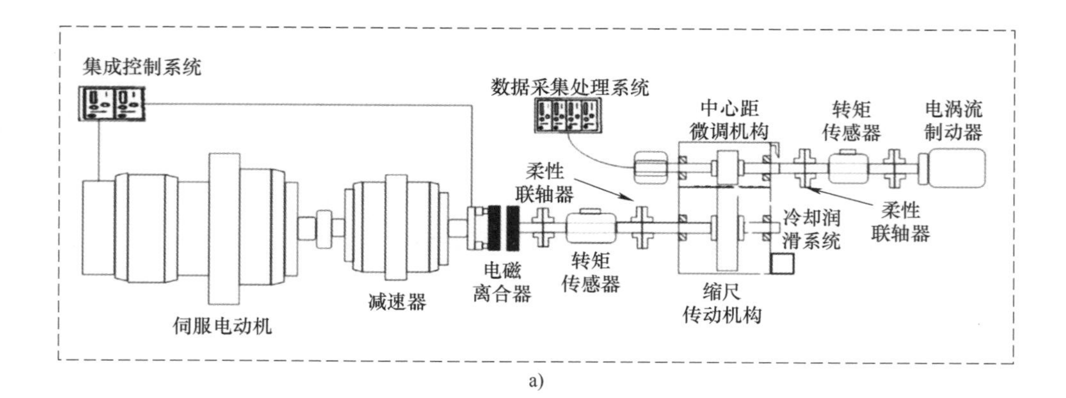

a)

b)

图 5-53 风电装备高速轮系缩尺试验台

a）设计方案 b）实际结构

表 5-33 数据采集相关硬件的参数

主从动轮 转矩-转速传感器	型号	QLN9-01-2000 QLN9-01-1000
	转矩最大量程	2000N · m 1000N · m
	频率响应	100μs 100μs
振动传感器	型号	LC0152T LC0103T
	灵敏度	100mV/*g* 50mV/*g*
	频率范围	0. 7～10000Hz（±10%） 0. 35～10000 Hz（±10%）

（续）

信号采集卡	型号	NI 9401　NI9239
	电平，电压	5V TTL，±10V
	更新速率	100ns　50kS/s/ch
无线动态信号采集仪	型号	HPDY_ 4W
	精度	2（1±0.2%）$\mu\varepsilon$
	采样速度	0.01Hz~10kHz

为了获取与冲击工况下能量传递特性所对应的外载激励条件，对风电齿轮箱运行过程进行分析可知，风电齿轮箱易受到风载突变、停机、制动等冲击工况。由于风载波动带来的冲击难以确定，因此缩尺试验台模拟载荷的冲击主要考虑可控的起停和制动等工况。具体模拟工况流程是：起动伺服电动机并提速至预设转速，同时通过调节模拟负载的电涡流制动器的电流值使传动系统达到额定功率的平稳运行状态。接着，电磁离合器断电，电磁力消失，摩擦片组间的摩擦力消除，终止传动系统的功率传递，而伺服电动机和减速器处于空载运行状态。然后，待传动系统电磁离合器后端的齿轮箱等传动机构完全停止运转后，电磁离合器通电，摩擦片组瞬时被吸合并重启功率传递，实现试验台冲击载荷的模拟。之后，待试验台重新运转至预设额定工况的平稳运行状态，电磁离合器再次断电，利用剩余磁力继续传递功率且转矩快速降低。最后，负载断电，同时制动器液压系统通电，试验台实现制动工况的模拟。整个冲击、平稳运行和制动工况的模拟操作大致在10s内完成。

基于上述高速轮系缩尺试验台及试验流程，输入端输入图5-54a所示的转矩曲线，试验台输出端的径向跳动、输出转速和主动轮应变片的应变幅值分别如图5-54b~d所示。根据输入转矩波动情况，将整个过程分为快速起动“Ⅰ”、平稳运行“Ⅱ”和紧急制动“Ⅲ”三个阶段。在阶段“Ⅰ”，电磁离合器的闭合，导致输出端产生“1”所指向的剧烈的振动；同时，空载运行的伺服电动机由于被急速地施加上负载，也急速地增大输出功率，然后又降低并调整，若干次后达到平稳输出状态，形成载荷冲击效应。在这当中，由于功率的反向变换使齿轮发生反向碰撞，造成“2”所指向的明显振动。在“Ⅱ”阶段，万向联轴器的存在使转矩发生了小幅的波动。而“Ⅲ”阶段，电磁离合器断电后，其余留的磁力加上紧急制动的作用，使得系统产生了“3”所指向的剧烈振动。上述振动对齿轮箱的啮合状态也产生了影响，产生如图5-54d所示三处剧烈振动所对应的主动轮应变信号。

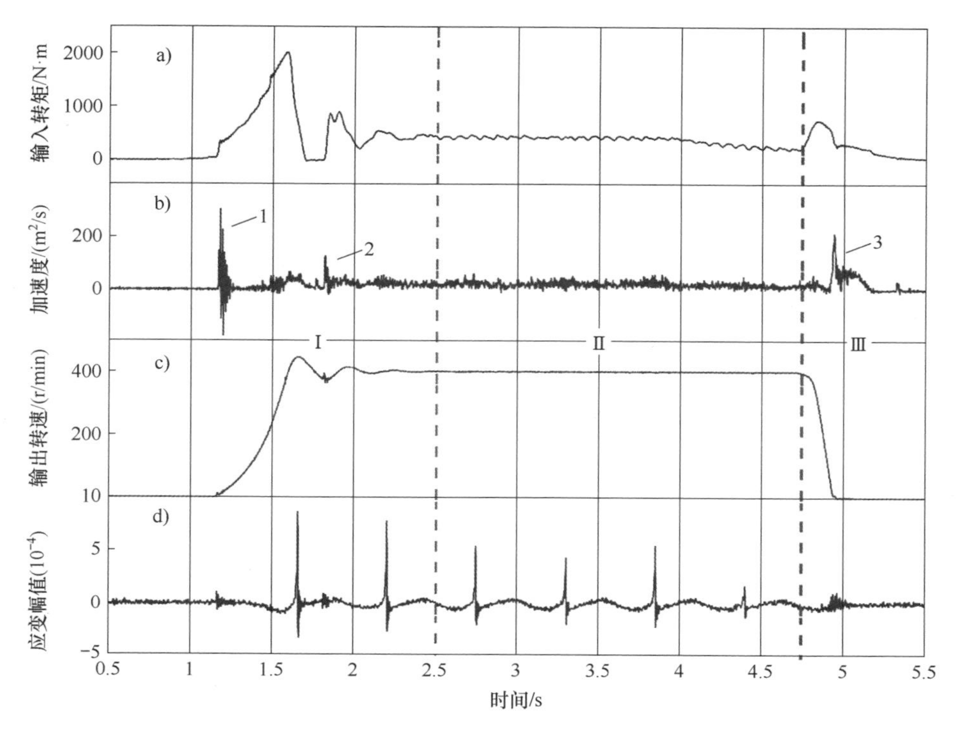

图 5-54　输入输出动态响应信号

a）输入转矩　b）输出端径向跳动　c）输出转速　d）应变幅值

从以上分析可以得出，外部转矩与转速的快速变化会使齿轮系统的运行状态发生比较大的变化，使齿轮副间的接触状态受到明显的影响，特别是在“2”和“3”所指处发生了轮齿齿面和齿背的交替碰撞。

3. 试验现象解释

理论上斜齿轮具有传动平稳的特点，不易发生拍击现象。但风电齿轮箱高速轮系在节线附近出现大面积点蚀的失效形式又似乎与拍击易造成齿面在节线附近出现点蚀的现象吻合。为了解释高速轮系缩尺试验台在冲击工况下的拍击现象，需对非平稳重载及制动工况下的齿轮系统动态特性进行仿真。

（1）拍击现象的产生及其判断准则　拍击振动是指由于齿侧间隙的存在，在非平稳工况下啮合齿轮副不能一直处于理想啮合状态，而是时而啮合、时而脱离啮合并反复碰撞的状态。齿轮副之间的相互关系有齿面啮合、齿面碰撞、脱齿、齿背碰撞及齿背啮合五种状态，或统称为啮合、碰撞和脱齿三种状态。这三种状态的判断方法和对应于各种接触状态的接触力计算方法如图 5-55 所示。

因篇幅所限下面只罗列图中公式及其符号的物理意义，推导过程不做介绍，感兴趣的读者请参考相关文献。

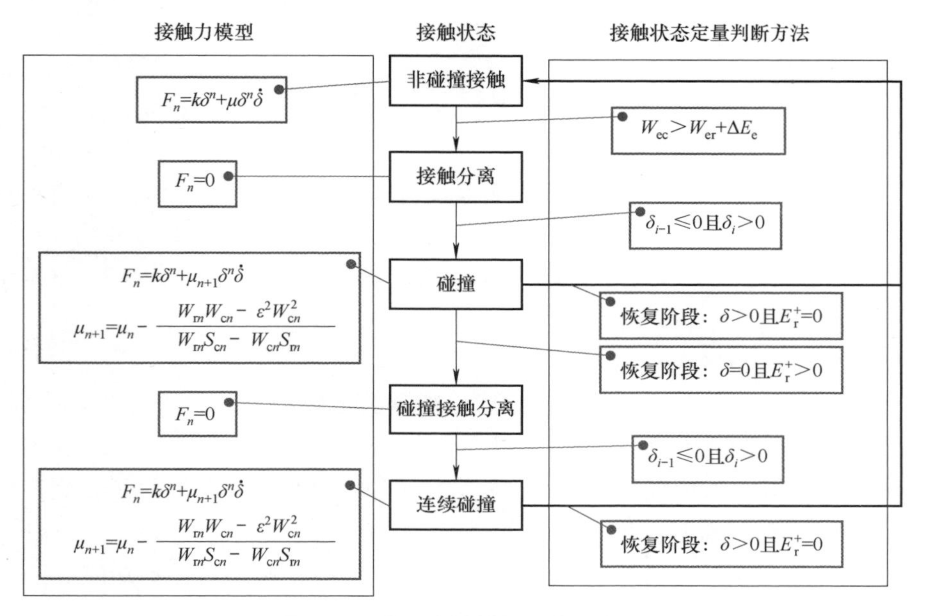

图 5-55　非正常接触状态表征方法

图 5-55 中，W_{cn} 和 W_{rn} 分别为迭代计算过程中，压缩阶段和恢复阶段外力做的功。

图 5-55 中非碰撞接触即正常啮合，其接触力 F_n 可用式（5-36）表示。

$$F_n = k\delta^n + \mu\delta^n\dot{\delta} \tag{5-36}$$

式中，δ 为弹性球体接触区的局部变形；k 为接触刚度；μ 为迟滞阻尼因子；$\dot{\delta}$ 为接触部分变形速度；n 为非线性指数，对于弹性球体取值 1.5，对于齿轮可取值 1。μ、δ^n为阻尼，可应用经验线性啮合阻尼计算。

当遇到波动载荷时，正常啮合状态可能被破坏，齿轮存在接触分离现象。主、从动轮分离时其接触力 F_n 为 0，而主、从动轮接触分离与否的准则如式（5-37）所示。

$$W_{ec} > W_{er} + \Delta E_e \tag{5-37}$$

式中，W_{ec} 为压缩阶段等效外力做的功，可由式（5-38）计算获得；W_{er} 为恢复阶段等效外力做的功，可用式（5-39）计算获得；ΔE_e 为能量损耗，表示阻尼力在整个压缩和恢复周期内所做的功，可用式（5-40）表示。其中，能量损失 ΔE_e 主要是由于弹性球体材料的黏滞性引起的，并不能应用恢复系数进行求解，不过，可以根据弹性球体材料的拉压试验迟滞回环曲线进行积分计算得到能量损失 ΔE_e。式（5-36）中非碰撞接触的迟滞阻尼因子 μ 由 ΔE_e 根据式（5-41）求得。

$$W_{ec} = \int_0^{\delta_m} m_e a(t)\,\mathrm{d}\delta \tag{5-38}$$

式中，m_e 为等效质量。

$$W_{er} = \int_{\delta_m}^{0} m_e a(t)\,\mathrm{d}\delta \tag{5-39}$$

$$\Delta E_e = \oint \mu \delta^n \dot{\delta}\,\mathrm{d}\delta \tag{5-40}$$

$$\mu = \oint \delta^n \dot{\delta}\,\mathrm{d}\delta / \Delta E_e \tag{5-41}$$

分离后的主、从动轮若要发生碰撞，则需满足条件 $\delta_{i-1} \leqslant 0$，且 $\delta_i > 0$，即前一时刻局部变形量≤0，而后一时刻局部变形量>0。

碰撞时，轮齿齿面接触力与式（5-36）类似，只是迟滞阻尼因子 μ 在变化。此时的接触力和迟滞阻尼因子分别如式（5-36）和式（5-42）所示。在碰撞恢复阶段，当主、从动轮局部变形 $\delta > 0$，且碰撞前后初始相对运动动能 $E_r^+ = 0$，则碰撞结束后，主、从动轮不分离，当 $\delta = 0$ 且 $E_r^+ > 0$，则碰撞结束，主、从动轮进入分离状态。

$$\mu_{n+1} = \mu_n - \frac{(1-\varepsilon^2)W_{cn}^2 - \Delta E_n W_{cn}}{\Delta E_n S_{cn} - W_{cn} S_{rn}} \tag{5-42}$$

式中，ε 为恢复系数。

在冲击载荷的作用下，主、从动齿轮可能发生多次碰撞，其接触力和碰撞分离与否的判断方法同上。

（2）冲击载荷及制动器摩擦力矩计算　根据图 5-54a 所示转矩设置动力学模型的输入载荷。其中，前 2.5s 在电磁离合器闭合后产生较高的载荷冲击，经数次波动后趋于平稳，之后转矩下降；4.7s 左右，在制动力作用下，再次形成冲击载荷，之后迅速下降。上述转矩波动应用正弦函数多段拼接模拟，而制动过程的制动摩擦力矩则需要建模。

试验台在运行过程中，制动前齿轮系统的负载 T_0 由电涡流制动器提供，仿真时以阻尼力形成的力矩模拟，阻尼系数则根据转速计算得到。制动时电涡流断电，负载 T_0 由制动器的摩擦力矩提供，如式（5-43）所示。

$$T_0 = \mu N(t) r_b \tag{5-43}$$

式中，μ 为制动系统摩擦因数；$N(t)$ 为摩擦片制动压力；r_b 为制动摩擦盘半径，根据制动器参数取值 0.26m。

制动盘摩擦因数采用经典 STRIBECK 模型进行计算，制动盘与摩擦片无相对运动速度时为黏滞状态，此时摩擦力 f 计算式如式（5-44）所示。

$$f=\begin{cases}|f_s|, & f_e\geqslant f_s\\ |f_e|, & f_e<f_s\end{cases} \tag{5-44}$$

式中，f_s 为最大静摩擦力；f_e 为切向力。

当相对运动速度不为 0 时，摩擦因数由式（5-45）计算：

$$\mu(v)=\mu_k+(\mu_s-\mu_k)\mathrm{e}^{-(v/v_s)^2} \tag{5-45}$$

式中，μ_k 和 μ_s 分别为滑动摩擦因数和最大静摩擦因数，分别取值 0.4 和 0.25；v 是压盘摩擦块和制动盘的相对运动速度；v_s 为 STRIBECK 速度，取 10m/s。摩擦力方向由摩擦块和制动盘摩擦处的相对运动速度方向确定。摩擦片所受的压力 $N(t)$ 由液压提供，仿真过程中制动开始后，在极短的时间内由 0 提高至最大值，之后保持最大值不变。

（3）非平稳载荷下的齿轮传动动态响应　将式（5-43）~式（5-45）代入图 5-56 所示斜齿轮系统中齿轮副在正常啮合、碰撞和脱齿三种状态下的动力学模型式（5-46）~式（5-48），应用图 5-57 所示的数值计算流程进行计算，得到齿轮系统输出端径向加速度、转速和轮齿接触力，如图 5-58b、c、d 所示。

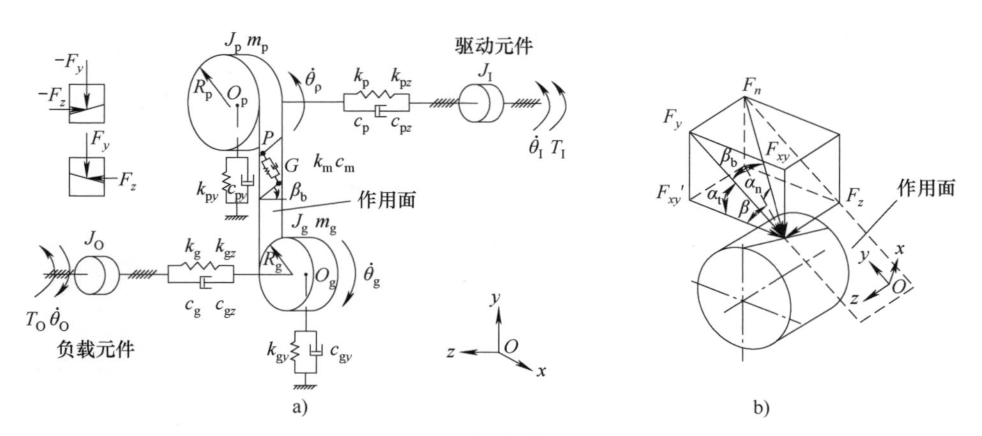

图 5-56　斜齿轮系统模型

a）动力学模型　b）接触力分解

正常啮合状态：

$$
\begin{cases}
J_{\mathrm{I}}\ddot{\theta}_{\mathrm{I}}+c_{\mathrm{p}}(\dot{\theta}_{\mathrm{I}}-\dot{\theta}_{\mathrm{p}})+k_{\mathrm{p}}(\theta_{\mathrm{I}}-\theta_{\mathrm{p}})=T_{\mathrm{I}} \\
m_{\mathrm{p}}\ddot{y}_{\mathrm{p}}+c_{\mathrm{py}}\dot{y}_{\mathrm{p}}+k_{\mathrm{py}}y_{\mathrm{p}}=-[k_{\mathrm{m}}(\delta-b)+C_{\mathrm{m}}\dot{\delta}]\cos\beta_{\mathrm{b}} \\
m_{\mathrm{p}}\ddot{z}_{\mathrm{p}}+c_{\mathrm{pz}}\dot{z}_{\mathrm{p}}+k_{\mathrm{pz}}z_{\mathrm{p}}=-[k_{\mathrm{m}}(\delta-b)+C_{\mathrm{m}}\dot{\delta}]\sin\beta_{\mathrm{b}} \\
J_{\mathrm{p}}\ddot{\theta}_{\mathrm{p}}-c_{\mathrm{p}}(\dot{\theta}_{\mathrm{I}}-\dot{\theta}_{\mathrm{p}})-k_{\mathrm{p}}(\theta_{\mathrm{I}}-\theta_{\mathrm{p}})=-R_{\mathrm{p}}[k_{\mathrm{m}}(\delta-b)+C_{\mathrm{m}}\dot{\delta}]\cos\beta_{\mathrm{b}} \\
m_{\mathrm{g}}\ddot{y}_{\mathrm{g}}+c_{\mathrm{gy}}\dot{y}_{\mathrm{g}}+k_{\mathrm{gy}}y_{\mathrm{g}}=[k_{\mathrm{m}}(\delta-b)+C_{\mathrm{m}}\dot{\delta}]\cos\beta_{\mathrm{b}} \\
m_{\mathrm{g}}\ddot{z}_{\mathrm{g}}+c_{\mathrm{gz}}\dot{z}_{\mathrm{g}}+k_{\mathrm{gz}}z_{\mathrm{g}}=[k_{\mathrm{m}}(\delta-b)+C_{\mathrm{m}}\dot{\delta}]\sin\beta_{\mathrm{b}} \\
J_{\mathrm{g}}\ddot{\theta}_{\mathrm{g}}+c_{\mathrm{g}}(\dot{\theta}_{\mathrm{g}}-\dot{\theta}_{\mathrm{O}})+k_{\mathrm{g}}(\theta_{\mathrm{g}}-\theta_{\mathrm{O}})=-R_{\mathrm{g}}[k_{\mathrm{m}}(\delta-b)+C_{\mathrm{m}}\dot{\delta}]\cos\beta_{\mathrm{b}} \\
J_{\mathrm{O}}\ddot{\theta}_{\mathrm{O}}-c_{\mathrm{g}}(\dot{\theta}_{\mathrm{g}}-\dot{\theta}_{\mathrm{O}})-k_{\mathrm{g}}(\theta_{\mathrm{g}}-\theta_{\mathrm{O}})=T_{\mathrm{O}}
\end{cases}
\tag{5-46}
$$

碰撞状态：

$$
\begin{cases}
J_{\mathrm{I}}\ddot{\theta}_{\mathrm{I}}+c_{\mathrm{p}}(\dot{\theta}_{\mathrm{I}}-\dot{\theta}_{\mathrm{p}})+k_{\mathrm{p}}(\theta_{\mathrm{I}}-\theta_{\mathrm{p}})=T_{\mathrm{I}} \\
m_{\mathrm{p}}\ddot{y}_{\mathrm{p}}+c_{\mathrm{py}}\dot{y}_{\mathrm{p}}+k_{\mathrm{py}}y_{\mathrm{p}}=-[k_{\mathrm{m}}(\delta-b)+\mu_{n+1}\delta\dot{\delta}]\cos\beta_{\mathrm{b}} \\
m_{\mathrm{p}}\ddot{z}_{\mathrm{p}}+c_{\mathrm{pz}}\dot{z}_{\mathrm{p}}+k_{\mathrm{pz}}z_{\mathrm{p}}=-[k_{\mathrm{m}}(\delta-b)+\mu_{n+1}\delta\dot{\delta}]\sin\beta_{\mathrm{b}} \\
J_{\mathrm{p}}\ddot{\theta}_{\mathrm{p}}-c_{\mathrm{p}}(\dot{\theta}_{\mathrm{I}}-\dot{\theta}_{\mathrm{p}})-k_{\mathrm{p}}(\theta_{\mathrm{I}}-\theta_{\mathrm{p}})=-R_{\mathrm{p}}[k_{\mathrm{m}}(\delta-b)+\mu_{n+1}\delta\dot{\delta}]\cos\beta_{\mathrm{b}} \\
m_{\mathrm{g}}\ddot{y}_{\mathrm{g}}+c_{\mathrm{gy}}\dot{y}_{\mathrm{g}}+k_{\mathrm{gy}}y_{\mathrm{g}}=[k_{\mathrm{m}}(\delta-b)+\mu_{n+1}\delta\dot{\delta}]\cos\beta_{\mathrm{b}} \\
m_{\mathrm{g}}\ddot{z}_{\mathrm{g}}+c_{\mathrm{gz}}\dot{z}_{\mathrm{g}}+k_{\mathrm{gz}}z_{\mathrm{g}}=[k_{\mathrm{m}}(\delta-b)+\mu_{n+1}\delta\dot{\delta}]\sin\beta_{\mathrm{b}} \\
J_{\mathrm{g}}\ddot{\theta}_{\mathrm{g}}+c_{\mathrm{g}}(\dot{\theta}_{\mathrm{g}}-\dot{\theta}_{\mathrm{O}})+k_{\mathrm{g}}(\theta_{\mathrm{g}}-\theta_{\mathrm{O}})=-R_{\mathrm{g}}[k_{\mathrm{m}}(\delta-b)+\mu_{n+1}\delta\dot{\delta}]\cos\beta_{\mathrm{b}} \\
J_{\mathrm{O}}\ddot{\theta}_{\mathrm{O}}-c_{\mathrm{g}}(\dot{\theta}_{\mathrm{g}}-\dot{\theta}_{\mathrm{O}})-k_{\mathrm{g}}(\theta_{\mathrm{g}}-\theta_{\mathrm{O}})=T_{\mathrm{O}}
\end{cases}
\tag{5-47}
$$

脱齿状态：

$$
\begin{cases}
J_{\mathrm{I}}\ddot{\theta}_{\mathrm{I}}+c_{\mathrm{p}}(\dot{\theta}_{\mathrm{I}}-\dot{\theta}_{\mathrm{p}})+k_{\mathrm{p}}(\theta_{\mathrm{I}}-\theta_{\mathrm{p}})=T_{\mathrm{I}} \\
m_{\mathrm{p}}\ddot{y}_{\mathrm{p}}+c_{\mathrm{py}}\dot{y}_{\mathrm{p}}+k_{\mathrm{py}}y_{\mathrm{p}}=0 \\
m_{\mathrm{p}}\ddot{z}_{\mathrm{p}}+c_{\mathrm{pz}}\dot{z}_{\mathrm{p}}+k_{\mathrm{pz}}z_{\mathrm{p}}=0 \\
J_{\mathrm{p}}\ddot{\theta}_{\mathrm{p}}-c_{\mathrm{p}}(\dot{\theta}_{\mathrm{I}}-\dot{\theta}_{\mathrm{p}})-k_{\mathrm{p}}(\theta_{\mathrm{I}}-\theta_{\mathrm{p}})=0 \\
m_{\mathrm{g}}\ddot{y}_{\mathrm{g}}+c_{\mathrm{gy}}\dot{y}_{\mathrm{g}}+k_{\mathrm{gy}}y_{\mathrm{g}}=0 \\
m_{\mathrm{g}}\ddot{z}_{\mathrm{g}}+c_{\mathrm{gz}}\dot{z}_{\mathrm{g}}+k_{\mathrm{gz}}z_{\mathrm{g}}=0 \\
J_{\mathrm{g}}\ddot{\theta}_{\mathrm{g}}+c_{\mathrm{g}}(\dot{\theta}_{\mathrm{g}}-\dot{\theta}_{\mathrm{O}})+k_{\mathrm{g}}(\theta_{\mathrm{g}}-\theta_{\mathrm{O}})=0 \\
J_{\mathrm{O}}\ddot{\theta}_{\mathrm{O}}-c_{\mathrm{g}}(\dot{\theta}_{\mathrm{g}}-\dot{\theta}_{\mathrm{O}})-k_{\mathrm{g}}(\theta_{\mathrm{g}}-\theta_{\mathrm{O}})=T_{\mathrm{O}}
\end{cases}
\tag{5-48}
$$

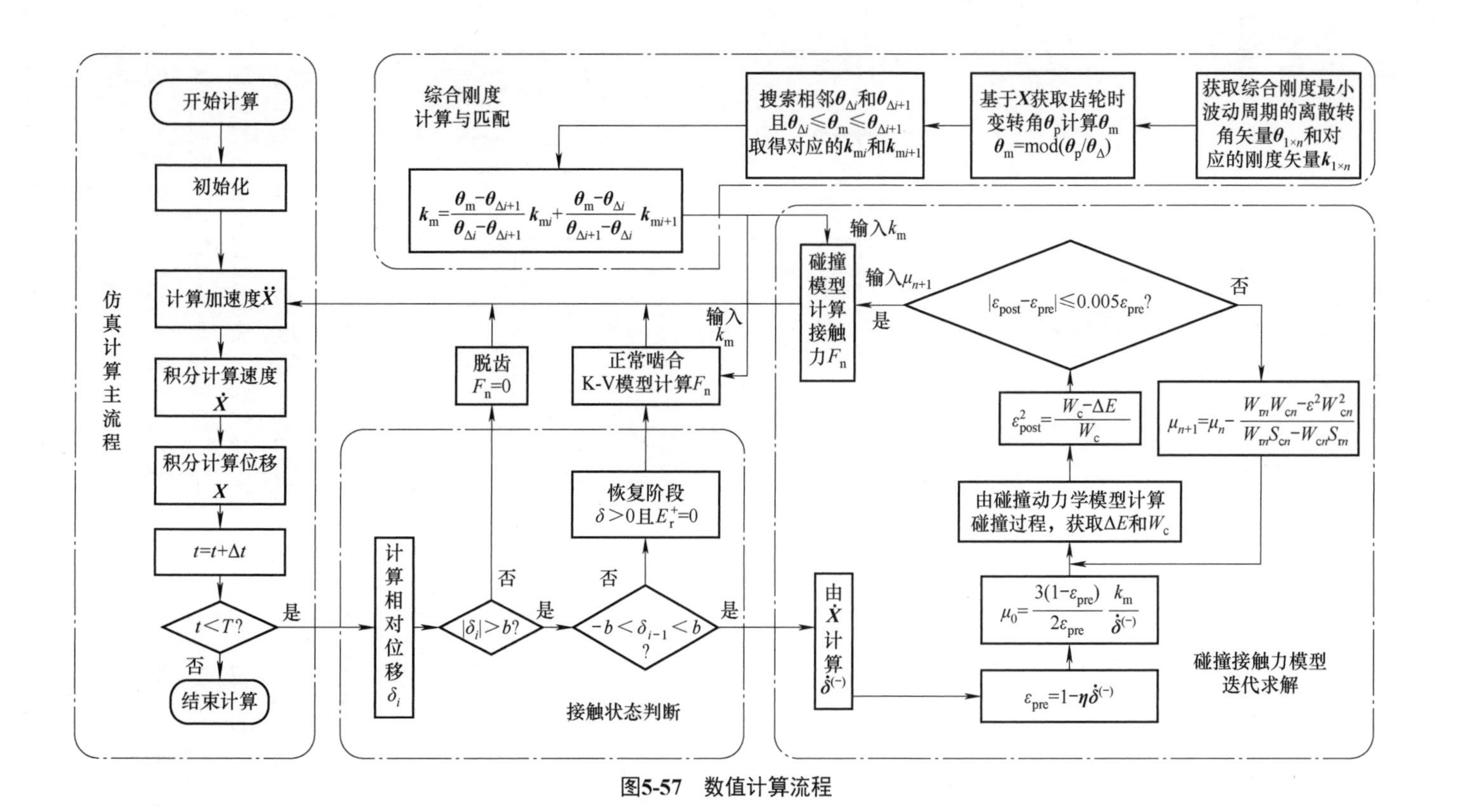

仿真计算主流程
开始计算
初始化
计算加速度$\ddot{X}$
积分计算速度$\dot{X}$
积分计算位移X
$t=t+\Delta t$
$t<T$?
是
否
结束计算
综合刚度计算与匹配
获取综合刚度最小波动周期的离散转角矢量$\theta_{1\times n}$和对应的刚度矢量$k_{1\times n}$
基于X获取齿轮时变转角θ_p计算θ_m $\theta_m=\mathrm{mod}(\theta_p/\theta_\Delta)$
搜索相邻$\theta_{\Delta i}$和$\theta_{\Delta i+1}$且$\theta_{\Delta i}\leq\theta_m\leq\theta_{\Delta i+1}$取得对应的$k_{mi}$和$k_{mi+1}$
$k_m=\frac{\theta_m-\theta_{\Delta i+1}}{\theta_{\Delta i}-\theta_{\Delta i+1}}k_{mi}+\frac{\theta_m-\theta_{\Delta i}}{\theta_{\Delta i+1}-\theta_{\Delta i}}k_{mi+1}$
接触状态判断
计算相对位移δ_i
$|\delta_i|>b$?
脱齿 $F_n=0$
$-b<\delta_{i-1}<b$?
恢复阶段 $\delta>0$且$E_r^+=0$
正常啮合 K-V模型计算F_n
输入k_m
碰撞接触力模型迭代求解
由$\dot{X}$计算$\dot{\delta}^{(-)}$
$\varepsilon_{pre}=1-\eta\dot{\delta}^{(-)}$
$\mu_0=\frac{3(1-\varepsilon_{pre})}{2\varepsilon_{pre}}\frac{k_m}{\dot{\delta}^{(-)}}$
由碰撞动力学模型计算碰撞过程，获取ΔE和W_c
$\varepsilon_{post}^2=\frac{W_c-\Delta E}{W_c}$
$|\varepsilon_{post}-\varepsilon_{pre}|\leq 0.005\varepsilon_{pre}$?
$\mu_{n+1}=\mu_n-\frac{W_m W_{cn}-\varepsilon^2 W_{cn}^2}{W_m S_{cn}-W_{cn} S_m}$
输入μ_{n+1}
碰撞模型计算接触力F_n

图5-57 数值计算流程

式中，θ_{I}，y_{p}，z_{p}，θ_{p}，y_{g}，z_{g}，θ_{g}，θ_{O} 为传动系统在 8 个自由度上的位移；J_{p}、J_{g}、J_{I} 和 J_{O} 为转动惯量；m_{p} 和 m_{g} 为主、从动轮的质量；R_{p} 和 R_{g} 为基圆半径；β_{b} 为基圆螺旋角；$k_{\mathrm{p}y}$、$k_{\mathrm{p}z}$、$k_{\mathrm{g}y}$ 和 $k_{\mathrm{g}z}$ 为支承刚度；k_{p} 和 k_{g} 为传动轴扭转刚度；k_{m} 为综合啮合刚度；$c_{\mathrm{p}y}$、$c_{\mathrm{p}z}$、$c_{\mathrm{g}y}$ 和 $c_{\mathrm{g}z}$ 为支承阻尼；c_{p} 和 c_{g} 为传动轴扭转阻尼；T_{I} 和 T_{O} 为输入转矩和输出转矩；C_{m} 为经验线性啮合阻尼。

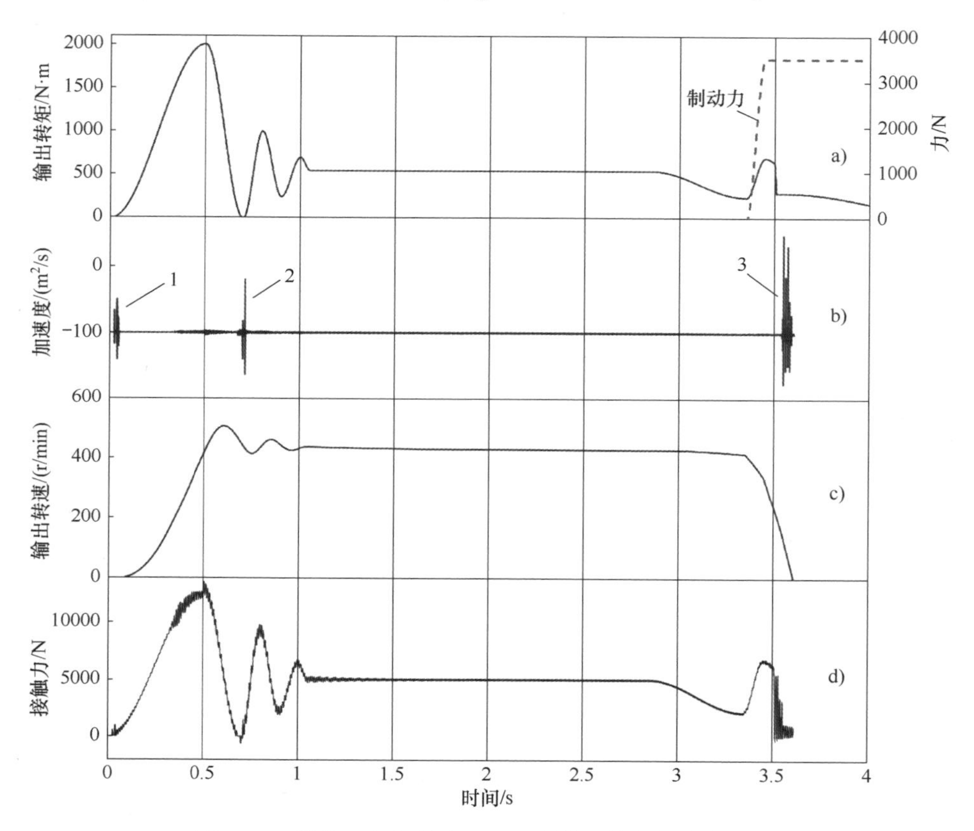

图 5-58 载荷冲击和制动工况下齿轮系统动态响应仿真

在图 5-58 中，3 处振动显著时刻的输入载荷发生了明显的变化，如第 2 处是由于载荷经历了由正向转矩快速降低至零，再到反向转矩，之后快速转为正向转矩的过程，对应的轮齿间发生了正向接触和反向接触的反复，从而产生显著的振动现象；而第 3 处是制动阶段，由于输入载荷快速降低至一定程度，使得系统产生较大的加速度，进而输入载荷、输出载荷和加速度产生的附加载荷之间的平衡关系被打破，轮齿间产生碰撞现象。

对比图 5-54b 实测输出端径向跳动和图 5-58b 仿真输出端径向跳动可知，两者均在起动、输入转矩降至谷底以及在制动阶段产生了明显的振动；同时，图5-54c实测输出端转速和图5-58c仿真输出端转速均存在若干次波动，然后趋于约400r/min的平稳运行，最后在制动工况下快速地降低。仿真近似地再现了实测结果，故能从动力学的角度对高速轮系出现拍击现象给予理论上的解释，从而可以认为风电齿轮箱高速轮系小齿轮节线处的点蚀与其动态性能差有直接关系。

高速轮系缩尺试验与仿真的案例说明，无论转矩波动还是转速波动都会带来能量在齿轮传动的特征能量附近波动，即所谓的$E_c+\Delta E$。而是否会导致拍击现象、造成齿面的碰撞，其根本原因在于高速轮系碰撞前后的动能与轮系的设计变量（如阻尼、刚度、转动惯量和齿轮侧隙等），取决于齿面压缩阶段的做功W_{ec}和恢复阶段的做功W_{er}以及其中的损耗ΔE_e。因此，能量是设计变量/接口参数与性能之间的联系纽带，在设计和分析时，需要从能量的角度综合去考虑，而不是直接就到详细设计阶段。只有厘清了性能实现中的能量作用机制、分配关系，才能在性能约束下实现耗能机电产品节能降耗。

本章的案例详细地阐述了能量流模型在设计变量/接口参数与功能和性能构建之间的作用，但这并不意味着基于能量流的耗能机电产品绿色设计方法要去替代诸如结构设计、动态设计、稳健设计等现有详细设计方法，而是要与之融合。本书所讨论的方法旨在通过将概念设计阶段定义的能量流、物质流和信息流能够结合具体的设计变量、接口参数、控制参数传递到详细设计过程之中，使详细设计能够更全面地分析产品可控设计变量和控制参数所引起的接口参数变化，以及能量在功能部件中的分配，从而高效获取性能约束下的关键参数，并优化之，最终实现产品系统的性能匹配。从这一点看，该方法虽然在本书中重点讨论的是耗能机电产品的节能降耗性能，但本质是一种性能设计方法，因为该方法提出的基础就是物场理论所谈到的：所谓优异的性能其实就是合理的能量作用于与之相适应的物质之上。

参考文献

[1] 夏焕雄．薄膜沉积反应腔室多场建模及轮廓调控方法研究［D］．北京：清华大学，2015.

[2] 张靖强．正交试验法在冰箱匹配中的应用［J］．家电科技，2013（2）：64-65.

[3] 张剑．压缩机与电冰箱的匹配［J］．家电科技，1984（5）：1-4.

[4] 秦宗民．浅议压缩机与冰箱产品的匹配［J］．家电科技，2011（5）：76-78.

[5] JOUDI K A, NAMIK H N. Component matching of a simple vapor compression refrigeration system [J]. Energy conversion and management, 2003, 44 (6): 975-993.

[6] 尚殿波，魏邦福，荆嵩．电冰箱制冷系统匹配对电冰箱性能的影响 [J]. 家用电器科技，2001 (11): 60-63.

[7] 全国能源基础与管理标准化技术委员会．家用电冰箱耗电量限定值及能效等级：GB 12021.2—2015 [S]. 北京：中国标准出版社，2016.

[8] STEWARD D V. The design structure system: a method for managing the design of complex systems [J]. IEEE Trans action on Eng ineering Management, 1981, 28 (3): 71-74.

[9] EPPINGER S D, BROWNING T R. Design structure matrix: Methods and applications [M]. Cambridge: MIT Press, 2012.

[10] 陈思，朱明熙，黄斌达，等．基于分层设计结构矩阵的航空产品工装模块划分 [J]. 机床与液压，2021, 49 (4): 73-77.

[11] 王洪磊．典型机电产品节能降耗设计的能量流建模、优化与应用 [D]. 北京：清华大学，2011.

[12] CRABTREE C J, FENG Y, TAVNER P J. Detecting incipient wind turbine gearbox failure: a signal analysis method for on-line condition monitoring [C]. // Proceedings of European Wind Energy Conference. Warsaw, 2010: 154-156.

[13] 王辉，李晓龙，王罡，等．大型风电齿轮箱的失效问题及其设计制造技术的国内外现状分析 [J]. 中国机械工程，2013, 24 (11): 1542-1549.

[14] JIANG L, XIANG D, TAN Y F, et. al. Analysis of wind turbine Gearbox′s environmental impact considering its reliability [J]. Journal of Cleaner Production, 2018 (180): 846-857.

[15] XIANG D, JIANG L, YOU M X, et al. Influence of quasi-steady wind loads on the fatigue damage of wind turbine gearboxes [J]. Strojniški vestnik - Journal of Mechanical Engineering, 2017, 63 (5): 300-313.

[16] 沈岗．风电增速箱能量传递特性及疲劳失效破坏研究 [D]. 北京：清华大学，2016.

[17] 蒋李．风电齿轮箱鲁棒优化设计方法研究 [D]. 北京：清华大学，2018.

[18] 沈银华．非平稳重载下轮齿接触疲劳能量特性及其结构优化方法 [D]. 北京：清华大学，2020.

[19] XIANG D, SHEN Y H, WEI Y Z. A contact force model considering meshing and collision states for dynamic analysis in helical gear system [J]. Chinese Journal of Mechanical Engineering, 2019 (3): 78-89.

[20] SHEN Y H, XIANG D, WANG X, et al. A contact force model considering constant external forces for impact analysis in multibody dynamics [J]. Multibody System Dynamics, 2018, 44: 397-419.

[21] 王延忠，郭超，贯树王，等．基于 Stribeck 摩擦模型的盘式摩擦副稳定性分析 [J]. 中国机械工程，2017, 28 (21): 2521-2525.